"十一五"国家重点图书出版规划项目

养殖技术新概念丛书

淡水鱼养殖新概念

齐子鑫　唐国盘　高春生　主编

中国农业大学出版社

·北京·

内容简介

本书比较全面地介绍了传统淡水鱼苗种培育、食用鱼养殖与管理、常见淡水养殖鱼类的水质调控技术、淡水鱼类的营养需求和饲料配制技术、新的养殖模式和新品种养殖技术等，希望本书可作为水产从业者的生产参考书及专业院校的教学用书。

图书在版编目(CIP)数据

淡水鱼养殖新概念/齐子鑫，唐国盘，高春生主编．—北京：中国农业大学出版社，2011.9

ISBN 978-7-5655-0397-9

Ⅰ.①淡…　Ⅱ.①齐…②唐…③高…　Ⅲ.①淡水鱼类-鱼类养殖　Ⅳ.①S965.1

中国版本图书馆 CIP 数据核字(2011)第 170088 号

书　　名	淡水鱼养殖新概念		
作　　者	齐子鑫　唐国盘　高春生　主编		
策划编辑	魏秀云	责任编辑	郭云雁
封面设计	郑　川	责任校对	王晓凤　陈　莹
出版发行	中国农业大学出版社		
社　　址	北京市海淀区圆明园西路 2 号	邮政编码	100193
电　　话	发行部 010-62731190，2620	读者服务部	010-62732336
	编辑部 010-62732617，2618	出　版　部	010-62733440
网　　址	http://www.cau.edu.cn/caup	E-mail	cbsszs@cau.edu.cn
经　　销	新华书店		
印　　刷	北京时代华都印刷有限公司		
版　　次	2011 年 9 月第 1 版　2012 年 4 月第 2 次印刷		
规　　格	850×1 168　32 开本　8.625 印张　212 千字		
印　　数	3 001～6 000		
定　　价	16.00 元		

编 写 人 员

主　编　齐子鑫　唐国盘　高春生

副主编　徐文彦　郭国军　曾春芳

编　者　刘庆华　弓飞龙　黄安群
　　　　肖曙光　程　璞　崔　锦

前　言

本书为“十一五”国家重点图书出版规划项目养殖技术新概念丛书之一。

淡水养殖的生产与技术日新月异，新技术、新模式、新品种不断增加，渔业设施、苗种优化、药物施用、营养与饲料配制、养殖环境和食品安全等都已得到重视和发展，极大地提高了集约化养殖水平，改善了养殖结构，提高了产品的附加值，增加了淡水养殖的综合效益，同时也认识到可持续安全淡水养殖的重要性。但仍然存在诸多养殖管理、种质培育、疾病复杂化、养殖水环境和鱼产品安全等方面的问题。在此背景下，我们组织水产院校和生产单位相关专业学者，结合生产实践，编写养殖技术新概念丛书之《淡水鱼养殖新概念》一书，在精简传统叙述的基础上，力求把生产实践中使用的新技术、新方法、新模式、新工艺、新品种介绍给读者，并剔除农业部淡水养殖饲料中禁用添加剂和药物。

本书由郑州牧业工程高等专科学校的齐子鑫副教授、唐国盘老师和河南农业大学的高春生博士等同志共同编写。在编写过程中参阅了国内外的相关文献和专著，引用其中的资料，在此表示衷心感谢，并对在本书编写过程中提供参考意见的同行专家的热情支持和帮助表示衷心的感谢。

鉴于资料和编者的水平所限，书中不妥之处，恳请读者批评指正。

编　者

2011 年 5 月

目　　录

第一章　概　述

一、淡水养殖和养殖优势

淡水养殖是以淡水水体为空间，投入饲料、肥料或依赖水中天然饵料，采用各种措施，饲养鱼类或其他水产动物，最终获得鱼产品或其他水产品的经济活动。

淡水养殖优势较多——投资小，饵料转化率高，产量高，收益大，价格相对稳定，养殖的品种选择面广，可因地制宜，利用低洼、低产塘，也可改造成高标准、高规格的集约化鱼塘。

二、淡水鱼类养殖现状与存在的问题

目前，我国淡水养殖总面积约 1 838 万 hm^2，池塘养殖面积 240 万～300 万 hm^2。我国水产品总量逐年上升，2009 年我国水产品总产量 5 116.4 万 t，淡水水产品产量 2 434.85 万 t，占总产量的 47.6%，渔业经济总产值突破 1.2 万亿元，渔民人均纯收入 8 963 元，“十一五”年均增长 8.8%；2010 年水产品总产量约 5 250 万 t。淡水养殖的产量和经济效益不断提高，养殖品种齐全，并不断有养殖新品种得到引进和推广，养殖模式多样，除传统的池塘养殖，淡水网箱养殖、工厂化养殖等集约化养殖模式的养殖技术也逐年成熟。而且设施渔业、休闲渔业、生态渔业、可持续发展渔业、无公害渔业、绿色渔业、有机渔业等新型渔业也加快了现代渔业的发展。

几年来，水产品的出口创汇不断提高，2002 年出口量为 457.6 万 t，达 70 亿美元，到 2006 年我国水产品进出口贸易量达 633.7 万 t，2008 年我国水产品出口额超过 100 亿美元，2009 年受金融危机的影响，进出口总量增速放慢，但也达到了 667.9 万 t，水产品的出口额仍然居大宗农产品出口首位。预计 2011 年中国水产品总产量可达 5 360 万 t，较 2010 年上涨 2 个百分点。

但是，目前淡水养殖仍然存在诸多问题，主要集中在以下几个方面：

(1)养殖生产基础条件差、配套设施不健全、从业人员技术力量薄弱等影响对水产品病害、水质环境和产品安全方面控制措施的实施。

(2)苗种疾病的防治以及药物使用方面不够规范，可追溯性不强，药物施用过多过滥，环境恶化，疾病泛滥。

(3)产品结构不合理，调整结构缓慢，加之市场信息不畅，严重影响到淡水养殖的综合效益。

(4)生产规模小，产业化水平不高，产业链短，不能提高产品的优势和附加值。

(5)缺乏质量认证，产品可持续发展后劲不足，影响市场开拓。

(6)优良苗种供应不足，种质退化。

(7)淡水水产品加工技术水平不高，加工能力十分有限。

(8)集约化养殖水平低，设施装备比较差，工厂化养殖技术水平低，适合集约化养殖的品种少，与国外差距大。

三、淡水养殖的发展趋势

2006 年以来水产品批发市场综合平均价格年均上涨 4.9%；没有出现大起大落，淡水养殖的收益是农业生产中收益较为稳定的行业之一。

总的来讲，我国的淡水养殖向着集约化、产业化、信息化、标准化和优质化的方向发展。

1. 淡水养殖的集约化和产业化发展趋势

淡水养殖将逐渐由分散性、小规模、个体养殖户经营向规模化、区域化、专业合作化、产业延长、综合经营的生产模式发展。有目的地选择销售好、名特优产品进行品种更新,科技推广。提高集约化程度,在改进养殖技术和设施的基础上,尽可能提高养殖产量。

2. 淡水养殖的信息化和智能化发展趋势

传统的养殖科技含量低,未来一定会将国内外的先进养殖技术、新品种、新设施应用到淡水养殖中去,现在已经把利用自动溶氧控制器控制含氧量,减少缺氧对鱼类的危害,真正实现增氧机的增产效果,也节约了电费支出;饵料机也可实现自动投喂,降低劳动强度,实施精确投喂、鱼苗自动计数、鱼产量自动分析等都是淡水养殖现代化的有利佐证。

淡水养殖的现代化要求及时掌握生产、品种结构、产品销售各个环节的有关信息。通过现代化的网络技术了解市场需求和价格变化,及时调整养殖品种,随时了解病害预报及传播动态和范围,并及时采取措施,避免损失。信息化的应用减少淡水养殖的盲目性,可大幅提高淡水养殖的综合效益。

3. 淡水养殖的标准化和优质化发展趋势

要使淡水养殖的生产、销售、管理等各个环节规范化,就要制定各种规章制度,严格保护养殖环境,引导和规范养殖品种的选择和推广,加强养殖模式的改进力度。同时引入产品认证制度,形成品牌化。

传统品种已经微利化,能够形成产业的名特优产品主要有斑点鮰、河蟹、虾类、鲟鱼、鲈鱼、石斑鱼、甲鱼、大口鲶、黄颡鱼、虹鳟、黄鳝、鳜鱼、乌鳢等数十个品种。这些品种的价格高、附加值高,但属于高投入、高风险的品种,养殖技术要求高,饲养方式特殊,但还是需要着力发展的方向。

第二章　淡水养殖环境要求与调控新概念

本章知识新亮点：

本章重点介绍了淡水养殖环境要求、淡水养殖非生物环境的调控技术和淡水养殖生物环境的调控技术。重点突出淡水养殖环境的调控技术，力求达到阐述内容的针对性强和可操作性强。

凡适宜水生经济动物生长、繁殖、索饵、越冬及洄游的水域，统称为增养殖水域。根据生产习惯，一般把增养殖水域划分为海洋、淡水及咸淡水，或天然、人工及半人工等水域类型。

增养殖水域环境是指水生经济动物生存所需的各种自然条件，它是各种经济水生动物产卵繁殖、生长育成、越冬、洄游所需的诸环境条件的统称，它由相互联系的非生物性环境（包括水的物理特性、化学特性、气象、底质、径流等）和生物性环境（包括藻类、浮游植物、饵料生物、底栖生物等）所组成。

自然界各类水体之间有一定的水质联系，又各有特色，这与拟定鱼类增养殖措施、水环境保护、控制和合理利用水产资源有密切关系。自然界中，适合水生动植物生长、发育的水域主要有：淡水水域（包括江河、湖泊、水库、池塘等）、海洋及河口咸淡水交汇区水域。

一、淡水养殖环境要求

（一）养殖水域的环境特征

1. 江河的水环境特征

水体更新快；受流域内水文气象条件影响，水的化学组成成分变化快，水的化学成分与水生生物活动强弱及水流补给来源有关；人类活动频繁的河段易受污染。

2. 湖泊的水环境特征

水流迟缓，湖水的换水周期长；水对底质的溶蚀作用较强，加上湖面水蒸发，一般湖水矿化度较河流高；水质成分变化受湖泊面积大小影响；水生生物对水中气体及生物生成物质影响大。

3. 水库的水环境特征

水库多是由河道修坝构成的人工湖泊。其水文及水质条件因从河流变成湖泊而发生剧烈变化，水库的水环境特征与建库的水文特征密切相关。

(1)水库的分类　水库根据不同的分类方法可以划分为不同的类型：

①按水库规模大小分类：水库的规模通常按库容大小可划分为大型、中型、小型和塘坝4类(表2-1)。

表 2-1　按规模大小分类的水库类型

水库类型	大型		中型	小型		塘坝
	巨型	大型		小(一)型	小(二)型	
总库容/m^3	>10亿	1亿～10亿	1 000万～1亿	100万～1 000万	10万～100万	<10万

②按水库面积分类：在渔业生产上，通常按面积大小将水库分为巨型、大型、中型、小型和山塘。其分类法见表2-2。

表 2-2　按面积大小分类的水库类型

水库类型	巨型	大型	中型	小型	山塘
面积/667 m^2	>10万	1万～10万	0.1万～1万	<1 000	≈100

③按水库形态分类：根据水库所在地区的地貌、淹没后库床及水面的形态，分为4种类型，即山谷河流型水库(是建造在山谷

河流上的水库)、丘陵湖泊型水库(是建造成在丘陵地区河流上的水库)、平原湖泊型水库(是在平原或高原台地河流上或低洼地上围堤筑坝而形成的水库)、山塘型水库(是为农田灌溉而在小溪或洼地上修建的微型水库,与池塘相似)。

现将上述4种类型的水库的主要形态特征列表如下(表2-3)。

表2-3 按形态分类的各种类型水库的主要特征

项目		山谷河流型水库	丘陵湖泊型水库	平原湖泊型水库	山塘型水库
库周地貌		崇山峻岭	丘陵山地	平原或浅丘	丘陵、台地
岸坡		陡峻	坡度不大	坡度很小	较陡
库床		高低悬殊,横断面似缸	起伏不平,横断面似锅	平坦,横断面似碟	横断面似锅
洄水距离		很大	一般	很短	无洄水
库区原河落差		大	小	很小	无
库岸线曲折度		极曲折,多库湾或河道	较曲折,多库湾	较平直,少库湾	无库湾
水深	最大	>50 m	30～40 m	10 m	<10 m
	平均	>20 m	10～20 m	数米	<10 m
水位变动		较大	较大	较小	大
水温分层		有或无	有或无	无	无
敞水区		小块,分散	较大,多集中于坝前或几个地区	大而集中	无
消落区		较小	较大	较大	无
天然鱼产力		一般	较高	较高	低
渔业利用性能		良	优	良	良

(2)水库的水环境特征 水库的水环境其上游具有河流的特点,中下游则有湖泊的特点。此外,水库还具有其特有的特性:

水库水处于经常交换状态，营养物质的输入和循环较快，水温、溶解气体的分布较均匀，因而有利于鱼类及浮游生物的生长和繁殖。特别是在建库初期，由于大片土地被淹没，其有机物及可溶性无机盐类大量进入水库内，同时水库内水温增高，蒸发加剧，透明度提高，这为浮游生物及鱼类的繁殖、生长提供了良好的条件。

水库的消落区（随水库水位升降而呈水陆交替变动的区域，称为消落区）是水库生态系的重要能量来源。在消落区裸露阶段，就会有许多陆生植物（特别是湿地植物）大量生长，这些植物吸收太阳能生产出大量有机物；在消落区被淹呈水相时，就为鱼类及其他水生生物提供了食物或营养（有机物腐烂转化为肥料）。

水库的上游，入库河流某些河段具备一定的流速、流态，由于汛期水流的刺激，一些江河性产卵鱼类（如草、青、鲢、鳙、鲮、鳡鱼等），它们的成熟亲鱼可上溯并找到一定的产卵场所，这是水库作为鱼类繁殖环境的一个重要特点。

水库的中下游水深，水流极为缓慢，其透明度大，溶氧丰富，浮游生物数量较大，是鱼类生长育肥的良好场所。

（二）淡水养殖环境的物理特性

1. 太阳辐射

太阳辐射是构成养殖水体水温、气温、有机物质的基本能源。太阳辐射量的多少，将影响养殖水体的溶解氧和生产力的高低，故太阳辐射是养殖水环境中的一个首要因子。

2. 水体的日照长度与日照时数

水体的光照强度主要与太阳在某地的日照长度和日照时数有关。

日照长度是指每天太阳的可照时数，即昼长。日照长度在不同的纬度和季节中有规律地变化着（表 2-4）。日照时数是指在某一段时间内太阳照射地（水）面的总时数，其中又可分为可能日照时数和实际日照时数。可能日照时数是指将该段时间都作为晴天的日照时数,而实际日照时数则是扣除阴雨天后,太阳真正照射地(水)面的时数。阴雨天越多,实际日照时数占可能日照时数的比值就越小。

北方高纬度地区,虽然温水性鱼类的生长期比南方低纬度地区短得多,如全年水温在15℃以上的天数广东省平均为330 d,而黑龙江省平均为165 d,两者相差一倍,但北方夏季(3个月)实际日照时数达500～600 h,加以昼夜温差大,植物的同化作用大,异化作用小,养殖水体的初级生产力高,这就弥补了高纬度地区温水性鱼类生长期短这一不利因素,为北方高纬度地区养鱼高产提供了基础。

表 2-4 我国不同纬度地区的日照长度

地点	纬度	夏至			冬至日照	年变幅/h
		日出	日落	日照长度/h	长度/h	
齐齐哈尔	47°20′	3:47	19:45	15.96	9.27	7.71
长春	43°53′	3:56	19:24	15.68	8.94	6.74
沈阳	41°46′	4:12	19:24	15.12	9.08	6.04
北京	39°57′	4:46	19:47	15.01	9.20	5.81
南京	32°04′	4:59	19:14	14.55	10.03	4.52
昆明	25°02′	6:20	20:02	13.82	10.75	3.07
广州	23°	5:42	19:15	13.73	10.43	3.30
海口	20°	6:00	19:21	13.21	10.45	2.76
赤道	0°			12.00	12.00	0.00

3. 养殖水体各水层的光照强度

在水中太阳辐射的衰减比在大气中强得多,而且光质也有很大改变。当太阳光射向水面时,红外线在最上层几厘米就被吸收掉,紫外线则可透过几十厘米或1 m以下的水层。特别是波长0.5 μm范围内的辐射,可达较大深度。太阳光在水中辐射强度的变化，除了与季节、天气以及水中悬浮物质的数量有关外，还取决于：①水面上的光辐射强度随太阳高度角的增大而增强；②水中的辐射强度随水深的增加而呈指数函数衰减；③辐照度与水体生产力成正比。

4. 补偿深度

由于光照强度随水深的增加而迅速递减，水中浮游植物的光合作用及其产氧量也随即逐渐减弱，至某一深度，浮游植物光合作用的产氧量恰好等于浮游生物（包括细菌）呼吸作用的消耗量，此深度即为补偿深度（单位：m），此深度的辐照度即为补偿点（单位：W/m^2）。补偿深度为养殖水体溶氧的垂直分布建立了一个层次结构。在补偿深度以上的水层称为增氧水层，随着水层变浅，水中浮游植物光合作用的净产氧量逐步增大；补偿深度以下的水层称为耗氧水层，随着水层变深，水中浮游生物（包括细菌）呼吸作用的净耗氧量逐步增大。

不同的养殖水体和养殖方法，其补偿深度差异很大。水体中有机物含量越高，其补偿深度也越小。通常，海洋、水库、湖泊的补偿深度较深，而池塘的补偿深度较浅，特别是精养鱼池，其补偿深度最浅。由于受光照强度的影响，补偿深度的日变化十分显著。

补偿深度为养鱼池塘的最适深度提供了理论依据。据测定，在鱼类主要生长季节，精养鱼池的最大补偿深度一般不超过1.2 m；北方冬季冰下池水的最大补偿深度为1.52 m。因此，日本养鳗池（指单一养鳗，不混养其他鱼类）的设计水深均在补偿深度以内，通常不超过1 m。

5. 透明度

用测定萨氏盘（黑白间隔的圆板）的深度来间接表示光透入水的深浅程度，即为透明度，其大小取决于水的混浊度（指水中混有各种浮游生物和悬浮物所造成的混浊程度）和色度（浮游生物、溶解有机物和无机盐形成的颜色)。

在鱼类主要生长季节,精养鱼池水的透明度通常为0.20～0.40 m;粗养鱼池水的透明度为1.0～1.5 m。浅水的藻型湖泊,因藻类丰富,且易受风浪搅动使底泥悬浮,故透明度较低,一般为0.3～1.0 m,如武汉东湖平均透明度为0.73 m;而浅水的草型湖泊,由于水草丰富,水中悬浮物少,透明度较高,如隔湖(1992—1993年)透明度年均值为1.043 m,最高值为2.20 m。深水湖泊,多分布在我国边疆地区,其有机物往往缺乏,浮游生物量较少,透明度高。一般湖水的透明度为3.0～10.0 m,如青海湖透明度为5～10 m,新疆赛里木湖透明度达12 m。我国透明度最大的湖泊是西藏的玛法木错,达14 m。水库的透明度比河流高得多,通常大中型水库敞水区透明度在1～3 m以上,如安徽梅山水库上游透明度为0.64 m,下游为1.5～2.1 m;而浙江新安江水库透明度多在4～5 m,最高达9 m。

透明度有季节变化、水平变化和日变化。养殖水体小、水质肥、浮游生物量大,这种变化越为显著。养殖水体透明度的大小不仅直接影响水中浮游植物的光合作用,而且还能大致地反映水中浮游生物的丰歉和水质的肥度。特别是湖泊、水库、池塘等静水水体,水中的悬浮物质主要以浮游生物为主,因此透明度可一般地指示湖泊、水库、池塘中浮游生物的丰度。透明度越小,浮游生物数量越多。反之亦然。

在精养鱼池中,可根据透明度的大小以及日变化和上、下风的变化来判断池塘水质的优劣。如肥水池透明度一般在25～40 cm,其日变化以及水平变化(上、下风变化)大,表明水中溶氧条件适中,鱼类易消化的藻类多。透明度过大,表示水中浮游生物量少,水质清瘦,有利于非滤食性鱼类的生长,但不利于滤食性鱼类生长;透明度过小,表明水中有机物过多,池水耗氧因子过多,上、下水层的水温和溶氧差距大,水质容易恶化。

6. 水色

水体的颜色首先与水对光线的选择吸收和选择散射有关。水对可见光中的长波光(红光与黄光)吸收最强,大部分红色光线为水体表层所吸收,光能转化为热能使水温升高;而光线的散射强度与光波频率的4次方成反比,即波长愈短,光愈容易被散射,在可见光谱中,蓝色光和紫色光的光谱短,因此,这2种光最容易被散射和反射,故悬浮物少的海洋、湖水、水库水多呈浅蓝色或蓝色。

养殖水体的颜色由水中的溶解物质、悬浮颗粒、浮游生物、天空和水底以及周围环境等因素综合形成。如富含钙、铁、镁盐的水呈黄绿色,富含腐殖质的水呈褐色,含泥沙多的水呈土黄色等。而浮游生物大量繁殖的水,由于各类浮游生物细胞内含有不同的色素,所以当水体中浮游生物的种类和数量不同时,养殖水体就呈现不同的颜色和浓度。

在精养鱼池中,水中浮游生物(特别是浮游植物)占绝对优势,并具明显的优势种类。它们既是滤食性鱼类的直接饵料,也是池水溶氧的主要生产者。因此浮游生物的种类组成和变化便成了池塘水质因子(物理、化学和生物)的综合反映。我国渔民在长期实践过程中积累了"根据水色来判断水质优劣"的丰富经验,其基本原理就在于此。即一种浮游生物大量繁殖,形成优势种,甚至产生"水华",就反映了该优势种所要求的生态类型,反映了这个生态类型中水的物理、化学和生物特点以及对鱼类生活、生长的影响。可见用浮游生物优势种呈现的颜色作为判断水质优劣的生物指标,就能较客观地反映水质的特点以及对鱼类的影响。但用肉眼、凭感觉来描述水的颜色以判断水质的优劣,其最大的弊病是缺乏精确可靠的、可以度量的依据,故不容易掌握,也无法进一步上升至理论而普及推广。

在生产上可采取指标生物和看水色相结合的方法来判断水质的优劣。具体可从4个方面去衡量:

(1)看水色　池塘水色可分为两大类：一类以黄褐色的水为主(包括姜黄、茶褐、红褐、褐中带绿等)；另一类以绿色水为主(包括黄绿、油绿、蓝绿、墨绿、绿中带褐等)。这2类水均为肥水型水质，但相比之下，黄褐色的水质优于绿色水，其水中滤食性鱼类易消化的藻类相对比绿色水多。黄褐色水的指标生物是隐藻类，这类池塘在水生生物生态上又称鞭毛藻型塘。这是由于大量投饵和施放有机肥料后，水中丰富的溶解和悬浮有机物使兼性营养的鞭毛藻类在种间竞争中处于优势，加以经常加注新水，控制水质，使鞭毛藻类占绝对优势。常见的藻类有隐藻(*Ctyptomonas*)、裸甲藻(*Gymnodinium*)、膝口藻(*Gonyostomum*)等属的种类。这些藻类都是滤食性鱼类容易消化的种类，而且水色的日变化大。

而绿色水中滤食性鱼类不易消化的藻类占优势。其指标生物为绿藻门(Chlorophyta)的小型藻体，如：绿球藻(*Chlorococcus*)、十字藻(*Crucigenia*)、栅列藻(*Scenedesmus*)以及蓝球藻目(Chroococcales)中的微囊藻(*Microcystis*)、平裂藻(*Merismopedia*)等。这种水的生物组成使滤食性鱼类容易消化的藻类不易生长。

此外，由于水中溶解有机物的影响，投施不同饲料和肥料，水体也会出现不同的颜色。比如施放牛、马粪，池水呈红褐色；施用鸡粪，池水呈黄绿色；螺蛳投得多的水体，水色呈油绿色；水草、陆草投得多的水体，水色往往呈红褐色。加以水色还受天气、土壤和塘泥以及周围环境等因素的影响，因此水色不能作为判断水质的唯一根据。

(2)看是否有水华　水华是对水域物理、化学和生物特性的综合反映。一种浮游植物大量繁殖形成水华，就反映了该种植物所适应的生态类型及其对鱼类的影响，加以水华中的浮游植物种类单一，水华的颜色和形态容易判别，因此只要了解各种水华的形态、颜色和优势种的组成，了解优势种所要求的生态条件以及滤食性鱼类对它们的消化程度，就可以正确地判别该水华所表示的水质的优劣及其对鱼类的影响(表 2-5)。

表 2-5　池塘常见水华的指标生物和水质优劣判别

水色	日变化	水华形态	优势种	出现季节	水质优劣
红褐色	显著	蓝绿色云彩状水华	蓝绿裸甲藻	5～11 月，7～8 月少	高产池典型水质
	显著	草绿色云彩状水华	膝口藻	5～11 月，7～8 月多	
	显著	棕黄色云彩状水华	光甲藻	5～11 月，7～8 月少	
	显著	酱红色云彩状水华	隐藻	4～11 月	
红褐色	有	翠绿色云彩状水华	实球藻	春、秋	肥水，一般
黄褐色	有	姜黄色水华	小环藻	春、秋	肥水，良好
黄褐色	不大	红褐色丝状水华	角甲藻	春	水质较瘦
浓绿色	有	表层墨绿色油膜，黏性发泡	衣藻	春	肥水，良好
浓绿色	有	碧绿色水华，下风处具墨绿色油膜	眼虫藻	夏	肥水，一般
油绿色	有	下风处表层具红褐色或烟灰色油膜，黏性	壳虫藻	5～11 月	肥水，一般
油绿色	不大	无水华、无油膜	绿球藻目	5～11 月	老水
铜绿色	不大	表层铜绿色絮纱状水华，颗粒小，无黏性	微囊藻、颤藻	夏、秋	“湖淀水”，差，鱼类不消化
豆绿色	不大	表层铜绿色絮纱状水华，颗粒大，无黏性	螺旋鱼腥藻	夏、秋	肥水，良好，鱼类易消化
浅绿色	无	表层具铁锈色油膜，黏性	血红眼虫藻	夏、秋	“铁锈水”，瘦水
灰白色	无	无	轮虫类	春	“白沙水”，良好

(3)看下风处油膜　某些藻类不易形成水华，或受天气、风力影响水华不易观察。可根据下风处油膜多少、油膜颜色和形状来判断水质优劣。一般肥水池下风油膜多，黏性发泡，有日变化(上午少，下午多)，呈烟灰色或淡褐色，午后往往带绿色，俗称“早红夜绿”。油膜中除包含大量有机碎屑外，主要的指标生物是壳虫藻(年幼藻体呈绿色，老化藻体呈褐色或黑色)。如遇铁锈色油膜(血红眼虫藻)、粉绿色油膜(扁裸藻)等均为瘦水型水质。

(4)看水色变化　优良的水质有月变化(十天半月水质浓淡交替)和日变化(上午水色淡，下午水色浓；上风处水色淡，下风处水色浓)。水中趋光性的藻类大量繁殖，这些藻类大多容易被滤食性鱼类所消化，它们都有运动胞器(如鞭毛、壳缝等)，能主动行动。因此，它们的昼夜垂直变化比不能主动行动的藻类(如绿球藻、十字藻、栅列藻等)明显得多。反映在水色上就形成日变化。由于它们容易被滤食性鱼类消化，因此这些藻类群体的“寿命”就比不易被消化的藻类短得多，它们的生物量似波浪式运动，反映在水色上就出现月变化。表示池塘物质循环迅速，鱼类容易消化的藻类种群交替快，水质好，这种水俗称“活水”。

根据养殖鱼类对水质的要求和水的理化、生物特点，生产上可将水质分为瘦水、肥水、老水和优质水华水 4 个类型(表 2-6)。

表 2-6　池塘常见水质类型

判据		水质类型			
		瘦水	肥水	老水	优质水华水
水色		浅绿色	黄褐色	灰蓝色	红褐色水中具蓝绿色或酱红色水华
透明度	日变化	无	大	小	最大
	深度	80 cm 以上	25～40 cm	20～25 cm	20～40 cm

续表 2-6

判据		水质类型			
		瘦水	肥水	老水	优质水华水
溶氧/(mg/L)	正常天气	接近饱和	低峰值＞2	低峰值 1 左右	低峰值 1 左右
	昼夜垂直变化	不明显	明显	明显	十分显著
有机物耗氧量/(mg/L)		＜10	15～30	25～40	25～55
浮游生物量/(mg/L)		＜8	32～130	80～240	130～400
优势种	浮游动物	种类多，数量少	臂尾轮虫、晶囊轮虫	种类、数量均少	种类、数量均少
	浮游植物	水绵，刚毛藻等丝状藻类	隐藻、小环藻、绿球藻等	微囊藻、颤藻、绿球藻、十字藻等	蓝绿裸甲藻、膝口藻、隐藻等

7. 水温

温度是鱼类生活最重要的环境条件之一。温度不仅影响鱼类生长和生存，而且通过水温对其他环境条件的改变也可间接对鱼类发生作用。几乎所有的环境因子都受温度的制约。

养殖水体的温度随气温的变化而变化，因此水温具明显的季节和昼夜差异，但由于水的热学特性，使水温的变化和气温变化不尽相同。水的热学特性包括：水的比热、透热性、传热性和密度。

水的比热（即单位质量的水水温升高 1℃所需要的热量）比空气大，因此，吸收太阳能和释放热能比空气慢，故水温的日变化幅度比空气小得多，水体越大，水温越不容易产生急剧变化。水的透热性不大，因为进入水体的基本热源是太阳光能，它们大部分在水的表层被吸收(特别是表层对红外光的吸收尤为强烈)而转变为热能。所以只有水的表层受热。

水是热的不良导体。其传热性较差,水体热能的传布主要取决于风力混合以及水的对流。白天由于阳光辐射,水体上层水温逐渐升高,因水的透热性、传热性差,下层仍保持原有的水温,故形成水温的垂直变化。在水体较深的水库、湖泊(在夏季,水深5 m以上)中上、下水层的温差极为显著,在夏季和冬季其中上层往往形成温跃层,到春季和秋季才能使上、下水层对流。而对于水位较浅的池塘小水体,在夏、秋季节的晴天,上、下层水温也有垂直差异,通常可达2～5℃。但这种上、下水温温差一般到夜间因气温下降,造成池水对流,便可使上、下层水温趋于一致。

水的密度随着温度的升高而变小,但它的最大密度并不是在冰点,而是在4℃。因此,当养鱼水体表层结冰时,上层水温低,均在4℃以下,其密度相对较小,不会对流至下层。下层水温保持在4℃,其密度大,沉在水底,从而保证了鱼类和其他水生生物在越冬时的生存。此外,水库、湖泊等深水水体的春季和秋季大循环,以及池塘等浅水水体在夜间形成的密度流是影响水质变化的重要原因之一。

水温可直接影响鱼类的新陈代谢强度,从而影响鱼类的摄食和生长。各种鱼类均有其适宜的温度范围。一般在适温范围内,随着水温的升高,鱼类的代谢相应加强,其摄食量增加,生长也加快。

温度对养殖水体的物质循环也有重要影响。水温可直接影响水中细菌和其他水生生物的代谢强度。在最适温度范围内,细菌和其他水生生物生长繁殖迅速,同时细菌分解有机物质为无机物的作用大大加快,因而能提供更多的无机营养物质给浮游植物利用,制造新的有机物,结果使水中各种饵料生物都得以加速繁殖,养殖水体的物质循环强度也随之提高。根据细菌对温度的反应,可将细菌分为中温性、好热性和好冷性3种类型。我国的地理位置决定了养殖水域是以温水性鱼类为主体,因此,在水体物质循环中,以中温性细菌最为重要。其最适生长温度为20～35℃,在此范围内,随着温度的升高,细菌分解有机物的作用加强,生长繁殖速度加快。水中其他饵料生物最适温度范围基本与此相似。

水温的高低也可影响水的溶解氧含量。水中氧气的溶解度随水温的升高而降低。但水温上升,水生生物的新陈代谢增强,呼吸加快,有机物的耗氧量明显增高,在池塘等小水体就容易产生缺氧现象,这在夏、秋高温季节应特别注意。

8.水体运动

养殖水体的运动有波浪、混合、风成流、重力流、惯性流等形式。对于湖泊、水库、海洋那样的大水体,除了风力、水位落差、潮汐等因素使水体流动外,上、下水层的对流是重要的水体流动。对于水深的大水体,在我国,主要是水库(增、养殖湖泊绝大多数属浅水型的老年湖)在夏季出现因水体温差而引起的温跃层。而对于水浅的养殖大水体,由于密度流影响,上、下水层较容易混合,不易产生温跃层。池塘水体的运动没有湖泊、水库、海洋那么明显,往往容易被忽视,但恰恰是池水运动会对养殖鱼类的生长和生存具有重大影响,因此,必须给予充分重视。

(1)池塘水体运动规律　池塘是静水环境,其水体运动除了注排水、运转增氧机外,主要原因是风力和上、下水层因密度差而引起的对流。风力除了产生波浪向水中增氧外,还可以使上、下水层混合,将溶氧高的上层水传递至下层。在同样面积的池塘中,其混合作用的大小除了与风力本身的强弱有关外,还与上、下水层的密度差有密切关系。白天池塘上层水接受太阳热能,水温提高,由于水的透热性和传热性差,下层水水温不易升高,其密度比上层大。因此在白天水温高、密度小的水浮在上层,水温低、密度大的水沉在下层，这种水密度分布的不均匀性形成了水的热阻力。所谓热阻力就是较冷的下层水被较热的上层水替换所作的功。其作功的大小与上、下水层的密度差和当时的水温成正比。

在鱼类生长季节，白天，风力受到水热阻力的影响，其机械混合作用大大下降。对面积为 4 669 m^2、水深为 2.5 m 的精养鱼池测定表明，当表层水温为 30℃，下层水温为 29℃，上、下层水温差为 1℃时，需 7 级风才能克服水的热阻力进行对流，使上、下层水温趋于一致。夜间，气温下降，当气温低于表层水温时，表层水温随着下降，水的密度增大，即开始下沉，而温度相对较高、密度较小的水上浮，就开始了对流。其范围由上层逐渐向下层扩展，打破了原来上、下水层密度分布的稳定状态，最后使整个池水的密度和水温趋于一致。这种因气温变化使上、下水层产生密度差而引起的对流称为密度流。

密度流的强弱首先与上、下水层的水温差（密度差）有关。白天上、下水层温差越大，夜间将产生的密度流强度也越大。因此，内陆地区池塘的密度流要比沿海池塘强烈得多；晴天的密度流就比阴天强。其次，密度流的强弱还与夜间气温下降速度和风力大小有关。风力大，气温下降速度快，表层水温下降速度随之加快，密度流也随着加强；反之亦然。

（2）池水对流对鱼类生长和生存的影响　池水对流有利的一面是：通过水体对流，将溶氧较高的上层水输送至下层，使下层水的溶氧得到补充，这就改善了下层水的氧气条件，同时也加速了下层水和塘泥中有机物的氧化分解，以加速池塘物质循环，提高池塘的生产力。池水对流不利的一面是：由于白天水的热阻力大，上层池水不易对流，上层过饱和的高氧水就无法及时输送到下层，到傍晚上层水大量过饱和的溶氧逸出水面而白白浪费掉，至夜间发生对流时，上层水中溶氧本已大量减少，此时还要通过密度流将上层溶氧输送至下层，由于下层水的耗氧因子多，致使夜间实际耗氧量增加，使溶氧很快下降。这就加速了整个池塘溶氧的消耗速度，容易造成池塘缺氧，引起鱼类浮头，甚至窒息死亡。

在鱼类生长季节，渔民会根据当天天气的变化情况来判断密度流的强弱，从而预测鱼类是否会浮头和浮头强弱，这已成为养鱼生产上的重要经验。在夏季晴天，生产上主要会发生以下情况：

①白天晴天、风力小，但上半夜风力增强，气温下降速度快，致使表层水温下降速度加快，密度流增强，上、下水层对流加快，至半夜时，池塘上、下水层水温已基本一致，上层溶氧向下层输送快，下层实际耗氧量增大，这就容易引起鱼类浮头。

②白天晴天、风力小，夜间风力仍小，气温下降速度慢，其表层水温下降速度缓慢，密度流弱，上、下水层对流慢，上层溶氧向下层输送少，下层实际耗氧量低，至第 2 天清晨上、下水层的水温和溶氧才基本趋于一致，这种天气就不会引起鱼类浮头。

③白天晴天、风力小，到夜间天气闷热，无风，气温下降速度极为缓慢，至第 2 天清晨最低气温仍大于或等于上层水温，故不产生密度流。此时上层池水的溶氧未向下层输送，仍可保持较高水平。这种情况在沿海海洋性气候的地区才偶有发生，一般池塘每天夜间上、下水层均会对流。

④白天晴天，傍晚下雷阵雨，此时表层水温骤然下降，密度突然增大，致使池塘上、下水层产生急剧对流，下层实际耗氧量大大增加，往往容易引起鱼类严重浮头。

为改善池塘下层水的溶氧条件，防止鱼类浮头，可在晴天中午开动增氧机，借以消除水的热阻力，从而使上、下水层的溶氧、温度和营养盐类垂直对流，及时将上层高氧水输送至下层，以降低夜间池水的实际耗氧量，既改善了池塘水质，又防止了鱼类浮头，也促进了池塘物质循环。

(三)淡水养殖环境的化学特性

养殖水体中含有各种化学物质,它们与鱼类和其他水生生物有着极为密切的关系。这些化学物质主要有溶解气体、溶解的无机盐和有机物等。

1.溶解气体

水中的溶解气体有3个来源:一是空气中的气体溶入;二是水生生物的生命活动或池底及水中的物质发生变化而产生;三是雨水、雪水、地表水或地下水带入。

水中气体的溶解数量主要取决于该气体在水中的溶解度、气体本身的溶解速度和扩散速度。其中气体的溶解度是指气体在一定温度和压强为1.013×10^5 Pa时,溶解于一体积水里,达到饱和的气体的体积(并换算成在0℃时的体积数),或者用在一定温度下,该气体在100 g水里,气体的总压强为1.013×10^5 Pa(气体的分压加上当时水蒸气的压强)所溶解的克数来表示。

气体在水中的溶解度受下列条件影响:①与水温成反比。水温越高,气体的溶解度越低。如水温10℃,溶氧饱和度为11.33 mg/L,水温20℃为9.17 mg/L,水温30℃为7.63 mg/L,水温35℃则为7.1 mg/L。②与该气体的分压成正比。降低气压,则溶解度下降,反之亦然。③与水中溶质的浓度成反比。水中的含盐量、硬度和有机物均会降低气体的溶解度。如有机物多的池水氧气的溶解度要比净水低5%左右。

气体的溶解速度受到以下因素的影响:

①与水温成正比。水温越高,该气体溶于水的速度越快。

②与该气体在水中的饱和度成反比。如水中溶氧的饱和度低,则大气中氧气的溶解速度加快,反之亦然。

③与气—水界面的接触程度(大气和水之间的运动情况和接触面积)成正比。如水面大,受风面大,产生的波浪大,水和空气的接触面积也大,氧气的溶解速度与静止的水体相比可增大100

倍之多。

气体在水中的扩散速度依赖于:①水分子的扩散作用。一般水分子的扩散作用很小。据计算,如单纯依靠水分子的扩散作用,当水温为18℃时,水深30.48 cm处的溶氧浓度增加1 mg/L,需12 d之久。②密度流的强弱,主要与上、下水层的水温差和降温速度有关。③搅拌作用(涡流扩散),如使用增氧机可大大加速气体在水中的扩散速度。

(1)溶解氧(O_2) 我国渔业水质标准规定,一昼夜16 h以上溶氧必须大于5 mg/L,其余任何时候的溶氧不得低于3 mg/L。我国湖泊、水库等大水体的溶解氧平均检测值大多在7.0 mg/L以上(仅一些紧靠城市的湖泊,由于受工业和生活污水污染,溶解氧在4 mg/L左右)。特别是在水库中,由于水库水经常交换及不同程度地流动,所以,水库水的溶氧充足、稳定而且变化小,分布也较均匀,这已成为水库溶氧的特点。故对于湖泊、水库、海湾等大水面,溶解氧并不是养鱼的主要矛盾;而对于池塘等静水小水体,溶解氧的多少往往是鱼类生长的主要限制因子。本节主要介绍池塘溶氧的特性和控制方法。

①池塘溶氧的补给与消耗 池塘溶氧的补给主要是依靠水生植物光合作用所产生的氧气。在精养鱼池中,浮游植物光合作用产生大量的氧气,在水温较高的晴天,溶氧往往会达到饱和度的200%以上。通常,晴天池水中浮游植物光合作用的产氧量占一昼夜溶氧总收入的90%左右。大气中扩散溶入水中的氧气并不多,特别是在静水中,大气中的氧气只能溶于水的表层。白天表层水的溶氧高,其溶解速度大大下降,当表层溶氧超过饱和度时,其氧气的溶解速度为零,表层中的过饱和氧气反而向空气中逸出。因此,大气中的氧气溶入池塘水中,主要发生在表层溶氧低的夜间和清晨。在晴天,大气扩散溶入池水中的溶氧占一昼夜溶氧总收入的10%左右(表2-7)。

表 2-7 精养鱼池溶氧的收入和支出

收入			支出		
来源	浓度/[g/(m²·d)]	占总收入百分比/%	消耗	浓度/[g/(m²·d)]	占总支出百分比/%
浮游植物光合作用	16.75	90.3	“水呼吸”	13.53（夜间 5.28）	72.9
大气溶入	1.80	9.7	鱼类耗氧	2.99	16.1
			逸出	1.93	10.4
			塘泥	0.10	0.6
总计	18.55	100.0	总计	18.55	100.0

池塘溶氧的消耗主要是水中浮游生物的呼吸作用和水中有机物(在细菌的作用下)的氧化分解，俗称“水呼吸”。这部分的耗氧要占一昼夜溶氧总支出的 70%以上。晴天白天在 11:00～17:00，上层过饱和溶氧向空气逸出的数量占一昼夜溶氧总支出的 10%左右。鱼类耗氧量并不高，在水温 30℃时，载鱼量达 560 kg 的池塘中，鱼类耗氧量占一昼夜总支出的 16%左右。塘泥的理论耗氧值高，但由于池塘下层水缺氧，故实际耗氧量很低，绝大部分理论耗氧值以氧债形式存在。塘泥的实际耗氧量与底层水的溶氧条件有关。

②池塘溶氧的变化规律　主要养殖水体的溶氧均有水平变化、垂直变化、昼夜变化和季节变化。水质越肥，这种变化也越明显。因此，对于精养鱼池而言，溶氧的这 4 种变化规律也最为突出，对鱼类生长的影响也最大。

水平变化：由于风力的作用，池塘下风处浮游生物和有机物比上风处多，因此，白天下风处浮游植物产氧量和大气溶入的氧气都比上风处多。风力越大，上、下风处的溶氧差距也越大。但夜间溶氧的水平分布恰恰与白天相反，是上风处大于下风处。这是由于集中在下风处的浮游生物和有机物在夜间的耗氧比上风处高，下风处的耗氧速度比上风处快，故上风处的溶氧比下风处高。据测定，夏季清晨上风处的溶氧比下风处高 0.78～1.20 mg/L，故清晨鱼类浮头，一般总在池塘上风处开始。

垂直变化：池水溶氧有明显的垂直变化。其主要原因是由于水中辐照度和浮游植物均有垂直梯度变化。白天，上层辐照度大，浮游植物数量多，光合作用产氧就多；下层则相反，产氧少而有机物耗氧量大(特别是塘泥)；加以白天由于水的热阻力，上、下水层不易对流，尽管上层溶氧超饱和，但下层溶氧却很低，在夏季溶氧往往趋于零。夜间，由于池水密度流，溶氧的垂直变化并不显著。

昼夜变化：由于白天辐照度强，浮游植物光合作用产氧量高，往往在晴天下午溶氧超过饱和度；到夜间浮游植物光合作用停止，池中只进行各种生物的呼吸作用，而大气溶入表层水的氧气又不多，致使池水溶氧明显下降，至黎明前下降到最低，此时就容易引起鱼类浮头。这就使溶氧产生了明显的昼夜变化。一般来说，浮游植物数量越多，天气越晴朗，溶氧的昼夜差异也越大。

季节变化：由于夏、秋季节水温高，浮游生物和微生物的新陈代谢强，生长繁殖快，水质肥，耗氧因子多，溶氧的水平、垂直和昼夜变化十分显著。冬、春季节，水温低，则产生相反的结果(冬季冰封情况下例外)。

上述 4 个变化规律以溶氧的昼夜与垂直变化之间的关系密切，在生产上也最为重要。它们同时产生，互相关联又互相制约，显示了池塘溶氧在时间和空间上的变化情况。对精养鱼池晴天不同时间水深与溶氧的变化测定表明，白天，上层溶氧随辐照度的增加而升高，此时又因上、下水层的水温差形成水的热阻力，致使上层高浓度的溶氧无法及时地向下层补充，下层溶氧条件进一步恶化。在 15:00 时，上层溶氧达到最高峰时，恰恰是下层溶氧达最低值时，缺氧水层向上延伸。夜间，上层水温随气温的下降而变冷，故产生密度流，池水中、下层的溶氧逐渐得到补充，致使上层溶氧逐步下降，至清晨 5:00 上层溶氧下降到最低点。此时上、下水层的溶氧差异基本消失，整个池水溶氧条件最差。

③天然水域溶氧的变化规律　在大而深的贫营养型湖泊、水库、海洋中，水质清澈，生物贫乏，有机物含量低，水生植物的光合及呼吸作用微弱，对溶氧状况不会产生重要影响。在这类水体中，水中的溶氧量取决于空气与水接触的程度（风浪作用）和温度条件。一般上层风浪大，溶氧高，接近饱和；而中层由于处在变温层中，水的溶氧急剧下降；下层溶氧较低，只有在春、秋季上、下水层产生密度流时才能得到补给。

在小而浅的富营养型湖泊、水库、港湾中，生物作用（光合作用、呼吸作用、有机物的分解矿化作用等）较强烈，对水体的溶氧起主导作用。其溶氧变化情况按富营养化的程度逐步与池塘相似。

④溶氧对鱼类的影响　氧气是鱼类赖以生存的首要条件。对于湖泊、水库、河流以及粗养鱼池等水体，一般不存在缺氧问题。但对于精养小水体，由于放养密度高，有机物（生物、残饵、粪便等）耗氧量大，溶氧供不应求，因此必须通过换水、机械增氧等方法加以补充。

我国主要养殖鱼类对低氧的忍耐能力很强，一般溶氧下降到 1 mg/L 左右才引起浮头，至 0.5～0.7 mg/L 以下则开始窒息死亡。我国主要养殖鱼类溶氧保持在 4～5.5 mg/L 以上，才能正常生长。溶氧低于此水平，鱼类生长就会受到不同程度的抑制。因此，尽管池塘内的饵料比湖泊、水库丰富，但鱼类的生长却比湖泊、水库等大型水体慢得多。其主要原因是池塘溶氧条件差，特别是夜间的溶氧条件恶化，鱼类生长受到抑制，鱼谚“白天长肉，晚上掉膘”，是十分形象化的解说。

鱼池中过饱和的氧气一般对鱼类没有多大危害，但饱和度很高有时会引起鱼类发生气泡病（主要是鱼苗阶段或长期被明冰冰封的鱼种），溶氧过低则引起鱼类浮头和泛塘。

溶氧在加速池塘物质循环、促进能量流动、改善水质等方面起重要作用。池塘有机物分解成简单的无机盐，主要依靠好气性微生物，而好气性微生物在分解有机物的过程中要消耗大量氧气。在精养鱼池这种特定条件下，溶氧已成为加速池塘物质循环、促进能量流动的重要动力。因此，在养鱼生产中，改善池水溶氧条件是获得高产稳产的重要措施。

⑤池塘溶氧条件改良　改善池塘溶氧条件应从增加溶氧和降低池塘有机物耗氧 2 个方面着手。

增加池塘溶氧条件：保持池面良好的日照和通风条件；适当扩大池塘面积，以增大空气和水的接触面积；施用无机肥料，特别是磷肥，以改善池水氮磷比，促进浮游植物生长；及时加注新水，以增加池水透明度和补偿深度；合理使用增氧机，特别是应抓住每一个晴天，在中午将上层过饱和氧气输送至下层，以保持溶氧平衡。

降低池塘有机物耗氧：根据季节、天气合理投饵施肥，防止鱼类浮头；根据鱼类的生长，及时轮捕出一部分达到商品规格的成鱼，以降低池塘载鱼量；每年需清除含有大量有机物质的塘泥；采用水质改良机在晴天中午将池底塘泥吸出作为池边饲料地的肥料，既降低了池塘有机物耗氧，又充分利用了塘泥；也可将吸出的塘泥喷洒于池面，利用池水上层的氧盈及时降低氧债，保持溶氧平衡。有机肥料需经发酵后在晴天施用，以减少中间产物的存积和氧债的产生。

（2）二氧化碳（CO_2）　在天然水中，CO_2 的主要来源是水生动植物的呼吸作用和有机物的分解作用。大气中含游离 CO_2 的数量很少，故从空气溶入水中的 CO_2 量也不多，水中的 CO_2 主要是被水生植物营光合作用吸收利用，制造新的有机物质。

水中 CO_2 除呈游离状态外，还以碳酸氢盐（HCO_3^-）和碳酸盐（CO_3^{2-}）的形式存在，后两者称为结合态的 CO_2。游离态和结合态的 CO_2 组成水中 CO_2 的总量。它们共同处在 CO_2 的平衡系统中：

$$CO_2 + H_2O = H_2CO_3 = H^+ + HCO_3^- \quad HCO_3^- \rightarrow H^+ + CO_3^{2-}$$

一般水中游离的 CO_2 的量很少，结合态的 CO_2 则较多。硬度和碱度高的水中碳酸盐类数量多，贮存 CO_2 的总量也多，补充水中 CO_2 的能力大；反之亦然。

水中 CO_2 的量随水生生物的活动和有机物分解的情况而变化，也表现有昼夜、垂直、水平和季节变化等，其变化情况一般与溶氧的变化相反。

CO_2 对水生生物和鱼类有较大影响，它是水生植物光合作用的原料，其所含的碳是一切植物必需的营养元素，缺少 CO_2 就会限制植物的生长和繁殖。高浓度的 CO_2 对鱼类有麻痹和毒害作用。鱼池中游离 CO_2 的含量，在夏季超过 40 mg/L 时，表示池水已被污染至危险程度。大量的有机物分解可能会造成鱼池缺氧，而使鱼类窒息死亡。

控制池塘 CO_2 的方法：对碱度和硬度偏低的池水应施加石灰，以增加水中钙离子和碳酸氢盐的浓度，提高 CO_2 的贮量，增强调节游离 CO_2 和 pH 的能力。游离 CO_2 过高，主要是由于水中有机物过多，或池底淤泥过多而产生大量的游离 CO_2。因此需控制池塘不被有机物过度污染，施用有机肥料不可太多，池底过多的淤泥必须清除。

（3）氨（NH_3）

①氨的来源　养殖水体中产生的氨（NH_3）来源于 3 个方面：A. 含氮有机物的分解产生氨；B. 水中缺氧时，含氮有机物被反硝化细菌还原产生氨；C. 水生动物的代谢物一般以氨的形式排出

体外。

氨易溶于水，在水中生成分子复合物：$NH_3 \cdot H_2O$，并有一部分解离成铵离子（NH_4^+），形成如下化学平衡：

$$NH_3 \cdot H_2O = NH_4^+ + OH^-$$

分子氨（NH_3）和离子铵（NH_4^+）的总和称为总铵。

②氨的毒性　当水环境的氮增加时，大多数鱼类氨的排出量减少，因而血液和组织中氨的浓度升高。这样会对动物的细胞、器官和系统的生理活动带来严重的影响。

氨对细胞的影响：分子氨进入血液后，转变为游离氮，并产生一个氢氧根离子（OH^-），浓度高时，对酶的催化作用和细胞膜的稳定性有明显的影响。高浓度的氨能吸收三羧酸循环中的α-酮戊乙酸，从而使谷氨酸脱氢反应逆向进行，同时减少辅酶Ⅰ（NADH）的有效氧化值。然后由于谷氨酸的氨转化为谷氨酰胺，而降低细胞中的三磷酸腺苷的浓度。

氨对排泄的影响：以 NH_3 的形式直接排出是大多数鱼类排氨的重要途径。水环境中氨浓度增加造成排氨困难，鱼类可能首先减少或者停止摄食以减少代谢氨的产生。停止摄食后，必然降低鱼的生长率。

氨对渗透作用的影响：水环境中高浓度的氨影响鱼类的渗透作用。因氨增加了鱼类对水的渗透性，从而降低体内的离子浓度。淡水生物是高渗透压的，在氨的致死浓度中，虹鳟的排尿量比平时增加6倍。从理论上说当排尿量的增加超过肾脏的吸收能力时，会引起氯化钠、葡萄糖、蛋白质和氨基酸的消耗。

氨对氧运输的影响：氨能严重损害鱼的鳃组织，降低鳃血液吸收和输送氧的能力。由于血液的pH较低，增加了氧的消耗，破坏了红细胞和造血器官。

氨对组织的影响：氨的致死、半致死浓度可引起各种鱼类的肾、肝、脾、甲状腺和血液组织变化。鱼类长期生活在含氨的环境中,可引起死亡。

分子氨对鱼类是极毒的,可使鱼类产生毒血症。分子氨对鲢、鳙鱼苗 24 h 的半致死浓度分别为 0.91 和 0.46 mg N/L。冷水性鱼类对分子氨很敏感,欧洲内陆渔业咨询委员会以分子氨对鲑、鳟鱼类的慢性毒性实验资料为依据,建议以 0.021 mg N/L 的分子氨浓度为渔业用水标准;我国鲤科养殖鱼类对分子氨的耐受力较强,尽管目前尚未统一规定分子氨对鲤科养殖鱼类的安全浓度,但一般都按 0.05～0.1 mg N/L 的分子氨作为可允许的极限值。

通常,海洋、湖泊、水库、江河等大水体,水中的分子氨含量极少;但在精养鱼池,如换水条件不良,水中分子氨就容易超过安全浓度而影响鱼类生长。在高密度养殖的小水体,像育苗温室、养鳖温室,如换水量少,管理不力,水中的分子氨浓度有时会抑制苗体发育生长,甚至发生大批死亡。因此,对于小水体的集约化养殖,防止水体分子氨升高,是水质控制的关键。

分子氨和离子铵在水中可以互相转化,它们的数量取决于养殖水体的 pH 和水温。pH 越小,水温越低,在水体总铵中分子氨的比例也越小,其毒性越低。pH$<$7 时总铵几乎都是以铵离子形式存在。pH 越大,水温越高,分子氨的比例越大,其毒性也就大大增加。

精养鱼池的分子氨与溶氧相似,也有昼夜和垂直变化,这种变化在晴天尤为显著。可见,早晨池水的分子氨含量最低,而总铵含量最高,且上、中、下 3 层的分子氨和总铵含量较接近,(往往上层低于下层,这是由于鱼类聚集在上层活动,鱼类呼吸作用使上层 pH 低于下层,加以下层总铵比上层高,其分子氨的比例升高)。白天,随着辐照度增加,上层浮游植物光合作用强度增大,总铵明显下降,上、下水层总铵差异显著;而分子氨则相反,由于水温升高，水中游离 CO_2 减少，pH 升高，至 16:20 上层分子氨达最高值，而此时下层因有机物分解致使 pH 下降，分子氨达最低值。由于水的热阻力，使上、下水层的分子氨浓度产生明显差异（上、下水层相差 4 倍以上）。夜间，浮游植物光合作用停止，pH 下降，同时随着上层水温下降，上、下水层产生对流，上层总铵含量逐渐上升，而分子氨含量逐渐下降，至清晨，上、中、下 3 层总铵、分子氨含量逐渐接近。因此，晴天中午开增氧机，不仅改善下层溶氧条件，防止鱼类浮头，而且也可避免由于上层分子氨含量过高而影响鱼类生长的问题。

(4)硫化氢（H_2S） 硫化氢（H_2S）是在缺氧条件下含硫有机物经厌气微生物分解而产生；或是在富有硫酸盐的水中，由于硫酸盐还原细菌的作用，使硫酸盐变成硫化物，然后生成硫化氢。

硫化物和硫化氢都是有毒的，而后者毒性更强。一般在酸性条件下，硫大部分以硫化氢的形式存在。夏季在精养鱼池底部容易出现缺氧状态，因此具备了产生硫化物和硫化氢的条件，由于池底有机物经厌气分解产生较多的有机酸，使 pH 降低，因此硫化物大多转化成硫化氢。当水中溶氧增加时，硫化氢即被氧化而消失。如底质或底层水中含有一定数量的活性铁，硫化氢也会被转化为无毒的硫及硫化铁沉淀。

硫化氢对鱼类的毒害作用是与血红素中的铁化合，使血红素量减少，另外对皮肤也有刺激作用。它对鱼类有很强的毒性，对其他水生生物也是如此，因此鱼池中是不允许有硫化氢存在的。

防止硫化氢产生的主要措施是提高水中氧的含量，尽量避免底层水因缺氧而发展至厌氧状态。也可以使用氧化铁剂，使硫化氢变为硫化铁沉淀而消除其毒性。此外，必须避免含有大量硫酸盐的水进入池塘。

2. 溶解盐类

1 L 水中所含溶解盐类的克（或毫克）数称为含盐量，1 000 g

水中所含溶解盐类的克数，即千分比则称为盐度。1 L 淡水的重量约等于 1 000 g，因此淡水的含盐量(g/L)基本和盐度相等，半咸水和咸水的盐度则稍低于含盐量。

在湖沼学上通常按 1 L 水所含阴离子和阳离子的总量来计算含盐量或盐度。在一般情况下，Na^{+}、K^{+}、Ca^{2+}、Mg^{2+}、HCO_3^{-}、CO_3^{2-}、SO_4^{2-} 和 Cl^{-} 8 种主要离子含量可代表淡水的总含盐量或盐度。

从养鱼用水角度看，含盐量过低(例如小于 0.2 g/L)，水的碱度、硬度都达不到基本要求，鱼类生长就会受到影响。含盐量过高，对许多淡水鱼生长不利，甚至危及鱼类生存。各种鱼类都有一定的耐盐限度。但大多数淡水鱼和饵料生物在盐度 5‰的水中都可正常生活，因此含盐量稍高一些的微咸水(盐度为 3‰)仍然可以作为养鱼池的水源，但是这种水的碱度和 pH 不宜过高。

(1)氮　氮是构成生物体蛋白质的主要元素之一。水中氮化合物包括有机氮和无机氮两大类。

①来源　有机氮主要是氨基酸、蛋白质、核酸和腐植酸等物质中所含的氮。某些藻类和微生物可直接利用有机氮。在工厂化育苗池、温室养鳖池、精养鱼池中有机氮占有较大的比例。

无机氮主要有溶解氮气(N_2)、铵态氮(NH_4^{+})、亚硝态氮(NO_2^{-})和硝态氮(NO_3^{-})，溶解于水的分子态氮只有被水中的固氮菌和固氮蓝藻通过固氮作用才能转化为可被植物利用的 NH_4^{+}(或 NO_3^{-})。一般浮游植物最先利用的是铵态氮，其次是硝态氮，最后才是亚硝态氮。因此上述 3 种形式的氮通常称有效氮，或称为三态氮。亚硝态氮是不稳定的中间产物，对鱼类和其他水生动物都有较大的毒性。

在鱼类主要生长季节的池塘中，当总铵超过 0.5 mg/L，亚硝态氮超过 0.1 mg/L，表示水中受大量有机物污染。而精养鱼池在夏、秋季节则往往超过此值，通常总铵为 0.5～4 mg/L，亚硝态氮为 0.1～0.4 mg/L，硝态氮为 0.1～2 mg/L。一般海洋、湖泊、水库等水域，当总氮超过 0.2 mg/L，总磷超过 0.02 mg/L，表明该水体已富营养化。

②养殖水体中氮的循环　池水中溶解的有机氮来自动物分泌物、动植物尸体，它们在微生物的作用下先分解为氨（NH_3）。氨在水中部分离解为离子态铵（NH_4^+）。在溶氧丰富的水体，亚硝化细菌和硝化细菌（均属好气性细菌）大量繁殖，铵态氮则被亚硝化细菌氧化为亚硝态氮（NO_2^-），亚硝态氮是很不稳定的中间产物，在硝化细菌的作用下很快氧化为硝态氮（NO_3^-）。如果水中缺氧，则好气性微生物受到抑制，厌气性微生物（如反硝化细菌）大量繁殖，水中有机物分解形成的总铵不仅无法进一步氧化为亚硝态氮和硝态氮，而且原有的亚硝态氮和硝态氮也会被反硝化细菌还原为总铵，总铵又被反硝化细菌还原为氮，并逸出水面，造成氮的损失。

③亚硝态氮的毒性　亚硝态氮的毒性主要是影响氧的运输、重要化合物的氧化以及损坏器官组织。血液中亚硝态氮的增加能将血红蛋白中的二价铁氧化为三价铁。三价铁血红蛋白（氧化型血红蛋白）则没有运输氧的能力。亚硝态氮还可引起小血管平滑肌松弛而导致血液淤积。此外，亚硝态氮可以氧化其他重要化合物。用虹鳟进行的实验发现，其死亡的原因不单是由于三价铁血红蛋白含量的提高，可能还有亚硝态氮的其他毒性反应。把虹鳟置于含 0.060 mg/L 亚硝态氮的环境中 3 周，可见到鳃瓣轻度肥大、增生和脱落。亚硝态氮对鱼类的致死作用因水的化学性质和鱼类品种不同而差异很大。斑点叉尾鮰和虹鳟 96 h 半致死浓度（LC_{50}）分别为 12.8～13.1 mg/L 和 0.20～0.40 mg/L。加入 Ca^{2+} 或 Cl^-，可以使鲑科鱼类对亚硝态氮的忍耐力增加 30～60 倍，这是由于它们能使亚硝态氮完全通过鳃而降低毒性。

④硝态氮的毒性　在水循环系统中，由于铵态氮的硝化而产

生硝态氮的积累。硝态氮对鱼类来说毒性最小,但高浓度的硝酸盐也影响渗透作用和氧的运输。高浓度的硝态氮也会将二价血红蛋白氧化为三价血红蛋白。格拉德巴等(1974)发现,5～6 mg/L 硝酸盐-氮可引起虹鳟血液中三价铁血红蛋白明显增加。水生动物 96 h 的硝酸盐半致死浓度为 1 000～3 000 mg/L。在淡水鱼试验中,把硝酸钠和氯化钠二者的半致死浓度进行比较,发现硝态氮的毒性主要是由于鱼类不能在高盐环境中维持正常的渗透压所致。

⑤三态氮的比例　在养殖水体中,溶氧的丰歉,会引起铵态氮、亚硝态氮和硝态氮比例和数量的差异。对于海洋、湖泊、水库、河流以及粗养池塘,由于水中溶氧高,水中的无机氮绝大部分是以硝态氮形式存在。而对于温室育苗池和精养鱼池,三态氮的结构(比例及数量)是衡量水质优劣的一项重要指标。在天然水域中,三态氮中以硝态氮为主,铵态氮次之,亚硝态氮含量最低。如武汉东湖(1991—1993 年)三态氮年平均值的比例为总铵态氮占 30.1%,亚硝态氮占 3.6%,硝态氮占 66.3%;据无锡精养鱼池统计,在鱼类主要生长季节,通常精养鱼池的三态氮中,总铵态氮占 60%左右,亚硝态氮占 15%左右,硝态氮占 25%左右。当水体有效氮不变,如总铵比例下降,则硝态氮比例上升,说明水体溶氧条件好,硝化作用强,池塘物质循环快,水质良好,反之亦然。

⑥降低氮化合物的毒性的措施　主要包括以下几个方面。

排污换水:通过大量换水,排出高浓度氮化合物的养殖水,注入含氮量低的水,以降低水体有毒物质的浓度。

增氧:铵态氮和亚硝态氮的氧化主要依靠硝化细菌来完成,而硝化细菌属好氧细菌,它们的生长繁殖需要大量的溶氧。因此,在养殖系统中必须保持足够的溶氧,有利于将铵态氮和亚硝态氮转化为低毒的硝态氮。

降低鱼类氮的排出数量:小水体如总铵浓度过高,应立即停止投饵,这样可以把鱼类的排氨量降低 75% 。在工业化养鱼过程中,如水供应中断或水循环系统中的生物过滤失败都会出现氨等氮化合物的致死浓度,停止投饵是首要措施。

脱氮:在溶氧高的条件下,铵态氮和亚硝态氮可转化为低毒的硝态氮。但硝态氮的大量积累,其含量虽离半致死浓度相差甚远,但水中硝酸盐的增加,使水的 pH 下降。这在工业化养鱼的水体中尤为明显。如上海水产大学河蟹育苗温室,采用充气、大量使用 EM 菌等措施,使水中硝态氮增加至 1.5 mg/L 以上,育苗池排出水的 pH 由 8.2 下降至 7.4。在此情况下可利用水生植物(在阳光的作用下)或采用生石灰水进行脱氮,以稳定水的 pH。

(2)磷　磷是有机物不可缺少的重要元素。生物体内的核酸、核蛋白、磷脂、磷酸腺苷和很多酶的组成中都有含有磷。它们对生物的生长发育与新陈代谢都起着十分重要的作用。

养殖水体中的磷包括溶解无机磷、溶解有机磷和颗粒磷,3 部分磷的总和称总磷。植物能利用的是溶解的无机磷酸盐(部分藻类能利用多聚磷酸盐),故这部分磷称为有效磷或活性磷。如水样直接用"钼蓝法"测出的磷含量,不仅包括有效磷,还包括易水解的有机磷和部分颗粒磷。故有效磷的测定,必须将水样离心、过滤后,取上清液进行测定,才能反映水体有效磷的真实含量。否则,测得可溶性无机磷的含量往往与实际情况有较大的出入。

养殖水体中磷的补给与消耗:养殖水体中磷主要由投饵、施肥、动物排泄物、生物尸体、底泥释放和补水带入。其中排泄物对加速水体磷的循环起重要作用。据测定,浮游动物每日摄取的食物中的磷有时有 54%以活性磷的形式排泄到水中。此外,目前洗涤剂中大多添加了多聚磷酸盐,故生活污水及靠近城市的河、湖水中常带有较多的活性磷。水中磷的消耗除了生物吸收利用外,主要受土壤黏粒的吸附、有机物质的螯合以及与水中钙、镁、铁、铝生成难溶于水的磷酸盐。塘泥中的磷绝大部分会退出池塘物质循环而沉积在池底，成为池塘磷循环的陷阱，简称“磷井”。由此可见，池塘水体缺乏有效磷已不可避免，开发利用塘泥中的磷是促进水体磷循环，提高池塘初级生产力的重要措施。

养殖水体有效磷除了被藻类利用外，水中的金属离子、水体中的胶体和水底淤泥对磷的吸附和固定也起了很大作用，因此可使水中溶解的有效磷保持在较低的水平。

对于天然水域，由于水中的氮来源广泛，除了外源有机物污染外，空气中的氮也会溶入水中，因此水体中的氮不易控制。而水体中的磷，特别是有效磷，限制因子多，水体中的有效磷浓度已成为衡量水体是否富营养化或富营养化程度的重要指标。

池水有效磷的浓度与养殖类型密切相关。池塘有效磷低峰值出现的季节、时间和水层，恰恰是藻类生长繁殖最快、鱼类生长最迅速的时间和空间。因此，在鱼类主要生长季节，有效磷往往成为水中藻类种群结构和数量密度的限制性营养元素，成为养殖水体初级生产力的主要限制因子，此时必须施用高效无机磷肥。

3. pH

pH 乃水的氢离子浓度。pH 对养殖水体的水质、鱼类和其他水生生物有重要影响。pH 也影响水中氨和铵离子的平衡，从而对鱼类和其他水生生物产生不同的毒性。pH 过低，即在酸性的水环境中，细菌、大多数藻类和浮游动物的发育受到影响，硝化过程被抑制，光合作用减弱，水体物质循环强度下降。酸性水还会使鱼类血液的 pH 下降，降低其载氧能力，使血液中的氧分压降低，即使水中含氧量较高，鱼也会浮头。在酸性水中养殖鱼类不爱活动、畏缩，新陈代谢减弱，摄食量少，消化率低，生长受到抑制。pH 过高(如大于 10)，鱼类生长也会受到抑制。一般养殖大水体的 pH 相对较稳定，如海水的 pH 值往往稳定在 8～8.2；而池塘等小水体，因浮游植物光合作用引起 pH 的周期性升高，鱼类对此有较大的适应能力。

4. 有机物

养殖水体的有机物质种类和数量很多，这里讨论的有机物主要是指非生命物质。这是由投饵施肥后水中生物的排泄物和生物死亡的尸体产生的。它们在水中呈悬浮、胶体和溶解状态。在天然水体中，以溶解有机物的含量占绝对优势。在精养鱼池中，由于水中有机碎屑、细菌以及浮游生物的数量大大增加，溶解有机物同悬浮有机物的比例大约各占一半；而在有机悬浮物中，有机碎屑的含量又占 2/3～4/5。有机物的主要成分是酯类、蛋白质、氨基酸、脂肪酸和腐植酸等。

有机物在水中经过微生物、物理和化学作用，通过矿化、絮凝、络合或螯合、气提等一系列变化后，为鱼类和其他水生生物提供了饵料和养料。与此同时，通过絮凝作用，也降低了水中溶解有机物的浓度，减轻水体的有机污染，增加了透明度。

水中有机物在养鱼生产中的作用有：直接作为鱼类和其他水生生物的饵料；通过降解矿化作用，不断向水体提供无机营养元素，供水生植物利用；促进鱼类容易消化的藻类大量繁殖；通过气提和絮凝作用，形成较大的食物团，再一次被鱼类和其他水生动物摄食，从而大大提高水中溶解有机物的利用率；为水体物质循环的基础——微生物提供了培养基，并通过微生物的再合成，向水体提供生长素和激素；通过络合（或螯合）作用，提高营养元素的利用率，并能降低重金属的毒性。

因此，水中保持一定数量的溶解有机物是提高养鱼产量的重要一环。新开挖的池塘，当年鱼产量较低，池中有机物数量少是重要原因之一。但有机物在氧化分解过程中需消耗大量氧气，故有机物过多，易恶化水质。因此池中有机物含量必须加以控制，饲养鲢、鳙鱼较多的池塘，有机物耗氧量（COD）以保持在 20～35 mg/L（用碱性高锰酸钾法测定，如用酸性高锰酸钾法，则所得的值比前者低 1/3）较适宜；饲养草食性鱼类为主的池塘的 COD

含量保持在 15～20 mg/L；饲养冷水性鲑、鳟鱼类的池塘和工业化养鱼的水体，鱼类完全摄食人工饵料，对水质的要求主要是要有较高的溶解氧含量，因此池内有机物越少越好。

对于天然水域，水体的有机物含量也是判断其是否富营养化的指标之一。我国地面水环境质量标准 GB 3838—83 规定，第一、第二、第三级水的 COD 指标分别为≤2 mg/L、≤4 mg/L、≤6 mg/L。有关学者在评价水体富营养状态的指标中，一般规定当水体中的 COD 超过 7.1 mg/L 时，水体已属富营养等级。

(四)淡水养殖环境的生物特性

1. 池塘的生物

精养鱼池大量投饵施肥后，其生物的种类组成和数量变化与天然池塘有显著的区别，其主要特点为：细菌数量多，以异养菌为主；水体中以浮游生物为主；在浮游生物中又以浮游植物为主；浮游植物的优势种极为显著；生物的变动量大。

一个池塘就是一个独立的生态系统，不同的池塘其生物组成差异很大。特别是浮游生物，不仅表现在地区性上，就是 2 个相邻的池塘，其浮游生物的种类和数量也往往不同。

池塘生物的变化规律以浮游生物最为显著。浮游生物有季节、昼夜、垂直和水平变化规律。

(1)季节变化

春季　早春硅藻、衣藻大量出现，轮虫及桡足类开始大量繁殖，到晚春逐渐减少，此时，枝角类达到最高数量。

夏季　浮游生物量达到最高峰。浮游动物中以轮虫和原生动物为主，大型浮游动物(如枝角类、桡足类)很少，浮游植物优势种明显，往往大量繁殖形成“水华”。

秋季　浮游动物数量逐渐增加，但仍大大少于春季。浮游植物中，蓝藻、绿藻数量下降，硅藻和甲藻类数量上升。

冬季　浮游生物种类和数量均大大减少。

(2)昼夜变化和垂直变化　由于不同的浮游生物具不同的趋光性(一般浮游动物趋弱光,浮游植物趋强光),因而造成浮游生物昼夜垂直移动。浮游生物,特别是浮游植物的昼夜、垂直变化是造成池塘溶氧昼夜垂直变化的重要原因之一,也是造成池塘水色和透明度日变化的主要原因。

(3)水平变化　池塘浮游生物由于受风力的影响,使其在水平分布上也呈不均匀状态。一般浮游生物量均是下风处高于上风处。浮游生物的水平变化,是造成池塘溶氧水平变化的重要原因之一。

2.湖泊的生物

湖泊中的浮游生物主要分布在距水面 10 m 以内的水层,而且不同种类分布的深度也有差异。

生态条件未被破坏的湖泊中滋生大量水生维管束植物,这种湖泊称“草型湖泊”。其水域生产力高,水质良好,水产养殖业可在这种环境内可持续发展。由于人为破坏,湖泊中水生维管束植物大量减少,水质过肥,湖泊中浮游藻类大量繁殖,致使水域富营养化。这种类型的湖泊称“藻型湖泊”。

水生植物按其分布情况,可将其生长地区分为沿岸带、亚沿岸带和深水带 3 部分。沿岸带自湖岸至挺水植物和浮叶植物生存处止;亚沿岸带自沿岸带挺水植物和浮叶植物不能生长的交界处起,只有某些沉水植物生存;湖泊水深在 10 m 以下的为深水带。中国东部和中南部的养殖湖泊水都很浅,属老年湖类型,这类湖泊淹没的深水区,往往整个湖面丛生水生维管束植物。沿岸带的水生植物主要有芦苇、蒲草、菰等挺水植物和菱、芡实等浮叶植物,其间也生长各种沉水植物。亚沿岸带的水生植物主要为沉水植物,如菹草、小茨藻、聚草和苦草等。

通常,老年湖的底栖动物种类和数量较丰富。在浅水区,以摇蚊幼虫、螺、蚌等较多,较深处则以寡毛类中的水蚯蚓、颤蚓等为主。

按湖泊的营养性能、水域形态和初级生产力，可将湖泊区分为以下 3 种类型。

(1)贫营养湖　湖水较深，温跃层以下的深水层体积较表水层体积大，一般透明度大于 5 m，水色为蓝色至绿色，溶氧全层接近饱和，沿岸植物稀少，营养盐类贫乏。湖水含氮量一般小于 0.15 mg/L，含磷量小于 0.02 mg/L，pH 为 6.5～7.5。

(2)富营养湖　湖水较浅，深水层体积小于表水层体积，透明度一般小于 5 m，水色为绿色至褐色，溶氧表层饱和或过饱和，中层以下溶氧量少，并向湖底剧烈减少。沿岸植物繁茂。湖水含氮量一般大于 0.3 mg/L，含磷量大于 0.02 mg/L，pH 为 6.5～9.0。

(3)腐殖质营养湖　一般分布在沼泽化地带，湖水深浅不一，透明度小，水色呈黄色至浓褐色，湖水矿化度低，腐殖质多，含氧量低，沿岸带浮叶植物多。pH 为 5.0～6.3。

湖泊营养类型分类主要特点见表 2-8。

美国 EPA 提出的湖泊富营养化阶段的判别标准见表 2-9。

表 2-8　湖泊营养类型分类

项目	贫营养型	富营养型	腐殖质营养型
水域形态	深度大，岸边浅滩狭或无，水温分层，表层水量<底层	深度小，岸边浅滩常宽，水温不分层，表层水量>底层	深度大小不一，岸边浅滩或有或无
水色	淡，常为蓝色或绿色	浓，绿色、黄色或褐绿色	淡或浓，黄色至褐色
透明度	高，5 m 以上	低，5 m 以下	低
底质	有机质少，多不腐烂	有机质多，腐殖质少	腐殖质极多
溶解氧	夏、冬季垂直分布较均匀，全层接近饱和	表层饱和或过饱和，底层低氧或缺氧	夏、冬季垂直分布较均匀

续表 2-8

项目	贫营养型	富营养型	腐殖质营养型
营养盐类	N＜0.2 mg/L，P＜0.02 mg/L	N＞0.3 mg/L，P＞0.02 mg/L	氮、磷、钙含量均少
COD	7.1 mg/L 以下	7.1 mg/L 以上	7.1 mg/L 以上
pH	6.5～7.5	6.5～9.0	5.0～6.3
沿岸植物	少，但能蔓延到深处	多，但只能在浅水生长	少
浮游生物	数量少而种类多，难见水华	数量少而种类多，常见水华	数量和种类均少
底栖动物	数量少而种类多	数量多而种类少	数量和种类均少

表 2-9 湖泊营养型分类标准(美国 EPA)

参数	贫营养	中营养	富营养
总磷/(mg/L)	＜10	10～20	＞20～25
叶绿素 a/(g/L)	＜4	4～10	＞10
透明度/m	＞3.7	2.0～3.7	＜2.0
深水溶氧饱和度/%	＞80	10～80	＜10

3. 水库的生物

水库水中的生物来源于原来的河道和原来生活于淹没区的湖泊和沼泽。水库生物区系组成与数量则表现出由河流向湖泊过渡的特征。

(1)水生维管束植物　由于水库深度太大，水生维管束植物在水库中丧失了生存的机会，仅在水库上游某些浅水区才能找到少量水草。但某些浅水型水库，由于河道内原有的水生植物生长较好，可能会大量蔓延甚至占满整个水库区。

(2)浮游生物　水库形成后，流速降低，营养盐类浓度增大，这就为浮游生物提供了较适宜的繁殖条件，使浮游生物在种类和数量上都比河流多。

(3)底栖动物　水库的深度大大超过湖泊,而且其水位变动大,因此其底栖生物种类和数量比湖泊少得多。

(4)微生物　水库中的微生物分外源性和内源性 2 部分。外源微生物是从各种水流带入的,内源微生物是在水库内物质循环中产生的。一般水库水中的微生物含量不高,差异较大,一般占浮游生物量的 10%～50%。

(五)淡水养殖环境的土壤特性

1. 土壤对水质的影响

(1)土壤中含有的各种无机物及有机物会影响水质。土壤中含有氮、磷等无机盐,溶解于水后增加了水的肥度。这对养殖水体的施肥有重要影响。

由于水中特别是下层水的溶氧条件较差,因此水底土壤内厌气性细菌数量较多,有机物的氧化分解比陆地土壤中缓慢得多,甚至比在水中还慢,并容易产生大量有害的中间产物,对水质带来不良影响。

(2)土壤的酸碱性影响养殖水体的 pH。我国各地土壤的酸碱度不一,其分级标准见表 2-10。土壤的酸碱度影响地表径流和养殖水体的 pH,在淡水水域中往往水的 pH 与当地土壤的 pH 相近(特别是新开挖的养鱼池塘)。比如建造在盐碱地的鱼池,池水 pH 在 8～9.5,其碱度和硬度也很高,该水质会对浮游植物的生长带来一定影响。

表 2-10　土壤酸碱性分级

项目	强酸性土	酸性土	微酸性土	中性土	微碱性土	碱性土	强碱性土
pH	4.5 以下	4.5～5.5	5.5～6.5	6.5～7.5	7.5～8.5	8.5～9.5	9.5 以上
指标生物	茶树、石松	映山红	铁芒萁	一般作物	碱蓬	碱蓬	作物不能生长

养鱼水体经过一定时期的养殖生产，水底淤积了一定厚度的淤泥，使原来的土质对水质的影响逐渐减弱，这种作用被淤泥所代替。

2. 淤泥的性质及其对水质和鱼类的影响

(1)淤泥的性质

①淤泥由下列成分组成

- 淤泥
  - 有机物
    - 生物——微生物、底栖生物、浮游生物（淤泥表层）
    - 腐殖质——胡敏酸、富里酸等
    - 非腐殖质——碳水化合物、含氮化合物
  - 无机盐
  - 黏土

②淤泥是水域有机物的“贮存库”　由于水体下层水的溶氧条件差，生物的尸体（植物、动物、微生物等）、大量的残剩饲料、有机肥料、鱼类的粪便以及其他水生动物的排泄物等无法及时分解而不断沉积于水底，加以泥沙混合，形成淤泥，因此，淤泥是水体有机物的“贮存库”。

③淤泥是一个“生物加工厂”　淤泥中的有机物不仅是生物的尸体、残饵、有机碎屑、排泄物和黏土的机械混合物，而且均被水底微生物不同程度地“加工处理”（发酵和分解），进行了重新组合，形成了十分稳定的水腐殖质。

④淤泥的含水量大，通气情况差，其理论耗氧值极大，氧债高　淤泥中的有机物在缺氧条件下被厌气性微生物分解（发酵），以中间产物和无机还原物状态存在。其理论耗氧虽高，但实际耗氧量很低（因淤泥中游离的氧气很少），绝大部分的理论耗氧值以氧债形式存在。这是下层水耗氧因子高的主要原因之一。

⑤淤泥中的无机盐类根据淤泥中的氧气条件而不断调整　淤泥在有氧情况下（如在淤泥表层）无机盐失去电子被微生物或化学氧化成氧化物，在无氧的条件下（如在淤泥表层以下）它们又获得电子被还原为还原物，这个过程就是氧化还原过程。淤

泥中有机物和无机盐的氧化过程主要发生在表层，在淤泥中下层，则还原过程占绝对优势。

⑥淤泥是一种胶体物质　淤泥中的腐殖质、黏土颗粒、$Al(OH)_3$ 和$Fe(OH)_3$ 等都是胶体物质。胶体带有电荷，有巨大的表面能，它能吸附许多离子状态的物质，这种吸附作用使保存在胶体周围的物质仍呈离子状态，它可以被水中的其他离子交换后再回到水中，这种交换称离子代换吸收。离子浓度的高低对离子代换力有很大影响，这一点在保肥、施肥上都具有重要意义。

淤泥中的腐殖酸（主要是胡敏酸）所含的羧基可以解离出 H^+，而使腐殖酸本身带负电荷，因而水中黏土颗粒在一般情况下解离出的 H^+ 比 OH^- 多。因此，总的来说，淤泥（特别是表层）胶体主要带负电荷，它可以代换吸收等当量（1 N$\backsimeq$1 mol/L×离子价数）的阳离子，如 NH_4^+、K^+ 等。如施放石灰，水中的钙离子又可将黏土中的 NH_4^+、K^+ 等代换出来重新回到水中供藻类利用。淤泥胶体也有带正电荷的，它可以代换吸收水中的阴离子。

（2）淤泥对水质和鱼类的影响　淤泥具供肥、保肥和调节水质肥度的能力，淤泥是养殖水体有机物的“贮存库”，是有机物的“生物加工厂”。新开挖的池塘施肥后，其肥度和水质往往不稳定，变化较大，主要就是缺乏足够的淤泥，因而无法对肥料起缓冲、调节作用。

①淤泥过多，容易恶化循环水质　淤泥过多，有机物耗氧过大，造成下层水长期呈缺氧状态，致使下层氧债高。在夏、秋季节容易造成鱼类缺氧浮头，甚至泛池死亡。此外，有机物在缺氧条件下，产生大量还原物质（如有机酸、氨、硫化氢等），使 pH 下降，并抑制鱼类生长，甚至危及鱼类生存。

②淤泥过多，容易发生鱼病　在缺氧条件下，有机物产生的大量有机酸类等物质不仅使 pH 下降，而且有利于致病微生物的生长繁殖。与此同时，鱼类生活在不良环境条件下，其抵抗疾病

的能力减弱，新陈代谢下降，就容易发生病害。因此，改善水质，特别是防止淤泥过多，是实行健康养殖的重要措施。

在精养鱼池中，究竟保持多少厚度的淤泥较恰当？至今没有一个统一的标准。据测定，在精养鱼池中，淤泥的活性（有机物含量高，氧化还原反应剧烈）最强的泥层是在塘泥的表层 0～5 cm 处，加以淤泥每年沉积速度较快，故一般精养鱼池的淤泥厚度保持在 5 cm 左右（按鱼种放养时为标准）为妥。

3. 养鱼水域的底质改良

养鱼水域的底质改良目前主要着重于池塘养鱼方面，其次是湖泊的底质改良。

对于新开挖的鱼池，可在池中投放绿肥，采用沤肥的方法尽快制造淤泥，使淤泥中的腐殖质镶嵌在土壤间隙中，并覆盖在土壤上，使其与原来的土质基本隔绝，就可以起供肥、保肥和调肥的作用。

对于淤泥过多的池塘可采取的措施有：排干池水，挖除过多淤泥作为作物或青饲料的肥料；使池底日晒和冰冻；施放生石灰，提高淤泥的肥效；养鱼与作物轮作；在鱼类生长季节，采用水质改良机械吸出部分淤泥或翻动塘泥。

养鱼湖泊可在湖泊中移植高等水生植物（沉水植物）、采用水质改良机以及施放生石灰等措施来改良底质。

（六）养殖水域的生产力

1. 影响水域生产力的非生物因素

（1）水域所在地区的气候条件　水域所在地区的气候条件中光照与温度是最直接的影响因素，太阳提供了浮游植物光合作用的能源。温度则影响植物光合作用的效率和各类生物新陈代谢的强度，但光照、温度又与水域所处的地理纬度和海拔高度有关。

（2）集水区的土壤、植被及其他条件　水域所处的土壤、植被、水源等的理化环境都会影响水域的初级生产力。如果集水区土壤肥沃、植被茂盛、农牧业发达、人口稠密、那么就有较多的外源性生源物质补充，水域初级生产力和鱼产力就较高，反之则低。

(3)水体的形态条件　水域的形态方面主要有深度、面积和形状三项。它们在影响生产力方面既有其独立性，又有综合作用的特点。水域的形态复杂、弯曲越多、与陆地的接触面越大、生态环境也就越多样化，这就有利于各种生物的生长繁衍，生产力也就越高。

(4)水域的水文学因素　水文学因素中决定水域鱼产力高低的主要原因是水位变动、风浪、径流量、水体交换率、浑浊度和淤积等。在湖泊中上述诸因素较为平稳，其鱼产力也相对较为稳定。而水库则不然，因为我国的水库多是为灌溉、防洪、发电而修建的，其水位有剧烈的季节变动，致使鱼群的饵料数量与索饵面积受到影响。

2.影响水域生产力的生物因素

不同的饵料生物或其他生物，其生产性能也各不相同。水域饵料生物种类决定着从初级产量到鱼产量之间的能量转化率。初级产量如果主要由小型浮游藻类组成则转化率较低；如果由大型植物或大型藻类组成，则转化率较高。次级产量中各营养级的优势种类如果是由那些对食物利用率高，生长繁殖迅速的种类组成，那么能量转化率高、物质循环速度快，其鱼产量也就较高。此外，人类的生产活动也会积极或消极地影响水域生产力。

3.水体生物初级生产力的生产过程

内陆水体的初级生产量主要由浮游植物、着生藻类或周丛藻类、水生维管束植物和自养细菌构成。在浅水湖泊中，水生维管束植物和着生藻类常在初级生产量中占主要地位；水较深的湖泊、水库浮游植物常是主要生产者。水流较急的石底河流中，底部着生藻类的生产量占绝对优势；水流较缓的泥底河流有时也以水生维管束植物或浮游植物为主要生产者。浮游植物、水生维管束植物和着生藻类三者之间，由于它们对光和营养物的竞争，其生产力常表现出负相关。

除绿色植物之外，自养细菌在水生态系统初级生产力中的作用也不能忽视。自养细菌又可分为光合细菌和化能合成细菌两大类。光合细菌主要分布在水深不超过 20 m 的湖泊底泥表层，或分布在深水湖泊夏季湖水分层期的厌氧区上层。在一些部分对流的湖泊中，光合细菌初级生产量每天每平方米可产生碳达 45～2 470 mg，在总初级生产量中占的份额可达 20%～85%；在具温跃层的湖泊中，在温跃层之上藻类生产力占主导地位，光合细菌仅占总初级生产量的 1.93%～4.98%；温跃层之下，15～20 m 处，光合细菌生产力达最大值，占其总初级生产力的比例可达 80%～85%以上。因此，光合细菌在深水具厌氧条件的湖泊中的作用不容忽视。

化能合成细菌与光合作用细菌都遍及地球各处，它们对土壤及湖沼均有着重要的生态功能。化能合成细菌不以光为能源，而是利用硫化氢及氨等无机物氧化还原反应的能量代替太阳光并且只能依靠无机养分生活，这种生物通常称为化能合成生物，或化能自养生物。

我国的增养殖湖泊绝大部分属老年湖，其水浅，光照条件好，底泥有机物较多，水生植物以维管束植物（特别是沉水维管束植物）占主要地位。水生植物通过增加水生态系统的空间生态位提高系统的生物多样性。水体中生长了大量水生维管束植物后，各类着生生物（周丛生物）群落以水生植物为基质首先发展起来，其中着生藻类是构成水体初级生产力的重要组成部分；在周丛生物群落内，各类生物分别处在食物链的各个环节上，彼此相互制约，组成了复杂的食物链（网），在水体的生物生产过程中发挥着各自的作用；同时，各类周丛生物以及水生生物本身亦是鱼、虾、蟹、贝等的良好饵料，具有重大价值。水生植物群落的时空结构不仅决定了以此为生境的附生螺类的种群数量，而且就生物量而言，两者间也具明显的正相关。

此外，水生植物为经济甲壳动物——青虾和河蟹提供了适宜的环境，既创造了良好的栖息隐蔽场所，又提供了丰富的食物资源。

水草丰盛的水域，鱼类的组成也呈现多样化。如鲤、鲫鱼及红鲌类等草上产卵鱼类的繁殖条件直接与水生植被密切相关；草、鳊、鲂、青、鲤、鲫鱼等鱼类亦依赖水生维管束植物群落所提供的饵料资源得以发展；随着草丛中小型低价值鱼类的发展，鳜、乌鳢鱼等凶猛鱼类种群亦随之发展壮大起来。

综上所述，湖泊水生生物多样性的基础在于水生高等植物。如果水生植被受到损害并最终导致水草的灭绝，则终将引起其他一些生物的次生性灭绝，包括以水草为食或栖息的饵料生物（例如许多周丛生物、螺类、甲壳类等）以及以这些生物为食的鱼类（如草、鲤、鲫、青鱼等）。最终，只有浮游藻类及滤食性鱼类取得绝对优势。当前我国不少湖泊由于渔业的过度开发，造成湖泊的生态结构严重退化，物种多样性下降，食物网结构简化，系统的稳定性下降；同时，随之发生生态系统功能的严重受损和退化；湖泊自净能力衰减，物质循环速率加快，富营养化进程加快、加重，系统对环境干扰的反应更为敏感，水的质量下降，影响水体多元功能的发挥，致使“草型湖泊”退化为“藻型湖泊”。

水生维管束植物净化水质的功能极为显著。一个湖泊（包括河沟）的水下植被状况，可以说是该湖泊生态环境与渔业价值最直观的指标。保护沉水维管束植物是湖泊渔业开发和保护湖泊生态环境的核心任务，恢复水下植被已成为治理退化湖泊（即藻型湖泊）和河沟水环境的关键环节；解决内陆水域和沿海海域的富营养化，种植沉水维管束植物（如菹草、苦草、大茨藻、马来眼子菜、伊乐藻、轮叶黑藻等）和栽培高等藻类（海带、紫菜、江蓠、大叶藻、马尾藻等），在相应的水域建造“水底森林”或“海底森林”，已成为保护水环境的重要措施。

4. 水体生物次级生产力的生产过程

单位时间和空间内，通过动物和异养微生物生长、繁殖而增加的生物量或贮存的能量称为次级生产量。次级生产量并不仅反映第二级生产量，它是第二、第三、第四等各级生产量的统称。异养生物直接利用初级生产品而形成的生产量称为第二级生产量，直接利用二级生产品（如植食性动物）而形成的生产量称为第三级生产量，继续按其食物的营养层次类推可形成四、五级等营养级生产量，直到终极生产量。异养细菌、浮游动物、底栖动物和鱼类均是水体中重要的次级生产者，两栖类、水栖爬行类、水禽、水兽等的次级生产力亦不能忽视。由于大部分初级生产量并不直接被动物利用，而是死后被异养细菌分解利用，因而水体中细菌的生产量是相当可观的。

异养生物对物质改造和能量的传递主要是通过食物链进行的。对水生生物而言，相当部分的物质和能量可以通过低等异养生物的渗透营养进行传递。

水体中的生产过程可用下列 2 种食物链表达（图 2-1）：

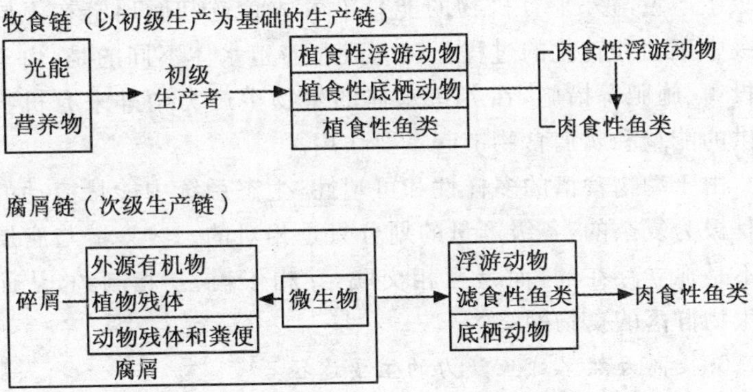

图 2-1 水体生产过程中的 2 种食物链示意图

在静水水体中，贫营养型或中营养型湖泊，初级生产力达到一定水平，有机碎屑较少，腐屑链较弱，食物网中以牧食链占主导地位，微生物的分解作用在好气条件下进行。随着富营养化和有机污染的增加，水底和水层中有机碎屑积累增多，初级生产放氧的增长逐渐变为等于或小于水呼吸耗氧，这就促进水体中腐屑链势力的增强，腐屑链也随之占主导地位。

在流水水体中，只有在天气晴好、水底藻类群落发育良好的山溪，才有可能以牧食链为主；而接纳地表径流量较大、水流混浊的河流，均以腐屑链为主。

在精养鱼池中，池水的悬浮物和沉积物中含有大量的有机碎屑，它们是联系池塘消费者、分解者和生产者的纽带，其中微生物（主要是细菌）在池塘物质循环和能量传递中起主要作用。有机碎屑只有被细菌分泌的细胞外酶分解才能被水生动物利用。因此，细菌是腐屑链的基础，是池塘生产力的核心。因此腐屑的营养价值比碎屑高的主要原因就是腐屑中增加了腐生生物的营养成分。所以严格讲，细菌与腐屑是密不可分的。

5. 鱼类的生物生产过程

和所有的水生生态系统一样，养鱼水体生物的生产过程都是初级生产量与外来有机物的能量沿着牧食链和腐屑链在不同营养级中流动和转化的过程。与一般非养殖水体不同的是，由于人工投饵、施肥等措施，在养鱼水体的生物生产力中外来有机物所提供的能量和腐屑食物链起重要作用。

由于动物食谱的多样性和可塑性，生态系统中能量流动的途径是极为复杂的，各级产量的划分只是相对的。牧食链与腐屑链都不是孤立存在的，而是互相交联、互相依赖、互相制约，从而构成生物群落的食物网络。

6. 提高天然水域鱼产力的主要途径

提高天然水域鱼产力的主要途径包括以下 6 个方面。

(1)增殖鱼类饵料基础,改善饵料生物质量　水质清瘦的水域,适当引进有机物较丰富的水源,以便提高水域初级生产量;扩大生物资源,补充鱼类食物和提高水域肥度;改善饵料生物质量,以便提高物质能量转化效率。

(2)合理放养和移植驯化　各种鱼类放养密度要适当,以便充分而合理地利用水域饵料生物;放养鱼类种类与搭配比例必须与水域中饵料生物资源特点相一致,以便保持较佳的种间结构;各种鱼类放养规格至少要在 13 cm 以上,以便提高生长速度和成活率;移植驯化优良鱼类和品种,改造低产型鱼类区系,以便调整鱼类组成和种群结构。

(3)合理捕捞,保持经济鱼类种群的最佳结构　合理地调整捕捞对象和捕捞强度;根据鱼类的生长特点和密度状况,制定合理的捕捞规格;根据水域条件、水质肥度,确定其生产周期和最佳的鱼类种群结构。

(4)鱼类资源的保护与增殖　严格执行渔业法规、规定渔具、渔法、禁渔区和禁渔期;严禁炸鱼、毒鱼等破坏鱼类资源的犯罪行为;保护经济鱼类的产卵场、设置人工鱼巢;开源节流、控制水位、改善鱼类生态环境;利用湖汊、库湾和网箱培育大规格鱼种;对经济价值较高或珍贵的鱼类要进行人工繁殖和放流。

(5)控制或消灭凶猛鱼类和小型野杂鱼类　大型凶猛鱼类危害严重的水域,要彻底清除或控制其种群数量;小型野杂鱼较多的水域,要采取各种措施加以消灭或控制。

(6)改善水域环境,保护鱼类资源　保护植被、改善水质、防止污染;草型水域可适当放养草食性鱼类,但需保持稳定的水草生产量;藻型水域应人为移植水草并保护水草资源,逐步降低富营养化水平;富营养型水域禁止发展网箱养鱼;设置过鱼或拦鱼设施,保护经济鱼类资源。

二、淡水养殖非生物环境的调控技术

养殖用水处理的目的就是用各种方法将污水中含有的污染物质分离出来，或将其转化为无害物质，从而使水质保持洁净。根据所采取的科学原理和方法，可分为非生物法和生物法。非生物法内容见表 2-11。

表 2-11　养殖用水非生物处理常用方法分类与比较

方法类型	处理方法	处理目的	优缺点
物理法	栅栏、筛网	去除野杂鱼类、敌害生物、大粒径悬浮物、漂浮物	优点：工艺简单，费用低廉
	沉淀、气浮、过滤	去除小粒径块状物、粒状悬浮物及胶体物质	缺点：一般属水质预处理和初级处理
化学法	中和法	调整 pH，属预处理	优点：占地面积小，处理时间较短，处理后的水质好
	混凝法	去除悬浮物、胶体物质及色度	
	氧化法	去除溶解性物质、杀藻、杀菌、脱色	缺点：费用较大

（一）养殖用水的物理处理方法

在养殖用水和废水中往往含有较多的悬浮物（如粪便、残饵等）或其他水生生物（如鱼、虾、浮游动物、水草等），为了净化或保护后续水处理设施的正常运转，降低其他设施的处理负荷，都要将这些悬浮或浮游有机物尽可能用简单的物理方法除去。物理方法主要是利用物理作用，在处理过程中不改变污染物的化学性质。处理方法包括：栅栏、筛网、沉淀、气浮、过滤等。

1. 栅栏

通常用在养鱼水源进水口，目的是为了防止水中个体较大的鱼、虾类、漂浮物和悬浮物进入进水口。否则，容易使水泵、管道堵塞或将敌害生物带入养鱼水体。

栅栏通常是由竹箔、网片组成，也有由金属结构的网格组成的。

2. 筛网

筛网材料通常为尼龙筛绢。筛网可去除浮游动物（小虾、枝角类、桡足类等）和尺寸较小的有机物（如粪便、残饵、悬浮物等）。

生产上，作为幼体孵化用水，往往在水源进水口的栅栏内侧再安置筛网，以防小型浮游动物进入孵化容器中残害幼体。为便于清除，往往将部分筛网做成漏斗形口袋状。

在工业化养鱼的水处理设施上，养殖废水的循环使用，第一步就是用筛网将粪便、残饵、悬浮物等有机物清除。为有利于清除，往往将筛网设计成转鼓式、旋转式、转盘式。由于筛绢网在不停地旋转，筛绢主要起拦集有机物的作用，筛绢孔隙不易变形，也不易损坏，而且也有利于筛绢的清洗和脏物的收集。

3. 沉淀

（1）沉淀的类型　沉淀是借助水中悬浮固体本身的重力，使其与水分离。按沉淀物质的性质和浓度主要分为 2 种类型，即自由沉淀和絮凝沉淀。

自由沉淀：水中悬浮固体物的浓度不高，颗粒无凝聚性。在沉淀过程中颗粒间不相互黏合，形状和尺寸均不变，其沉降速度也不变，这种沉淀称自由沉淀。

絮凝沉淀：水中悬浮固体物虽浓度不高，但固体颗粒有凝聚性能，在沉淀过程中颗粒能互相黏合，成为较大的絮凝体，且沉降速度在沉淀过程中逐渐增大，称为絮凝沉淀。

（2）沉淀池结构　可分为平流式、辐流式和竖流式。

平流式：沉淀池为一长方形水池，砖混结构，其结构简单，造价低，适用于水量和温度变化大的养殖用水。

辐流式：沉淀池为一漏斗形圆形池，池中间进水，由不同高度的进水孔进水。其排污管在沉淀池漏斗最深处。

竖流式:形状同辐流式,但池水由池的中底部进入。

在养殖上应用得较多的是沉淀池上加盖,以便使水中浮游藻类在黑暗中沉淀下来,这种方法称暗沉淀。通常需静置沉淀 48 h 后,方能澄清。

4. 气浮(浮选)

沉淀法只能分离颗粒较大、自由沉降较快的固体污染物,对于颗粒较小、比重较轻(比重接近 1)的固体则往往不能奏效。此时可借助气浮法。气浮法是靠通入空气,以微小气泡作为载体,使水中的悬浮物微粒黏附于气泡上,借助气泡的浮力带动上浮,从而使杂物与水分离。采用气浮法可大大提高水中微粒上浮的速度。例如微小的油珠,自由上浮速度仅 1 μm/s 左右,而黏附于气泡后,其速度可以上升到 1 mm/s,上浮速度提高 1 000 倍。

气浮法的布气方式有:射流布气、扩散板布气、叶轮布气、加压溶气(即采用加压的方法强制空气溶解于水中,然后突然减压,便产生众多微小气泡)等。

5. 过滤

过滤是养殖用水和废水处理中比较经济有效的方法之一。它既可以作为养殖用水的预处理,也可作为养殖用水的最终处理,如工厂化育苗循环用水的处理等。

过滤是使水通过具有孔隙的粒状滤层(如石英砂等),使微量残留的悬浮物(如胶体絮状物、藻类、细菌等)被截留,从而使水澄清。

水产养殖对过滤水的要求是:水量大、滤速快、出水量大,水质符合养殖标准。因此,养殖用水的过滤池都是快滤池类型。影响过滤水质的主要因子有穿透深度、滤速、滤料种类、粒径与级配、滤层厚度、孔隙率、垫层等,此外,上述因子还与水源或废水本身的污染程度有关。影响过滤水质的主要因子有穿透深度、滤速、滤料种类、粒径与级配等。

穿透深度：当养鱼用水穿过滤层，自表层向下层过滤，至某一深度，其水质已符合要求，该深度即为穿透深度。滤速越大，穿透深度越大，滤层中杂质分布越均匀，下层滤料发挥的作用也越大。

滤速：单位时间内单位滤面上的过滤水量称为滤速。对于养殖用水，过滤池的一般滤速以 5～12 $m^3/(m^2 \cdot h)$为宜。

滤料种类、粒径与级配：滤料是完成过滤作用的基本介质。良好的滤料应具有足够的化学稳定性和机械强度，另外滤料要有适当的级配和足够的孔隙率（级配就是各类滤料的粒径范围以及在此范围内各种粒径数量的比例；孔隙率是指滤料孔隙体积与整个滤层体积的比值）。滤料粒径越大、颗粒越均匀，其孔隙率越大。在一定范围内，孔隙率大，水量损失小，其滤层的含污能力大。而且滤料层必须保持一定的厚度。

（二）养殖用水的化学处理方法

养殖用水的化学处理是利用化学作用除去水中的污染物。通常加入化学药剂，促使污染物混凝、沉淀、氧化还原和络合。养殖用水的化学处理主要有以下几种：

1. 重金属的去除

养殖用水中不能有超量的重金属存在（重金属允许含量见附录二（表 1）与附录五（表 1））。否则轻则引起养殖对象畸形，重则危及其生存。

养殖生产上重金属的去除采用 EDTA 钠盐（EDTA-Na_2），其化学名称为：乙二胺四乙酸二钠。它是 EDTA 与钠离子的螯合物，产品为白色粉末状结晶，易溶于热水，其分子式为：$C_{10}H_{14}O_8N_2Na_2 \cdot 2H_2O$。由于 EDTA 不能直接溶解于水，只能溶于浓度较高的氢氧化钠、碳酸钠及氨等碱性溶液中，因此通常都采用 EDTA 钠盐来代替。

2. 硬水的软化

硬水对养鱼生产并无害处，但在温室育苗中，硬水中含有大量 Ca^{2+} 和 Mg^{2+}，它们加热后则形成钙盐和镁盐沉淀，在锅炉内形成锅垢，轻则降低锅炉的导热性，重则因受热不匀导致锅炉爆炸。在加热管道中，它们也会沉积下来，堵塞管道。

在沿海，硬水大多是碳酸盐型（苏打型）的水，含有大量的 HCO_3^-，加热后，则形成碳酸盐沉淀。现以钙离子为代表，其化学方程式为：

$$Ca^{2+} + 2HCO_3^- \xlongequal{\triangle} CaCO_3\downarrow + CO_2\uparrow + H_2O$$

在内陆，硬水有不少属于硫酸盐型（石膏型）的水，含有大量的 SO_4^{2-}，它们加热后主要生成硫酸盐沉淀。该沉淀物形成的锅垢十分紧密，附着力很强，而且温度越高，其溶解度越低。因此硫酸盐形成的锅垢比碳酸盐更为严重。其化学方程式为：

$$Ca^{2+} + SO_4^{2-} \xlongequal{\triangle} CaSO_4\downarrow$$

水的软化方法有石灰苏打法和阳离子交替法。养殖生产上通常采用石灰苏打法，即在硬水中加入熟石灰[$Ca(OH)_2$]和苏打（Na_2CO_3）。加入熟石灰的作用是清除水中的 HCO_3^- 使其转为 CO_3^{2-}。即：

$$Ca(HCO_3)_2 + Ca(OH)_2 = 2CaCO_3\downarrow + 2H_2O$$

必须强调指出，熟石灰不能加过量，过量的 $Ca(OH)_2$ 反而会使水变得更硬。因此，上述方法应事先测定水中的硬度，根据水的硬度，确定熟石灰合适的投加量。

水中加入 Na_2CO_3 的作用是提供 CO_3^{2-}，使其与水中的钙、镁离子结合，将它们沉淀下来。即：

$$Ca^{2+} + CO_3^{2-} = CaCO_3\downarrow \qquad Mg^{2+} + CO_3^{2-} = MgCO_3\downarrow$$

硬水加入熟石灰和苏打液搅拌，沉淀，上清液则为软水，过滤后即可用于锅炉用水。

3. 氧化还原法

水中的无机物和溶解有机物可通过氧化还原反应转化为无害物质或转化为易于从水中分离的气体或固体，从而达到处理要求。在养殖生产上最常用的是空气氧化法。

不少地区采用地下水作为养殖用水，可将深井水先用增氧机曝氧、增氧，利用空气中的氧气，一方面向水中增氧以供养殖用水本身需要，另一方面，使水中 Fe^{2+} 氧化为 Fe^{3+}，Fe^{3+} 则与水中的 OH^- 形成呈絮状沉淀的 $Fe(OH)_3$ 而加以除去。其化学方程式为：

$$4Fe^{2+} + O_2 + 2H_2O + 8HCO_3^- = 4Fe(OH)_3\downarrow + 8CO_2$$

4. 混凝法

水中的悬浮物质大多可通过自然沉淀法去除，而胶体颗粒（粒径大小为 1～100 nm）则不能依靠自然沉淀法去除，在这种情况下可投加无机或有机混凝剂，促使胶体凝聚成大颗粒而自然沉淀。使用混凝技术，其 BOD_5 的去除率可达 30%～60%，悬浮物和浊度的去除率可提高 30%～95%。混凝按原理包括 2 种方式，即凝聚和絮凝。

（1）凝聚　天然水中黏土胶粒带负电荷，加入带正电荷的混凝剂（如铝盐），使胶体的电位降低并接近于等电状态，此时胶体的静止排斥力消失，使胶粒失去稳定性而互相聚集在一起称为凝聚。

（2）絮凝　投放的三价铁盐或铝盐以及高分子混凝剂经水解和缩聚反应，生成线状结构的高分子聚合物。这种高分子聚合物可被胶体颗粒吸附，它又可与另一个表面有空位的胶粒吸附，这样聚合物就起了架桥作用。本来是微小颗粒，由于混凝剂的架桥作用，使水中悬浮的小颗粒相互结合，形成一个非常松散的天维结构的网状物，该网状物即称为絮凝体（俗称矾花）。其个体大，很容易通过过滤和沉淀法加以除去。

混凝剂种类有铝盐、铁盐和聚丙烯酰胺(PAM)。

铝盐：如明矾[$Al_2(SO_4)_3K_2SO_4 \cdot 24H_2O$]、硫酸铝[$Al_2(SO_4)_3 \cdot 18H_2O$]等，属无机混凝剂。目前生产上推广一种无机高分子混凝剂，工业上称碱式氯化铝(BAC)，化学上称聚三氯化铝(PAC)，俗称聚合铝或碱式铝。

铁盐：主要有三氯化铁($FeCl_3 \cdot 6H_2O$)和硫酸亚铁($FeSO_4 \cdot 6H_2O$)等。

聚丙烯酰胺(PAM)：这是一种透明胶状物，属有机合成高分子混凝剂。使用时以0.5%的浓度，加碱(NaOH)20%，水解4 h后，稀释到0.1%后，全池泼洒。PAM对于高浊度水、低浊度水、废水、污泥水均有明显效果。

5. 消毒法

消毒，主要是杀灭对养殖对象和人体有害的微生物，降低有机物的数量，脱氮、脱色和脱臭。水体消毒的方法较多，常用的方法有氯化物消毒、二氧化氯消毒、臭氧。

(1)氯化物消毒　氯化物消毒剂有漂白粉、漂粉精、二氯异氰尿酸钠、二氯异氰尿酸、三氯异氰尿酸、二氧化氯等。氯化物的氧化能力可用有效氯来表示，其含义是氯化物所含的Cl_2中可起氧化作用的比例。在生产上均以Cl_2作为100%来进行比较的。作为消毒剂和水质净化剂的各类氯化物的有效氯含量见表2-12。

表2-12　各类氯化物的有效氯含量及使用方法

项目	漂白粉(氯石灰)	漂粉精(次氯酸钙)	二氯异氰尿酸钠(优氯净)	二氯异氰尿酸(防消散)	三氯异氰尿酸(强氯精)
分子式	$CaOCl_2 \cdot H_2O$	$3Ca(ClO)_2 \cdot 2Ca(OH)_2$	$C_3Cl_2N_3O_3Na$	$C_2Cl_2N_3O_3H$	$C_3Cl_3N_3O_3$
有效氯含量/%	25～35	60～65	60～64	<65	<85

续表 2-12

项目	漂白粉（氯石灰）	漂粉精（次氯酸钙）	二氯异氰尿酸钠（优氯净）	二氯异氰尿酸（防消散）	三氯异氰尿酸（强氯精）
用量/(mg/L)	消毒:1～3 净化:10～20	为漂白粉的1/2	为漂白粉的1/2	为漂白粉的1/2	为漂白粉的1/3
特点	稳定性差，易潮解	稳定性好，易溶于水，遇光易分解	易溶于水，性能稳定，室内可保持半年	微溶于水，性能稳定，室内可保持半年	微溶于水，性能稳定，室内可保持半年
注意事项	密闭阴凉干燥贮存，即开即用。化学碱性药物	密闭阴凉干燥贮存。化学碱性药物	密闭阴凉干燥贮存。化学酸性药物	密闭阴凉干燥贮存。化学酸性药物	密闭阴凉干燥贮存。化学酸性药物

(2)二氧化氯消毒　二氧化氯(ClO_2)在常温下为淡黄色气体。在室温 4 kPa(30 mmHg)压力下，它能溶解于水中 2.9 g/L，制成无色、无味、无臭、不挥发的稳定性液体。这种液体在−5～95℃具有良好的稳定性。

作为消毒剂其用量通常为 5～10 mg/L。使用前先将原液 10 份与柠檬酸或白醋 1 份充分混合并加盖，于暗处活化 3～5 min 后，再全池泼洒。二氧化氯作为消毒剂使用时应注意：原液应保存在通风、阴凉、避光处；盛装和稀释的容器应采用塑料、玻璃或陶瓷制品，忌用金属类；原液不得入口；不可与其他消毒剂混用；因其水溶液能被光分解，故户外消毒时不宜在阳光下进行；其杀菌效果随温度的降低而减弱。

(3)臭氧消毒　臭氧(O_3)是 O_2 的三价同素异构体，在常温下是一种不稳定的淡蓝色气体，有特殊的刺激气味，故顾名思义称为臭氧。臭氧的特点有：臭氧在水中的氧化能力高于氯化物(O_3 在水中的氧化还原电位为2.07 V,氯为1.36 V,二氧化氯为1.50 V),它能破坏和分解细菌的细胞壁,并迅速扩散透入细胞内杀死病原体,其灭菌速度比氯化物快300～600倍;臭氧在水中分解的中间产物——羟基(OH^-)具有很强的氧化性,不仅有很强的杀菌消毒能力,而且还可以分解一般氧化剂难以破坏的有机物,如可对水中污染物(氨、硫化氢、氰化物等)进行降解;臭氧的沸点为－11℃,故对臭氧可进行低温液化;在标准压力和温度(STP)下,其水中的溶解度比氧气大13倍,在蒸馏水中,水温20℃时其半衰期为20 min,但在有杂质的水中臭氧即迅速分解,故经臭氧处理后的水,就含有饱和的溶解氧;臭氧在水中极易分解,故处理后,水中没有残留量,可随即使用。

由于臭氧具有上述特点,它既可迅速及时地杀灭水中的病原微生物,又可以降低氨氮,增加溶氧;而且省去像用氯化物处理后要去除余氯的麻烦,可随即应用。因此在养殖上可用于工厂化育苗池的循环水处理、大型水族馆的循环水消毒等。

用臭氧处理养殖用水优点:臭氧氧化能力强,即使在低浓度的条件下也能在短期内迅速反应,处理后的水几乎没有颜色和臭味;臭氧是一种高效杀菌剂,在低于氯的剂量下,对任何病菌都有强烈的杀菌能力,而且作用迅速可靠;臭氧的氧化产物往往是无毒或生物可降解的物质,不像用氯化物消毒后,产生有一定毒性的氯氨和余氯;臭氧氧化后,不生成污泥,可大大减少有机物的沉积;处理设备占地面积小,易于控制并实现自动化。缺点:用臭氧发生器的电耗较大,处理成本较高;处理后的水没有持续灭菌的功能,易发生二次污染。

6.脱氮

在工厂化育苗和养殖过程中,水中氨氮过高是水质恶化的主要原因。因此,脱氮便成了改善和控制水质的技术关键。虽然在大多数情况下,生物脱氮是最有吸引力的去氮技术,但在某些情况下，比如养殖用水消毒时要加漂白粉、生石灰等，它们本身也具有脱氮作用。常用的化学脱氮，有 2 种方法，即折点氯化法和吹脱法。

三、淡水养殖生物环境的调控技术

(一)生物处理

自然界存在大量以有机物为食物的微生物。它们具有将有机物氧化分解成无机物的巨大能力。养殖用水和废水的生物处理就是利用微生物的这种能力来处理水中的有机物。因此必须为微生物在水中创造一个良好的生活环境，使微生物在这个环境中将水中有机污染物氧化分解，从而使水得以净化。

1. 生物处理的方法

微生物的种类繁多，其中以细菌降解有机物的能力为最强。细菌又分好氧菌、厌氧菌与兼氧菌。根据不同的细菌种类，可分为好氧生物处理与厌氧生物处理 2 种。

(1)好氧生物处理　借助好氧菌与兼氧菌在有氧条件下氧化分解有机物的方法称为好氧生物处理。为此，需要为它们创造的生活条件：必须向水中提供充足的溶解氧，以保证好氧细菌氧化有机物的需要；必须保证水中有足够的营养物质，才能培养出大量的有益细菌，达到降解有机物的预期效果；在生物处理完毕后，出水时要除去细菌，由于细菌是胶体具有凝聚性能，此时絮凝成较大的絮凝体，可借助二次沉淀池加以去除。

(2)厌氧生物处理　在无溶解氧的条件下借助厌氧菌使有机物分解的方法即称厌氧生物处理。需要强调指出的是厌氧细菌对有机物的降解并不是不需要氧气，而是不需要游离态的氧气，厌氧细菌可利用有机物中结合态的氧。有机物的厌氧分解过程可分成 2 个阶段进行。酸性发酵阶段：水中复杂有机物在产酸细菌的作用下分解成较简单的有机物，如有机酸、醇类以及 CO_2、

NH_3、H_2S 等。由于有机酸的积累使水的 pH 下降，有机物的厌氧分解则在酸性条件下进行。碱性发酵阶段：酸性发酵阶段后，由于产生的 NH_3 对有机物的中和作用，水中 pH 又上升，甲烷菌开始活动，把第一阶段的分解产物有机酸和醇类分解成甲烷和 CO_2。随着有机酸的迅速分解，pH 上升较快，所以此种厌氧分解的第二阶段是在碱性条件下进行的。

2. 生物处理方法的特点

好氧与厌氧生物处理方法，其处理的效率都较高，而运转、管理费用较低，成为水的二级处理的主要方法。但它们各有其特点：

(1)好氧生物处理　采用好氧生物进行水处理，其有机物分解快，需时短，有机物分解较彻底，分解过程中不产生有臭味物质。出水口的水质好。但它需要提供大量氧气。通常对有机物浓度低的水，如养殖用水和废水的处理均采用此法。

(2)厌氧生物处理　采用厌氧生物进行水处理，其有机物分解缓慢，需时长，有机物分解不彻底，分解过程中会产生有臭味物质，如 NH_3、H_2S 等。但它不需要氧气，而且可获得沼气——甲烷。通常对高浓度的污水(如制革厂污水、印染厂污水、人畜粪尿等)采用厌氧生物处理。

3. 影响生物处理的因素

影响生物处理的几个主要因子有温度、溶氧、pH、营养物质和有毒物质。

(1)温度　温度直接影响微生物新陈代谢的强度，因此对细菌的生长和繁殖影响很大。

(2)溶氧　养殖用水和废水的处理均为好氧性生物处理，因此溶氧的高低直接影响水处理的优劣。

(3)pH　微生物生长都有一个最佳 pH 范围。对于好氧性微生物，其 pH 通常要求在 6～9；而厌氧性生物处理，其 pH 要求在

6.5～8。

(4)营养物质　微生物生长繁殖需要各种营养物质，如碳、氮、磷、钾、硫和微量元素钙、镁、铁以及维生素等。一般养鱼废水以及生活污水中均包括上述营养物质。

(5)有毒物质　某些有毒物质(如锌、铜、铝、铅等金属)以及酚、甲醛、氰化物、硫化物等都对微生物具抑制作用或毒害作用。

(二)生物膜法(生物学过滤法)

生物膜法是通过生长在填料(或滤料)表面的生物膜来处理废水的方法。生物膜就是填料表层长满各种微生物的黏膜，依靠黏膜上大量微生物摄取废水中的有机污染物作为营养，从而使废水得到净化。生物膜不宜太厚或太薄，一般以 0.5～1.5 mm 为佳。在废水处理过程中，生物膜经历着不断生长、不断剥落更新的演变过程。生物膜法的主要类型有生物滤池和生物转盘。

(1)生物滤池　生物滤池就是在池内设置填料(或滤料)，经充氧曝气后的废水以一定流速不断地通过填料，使填料上长满生物膜，以降解废水中的有机污染物。

(2)生物转盘　生物转盘由塑料盘片或小格组成圆形滚筒，代替固定的滤料或填料。盘格上挂有生物膜。其微生物的生长及降解有机物的机理同生物滤池。

(三)活性污泥法

活性污泥是由多种菌体、原生动物和悬浮状胶体混合组成的一种菌胶团。实际上它是一种絮凝状细菌体的总称。它能对废水中的污染物进行吸附、分解、吸收、降解或沉淀等，一般能除去 BOD_5 的 95%、悬浮物 95%、细菌 98%、总氮 25%～55%、总磷 10%～30%、重金属 30%～70%。但该法工艺流程较复杂，设备投资大，通常处理高浓度的污水，且有大量污泥需分离，故养殖上不采用。

(四)微生物净化剂

目前利用某些微生物将水体或底质沉淀物中的有机物、氨氮、亚硝态氮分解吸收，转化为有益或无害物质，而达到水质（底质）环境改良、净化的目的。这种微生物净化剂具有安全、可靠和高效率的特点。目前这一类微生物种类很多，通称有益细菌（effective microbes，简称“EM”菌），如光合细菌。在使用有益菌时，应注意以下事项：严禁将它们与抗生素或消毒剂同时使用；为使水体中保持一定的浓度，最好在封闭式循环水体中应用，或施用后 3 d 内不换水或减少其换水量；为尽早形成生物膜，必须缩短潜伏期，故应提早使用；液体保存的有益细菌，其本身培养液中所含氨氮较高，也应提前使用。

光合细菌种类较多，在分类学上包括 4 个科，即红螺菌科（Rhodospirillaleae）、着色菌科（Chromatiaceae）、绿色菌科（Chlorobiacae）和曲绿菌科（Chloroflexaceae）。常用的为红螺菌科的细菌。

光合细菌的共同特点是：它的生长不需要氧气，但必须要有光。利用光能将有机物作为氢的供体，固定 CO_2 或低脂类有机物作为碳源而生长发育，其生长过程不产生氧气。光合细菌有以下作用：A. 降解水中有机物和总氨氮，消除它们对养殖水体的危害，净化水质。如河蟹育苗池使用光合细菌后，水中泡沫量明显下降，加菌 3 d 后，育苗池透明度提高 20 cm 以上，总铵开始明显下降。B. 作为幼体的优质饵料。光合细菌的粗蛋白含量在 50%以上，本身含有丰富的氨基酸、维生素 B_{12}、维生素 H、类胡萝卜素、辅酶等，它不仅是极好的饲料添加剂，而且对于滤食性的虾蟹幼体则可直接被滤食。尤其是其体内含有的活性物质能促进动物生长发育。在甲壳类则可促进幼体蜕皮，加速变态。C. 抑制有害细菌生长，防止疾病发生。光合细菌大量繁殖，其繁殖时在水中释放大量抗病性酵素，可抑制病原微生物的生长繁殖，减少病害的发生。

光合细菌的效价(细菌含量)应为 3×10^{9}/mL 活菌。使用时可泼洒于水体。用量视不同养殖对象而定。其中:育苗池,首次使用使全池呈 10 mg/L 的浓度,5 d 后用 10 mg/L 的浓度,以后每隔 5 d 使全池呈 2 mg/L 的浓度;养鳗池,首次使用使全池呈 15 mg/L 的浓度,3 d 后用 7 mg/L 的浓度,以后每隔 7～10 d 使全池呈 2 mg/L 的浓度;鱼池,首次使用使全池呈 15 mg/L 的浓度,以后每隔 15 d 使全池呈 2 mg/L 的浓度。

本章重点提示:淡水养殖生物环境的调控技术

自然界存在大量以有机物为食物的微生物,它们具有将有机物氧化分解成无机物的巨大能力。养殖用水和废水的生物处理就是利用微生物的这种能力来处理水中的有机物。因此必须为微生物在水中创造一个良好的生活环境,使微生物在这个环境中将水中有机污染物氧化分解,从而使水得以净化。

第三章　鱼类营养与饵料新概念

本章知识新亮点：

本部分重点介绍了主要养殖鱼类的食性、消化生理特点，阐明了蛋白质、脂肪、碳水化合物三大营养物质的消化过程及其影响因素，各类营养物质的功能、缺乏症和需要量，并对我国一些主要养殖鱼类的营养需要量进行了详细说明，同时也给出了国际上及我国制订的一些实用鱼类饲养标准。

一、鱼类的食性

(一)鱼类食性分类

鱼类的食性一般可分为四种：浮游生物食性、草食性、杂食性和肉食性。鱼类的食性有其相对性，随着外界环境条件的改变，其食性也会发生一定的变化，食性分类的方法和标准也有交叉重复，同一种鱼类可能具有几种食性。多数淡水鱼类在人工养殖条件下能摄食人工配合饲料。通过对鱼类食性的了解可有助于掌握其对各种营养素的需求，便于人为地改变鱼类的食性，降低养殖的成本，提高人工养殖的效益。

1. 浮游生物食性

浮游生物食性又称为滤食性，鲢鱼、鳙鱼为该食性的典型代表，其摄食特点是用鳃耙滤取食物。该类食性的鱼类多以浮游动物中的轮虫、浮游的甲壳类、枝角类及某些动物的幼虫和各种浮游藻类为食，也能滤取一定的有机腐殖质及细菌。其中鲢鱼主要以吃浮游植物(藻类)为食，鳙鱼则主要摄食浮游动物。

2. 草食性

草食性鱼类主要有草鱼、鳊鱼和团头鲂等，一般以水生或陆生植物为食。

3. 杂食性

杂食性鱼类对食物的选择性不强，要求不严，但在一定时间内还是以摄食某种食物为主。属于该食性的鱼类有鲤鱼、鲫鱼及罗非鱼等。该食性的鱼类随鱼龄的增加，食物中植物性成分逐渐增加，而动物性成分则逐渐减少。罗非鱼幼鱼主要摄食浮游动物，大多数品种的成鱼偏重于摄食植物性食物，例如莫桑比克罗非鱼的食物构成中有机碎屑所占比重较大，而尼罗罗非鱼则更偏重于摄食浮游植物，且能较好地利用蓝藻、绿藻等其他鱼类难以利用的食物成分。

4. 肉食性

肉食性鱼多属凶猛鱼类，游动迅速，主要以小鱼、小虾为食物，属该类食性的鱼有鳜鱼、鳗鲡、乌鳢、黄鳝、鲌鱼、鳡鱼、胡子鲶等。如鳜鱼苗一开始摄食时，即以别的鱼苗为主，长至 4～5 cm 长时则转以食小虾为主，至 9.5～16 cm 长时以食虾为主，食鱼为辅，以后则再转为以食鱼为主，食虾为辅。鳗鲡一般白天潜伏于泥里或水草中，晚上索饵、觅食，幼鳗以桡足类幼虫为食，以后喜食水蚤、虾类，成鱼阶段则以蚌、贝、蚬、虾、蟹、小鱼为食。此外，以底栖生物为食的青鱼也是肉食性鱼类，多以环节动物的丝蚯蚓、软体动物的螺蛳、贝、蚬、蚌类为食物，也食虾和昆虫的幼体。

(二)鱼类的发育和食性分化

鱼类的受精卵完成胚胎发育并经脱膜孵化后进入仔鱼期。刚孵化仔鱼的营养完全来自卵黄囊，称为“内营养期”；随着仔鱼发育，一面吸收卵黄，一面摄取外界食物，称为“混合营养期”；当卵黄逐渐吸收殆尽，卵黄囊消失后，鱼类完全依靠外界营养，才真正进入“外营养期”。之后鱼类进入稚鱼期，仔、稚期消化系统要经过一个变态的发育过程进入幼鱼期。

仔、稚鱼期摄取的外界食物多为浮游生物。在幼鱼期以后，随着摄食器官形态结构的发育、栖息水层的变化、消化吸收机能的差异，鱼类逐渐分化形成不同的食性特点。

鱼苗在全长 7～10.5 mm 时，活动能力很差，口很小，它们的鳃耙只是些稀疏的突起，对大型的浮游动物，捕捉不到也吞不下；而小型的浮游植物又太小，鳃耙也过滤不住，随水流掉。所以鲤、草、鲢、鳙鱼鱼苗在饲养 10 d 左右，体长 1.7～2.0 cm 的"乌仔"阶段以前，它们的食物是相同的，都是以轮虫、无节幼体和小型枝角类为食。随着鱼体长大，全长在 12～15 mm 时，鲢、鳙鱼的鳃结构逐渐向成鱼过渡，开始转向滤食轮虫、枝角类和桡足类，也滤食少量无节幼体和大型浮游植物。而草、鲤鱼，因口径变大，摄食力变强，开始主动吞食大型的枝角类、摇蚊幼虫和其他底栖生物了。全长 16～20 mm 时，草鱼已可以摄食嫩的水生植物碎片，而鲢、鳙鱼则完全转变为滤食性。全长 21～30 mm 时，各种鱼的食性已接近于成鱼的食性，全长 3 cm 即夏花阶段，不同鱼类的食性已完全分化，都与成鱼的食性基本相同。

二、鱼类对营养物质的消化吸收

鱼类饲料中的蛋白质、多糖和脂肪都是复杂的大分子有机物质，这些物质进入鱼体后，必须经过一系列物理化学作用，分解成结构简单的小分子物质而被机体所吸收，然后才能参加鱼体的新陈代谢，这一过程称为消化。吸收是指各种经消化作用后形成的小分子营养物质，如氨基酸、葡萄糖、甘油和脂肪酸等通过消化道壁进入血液和淋巴的过程。

(一)鱼类的消化系统

1. 消化道

鱼类的消化器官分化简单而且较短，消化道与体长之比要比陆生动物小得多，例如常见养殖鱼类的消化道与体长之比分别为鲤鱼 2.5，青鱼 1.2～2.0，草鱼 2.5～3.0，鲢鱼 6～10。一般鱼类的消化器官呈管道结构，可分为 4 个部分：头肠，包括口腔和咽喉；前肠，包括食道、胃和幽门；中肠，包括与幽门相接的后部肠道（无胃鱼类的中肠是肠道中的最长部分，当长于内脏腔时，往往盘成错综复杂的环状）；后肠，始端明显增大，末端是肛门。

鱼类的口和咽没有明显界限，前半部为口腔，后半部为咽，咽的两侧是鳃，一般合称为口咽腔。

鱼类胃的形态和功能差异很大，其大小与食性有关，有的鱼类甚至无胃。肉食性鱼类具有一个伸缩性强而壁厚的胃，容纳所摄取的食物，同时还具有幽门盲囊，其肠道比较短。趋向于肉食性的杂食性鱼类（如鲶鱼）亦有一个较大的胃，而趋向于植食性的杂食性鱼类（如鲤鱼）则无胃。

肠是吸收消化产物的主要部位。鱼类肠壁的构造比较原始，没有像哺乳类那样发达的微绒毛，只是形成各种各样的黏膜褶，以此延缓食物通过的时间，并增加吸收面积。鱼类肠道长度常以肠管长和体长之比表示，谓之比肠长。以幽门部至肛门的长度为单位，大多数鱼为 1.2～6 单位。鱼类肠的形状、长度与食性有密切关系。植食性鱼类的肠很长且复杂，常常盘曲于腹腔中，如草鱼的肠长度可达体长的 2.29～2.54 倍，盘曲达 8 次之多；鲢鱼比肠长达 6～7；肉食性鱼类的肠较短，多为一直管，没有盘曲，比肠长约为 1/4～1/3。杂食性鱼类肠管长度介于植食性和肉食性鱼类之间，如鲤鱼的比肠长约为 2。趋向于肉食性的杂食性鱼类（如鲶鱼）肠子较短，而趋向于植食性的杂食性鱼类（如鲤鱼）肠管较长。

2. 消化腺

鱼类的消化腺主要有肝脏、胆囊和胰脏等，其消化腺和哺乳动物相比不发达。鱼类与哺乳类不同，没有由多细胞组成的肠腺，只是肠黏膜的杯状细胞分泌一些酶类而已，因此肝胰腺是主要的酶分泌器官。

(1)肝脏和胆囊　一些鱼类（如鳗鱼类）的肝脏具有管状结构，但大多数鱼类的肝脏是由相互交错的肝细胞索所组成，索之间有大量的毛细血管。肝细胞能分泌胆汁，通过肝管进入胆囊中贮存。肝管在肝脏内是由许多细管汇合成几支大管，最后合成一支大肝管在肝脏前部和胆囊管相通。胆囊呈椭圆形，大部分埋在肝脏内，因贮存胆汁而呈深绿色。

(2)胰脏　多数养殖鱼类的胰脏通常为弥散型，由分散在肠表面的结缔组织、肠系膜、幽门盲囊周围或在肝脏、脾脏中的腺泡和分支小管组成。如鲤科鱼类的胰脏分散在肝脏中，合称肝胰脏，胰管和肝管在肝胰脏内交错排列，最后各小胰管也合成一支大胰管，它与胆管紧贴，外有结缔组织包被，同时进入肠管。而鳗鲡、鲶鱼等 胰脏很发达，为一独立的致密型器官。

(二)鱼类对营养的消化吸收

鱼类对食物的消化和高等脊椎动物相似，也包括物理消化、化学(酶)消化和微生物消化 3 种。由于鱼类消化道很短，约为畜禽的 1/5～1/3，其中微生物的种类和数量也不多，因此鱼类的微生物消化作用很弱。化学消化（即酶的消化）是鱼类对饲料的主要消化方式，胃（有胃鱼类）、肝胰腺和小肠是主要的化学消化器官。

1. 蛋白质的消化吸收及其影响因素

有胃鱼类的蛋白质消化作用开始于胃，但小肠是主要的消化吸收器官。同高等动物一样，鱼胃蛋白酶的肽链内切酶对食物蛋白质进行了第一步的分解，将蛋白质分解为朊、胨。进入肠以后，胰蛋白酶和胰凝乳蛋白酶进一步把蛋白质分解为多肽。接着，在羧肽酶和肠肽酶的作用下，多肽又分解成小肽和氨基酸，从而被机体所吸收。弹性蛋白酶和胶原酶分解特定的弹性蛋白质。

蛋白质的吸收一般是在肠道的前 1/4 部分，但各种鱼类肠吸收蛋白质的部位有所不同，如虹鳟主要是在附有幽门盲囊的肠管，鲤鱼则是在肠的后部。而罗非鱼对氨基酸的吸收则在肠道的大部分区域均可进行。鱼类本身、饲料状况和饲养管理与环境都会影响蛋白质的消化吸收。

(1)鱼类本身的影响　鱼类的食性、生理阶段和运动习性与鱼类本身的蛋白酶活性有密切关系，因此也影响到蛋白质的消化吸收。例如，肉食性鱼类蛋白酶分泌量大、活性高，如狗鱼消化液中以蛋白酶为主，鳡鱼胰蛋白酶活性很高；植食性鱼类如鲻鱼虽然有胃，但并不分泌胃蛋白酶；杂食性鱼类则居中，如杂食性鲤鱼的胰蛋白酶活性只为肉食性狗鱼的 1/8，为虹鳟的 1/2。

不同生理时期，胃蛋白酶含量有较大变动，例如破膜 10 d 后的鲟鱼苗才有胃腺；白鲟破膜后 1 个月，胃酶的活性会增加 100 倍。在繁殖时期的鲟鱼和鲑鱼胃黏膜中的胃蛋白酶完全消失，也停止了它的凝乳作用。虹鳟在卵黄吸收末期开始摄食时起(约第 19 天)，蛋白酶的比活性激增，平均体重 0.8 g(约第 60 天)即达到成鱼的水平。鲤鱼达到成鱼的水平较迟，在第 125 天，其蛋白酶的比活性仅为成鱼的 1/5。体长为 6 cm 以下的异育银鲫的蛋白酶活性明显低于成鱼。

(2)饲料的质量、组成和加工　饲料组成对其消化率有重要影响，例如，异育银鲫对鱼粉、豆饼粉、玉米蛋白粉中粗蛋白的消化率分别高达 85%、86%、82%，但对单细胞蛋白粉中粗蛋白消化率较低，仅为 63.1%；沟鲶对鱼粉、小麦和大豆粕中蛋白质的表观消化率为＞90%、＞84%和＞84%。

当饲料蛋白含量为 28%～52%时，异育银鲫对蛋白质的消化率与饲料蛋白含量呈显著正相关。

粗纤维含量过高可以降低鱼类对蛋白质的消化率。淀粉含量增加也可降低蛋白质的消化率。在发酵稻草颗粒饲料中，粗纤维含量为12.48%时，草鱼对饲料的总消化率为60.4%；而粗纤维含量为27.25%时，其饲料总消化率为30.8%，可见，随粗纤维的含量增高，草鱼对饲料的消化率也随之降低。鲤鱼对常用饲料蛋白质的消化率见表3-1。

表3-1 鲤鱼对常用饲料蛋白质的消化率 %

原料	粗蛋白质	蛋白质消化率	可消化蛋白质
鱼粉	64	95.0	60.8
豆粕	43	95.0	40.8
棉粕	40	82.5	33.0
菜粕	37	80.1	30.4
麸皮	14	88.9	12.4
次粉	12	85.5	10.3
玉米	8	90.5	7.2
小麦胚芽		96.5	
石油酵母		86.8～94.1	
血粉	80	48.8	39.0
干蛋黄粉		95.3	
酪蛋白		98.6	

养殖实践已经证明，某些豆科籽实经蒸煮或焙炒后，其蛋白质能更好地为鱼类所利用。因为豆类和生豆饼(粕)中含有抗胰蛋白酶、皂素、血凝素等抗营养物质，如果生喂可影响蛋白质的消化吸收，经过加热处理可破坏这些抑制因子，提高蛋白质的消化利用率。但加热时间不宜过长，否则使蛋白质变性，也会降低蛋白质的营养价值。

饲料的粉碎粒度也会影响蛋白质的消化。当粉碎粒度为10～30目时，其消化率为11%，30～50目时为51%，50目以上时，其消化率可达73%。因此生产鲤鱼料时，对原料粒度要求为40～60目，鱼苗、鱼种料60目，成鱼料40目。

(3)饲养管理与环境　每次的饲喂量超过需要量时营养物质的消化率下降,在鲤鱼摄食饱和度适中时,饲料中蛋白质等营养物质的消化率最高。

季节与鱼类环境(水温、日照、水质)的变化,饵料生物的种类和数量的变动,以及鱼体本身的生长和内分泌机能状态的变动都有密切关系。例如鲤鱼蛋白酶活性从春季到夏季是增加的,而在冬季可降低47%～66%,鲤鱼的蛋白质消化率在高于能维持生长的温度范围内保持相对恒定,当温度低于这一范围时,则会使消化率下降。异育银鲫在水温25℃时蛋白质消化率最高,35℃时最低。

2.碳水化合物的消化吸收及其影响因素

鱼用饲料中的碳水化合物主要为淀粉,在肠道内为淀粉酶所分解。由胰脏和肠上皮细胞分泌的各种淀粉类消化酶能把多糖分解为单糖。例如,α-淀粉酶能把淀粉分解为麦芽糖,再由麦芽糖酶将其分解为葡萄糖。草鱼和鲤鱼等部分鱼类利用肠道微生物分泌的酶类,在一定程度上可将粗纤维类物质在鱼类消化道内分解为单糖,然后被鱼体吸收利用。

影响碳水化合物消化吸收的因素包括:

(1)鱼类本身的影响　不同食性、生理阶段和运动习性的鱼类其消化碳水化合物的酶活、酶的分泌量差别很大,直接影响到碳水化合物的消化吸收和利用。

肉食性鱼类各种糖酶的活性较弱,草食性鱼类糖酶的活性强,杂食性鱼类居中。鳡鱼胰淀粉酶、麦芽糖酶、己糖酶和葡萄糖激酶活性都很低。植食性鱼类则主要分泌淀粉类消化酶,如鲻鱼的胃和胰腺都可以分泌淀粉酶和麦芽糖酶等。杂食性鲤鱼肠液淀粉酶的活性要明显高于肉食性的鳟鱼。淀粉酶的活性在一些鱼类中的强弱顺序为:鲫鱼＞草鱼(草食性)＞罗非鱼＞鲤鱼(杂食性)＞香鱼＞虹鳟鱼＞鳗鲡。因此草食性和杂食性鱼类对碳水化合物的利用率远高于肉食性鱼类，如鲤鱼在日粮含淀粉 19%～48%时，淀粉的消化率为 85%，而虹鳟缺乏对饲料碳水化合物的处理能力，其消化率不超过 40%。

虹鳟在卵黄吸收末期开始摄食时起(约第 19 天)，麦芽糖酶的比活性激增，平均体重 0.8 g(约第 60 天)即达到成鱼的水平。鲤鱼达到成鱼的水平较迟，在第 125 天，其淀粉酶和麦芽糖酶的比活性为成鱼的 1/2。

通常，活动能力强的鱼类淀粉酶含量较多，消化作用较强；中等运动活性的鱼类消化酶含量适中。

(2)碳水化合物的种类、含量和加工　鱼类对碳水化合物的消化率均随碳水化合物添加量的增加而降低。所以在鱼类养殖过程中，要使鱼类的饲料转化效率取得满意的效果，其饲料中碳水化合物的含量必须适宜。

碳水化合物的种类和来源对消化率影响很大。鱼类对单糖和双糖的消化率较高，淀粉次之，纤维素最差，而且纤维素含量过高时会影响鱼类对饲料整体的消化率。例如异育银鲫对饲料中粗纤维的消化率为 0。包括肉食性鱼类在内，大多数鱼类对葡萄糖的消化率都在 80%以上。不同来源淀粉的消化率也不同，这是因为它们的淀粉颗粒大小(土豆，20～100 μm；玉米，10～20 μm；小麦，<20 μm)、物理结构和直链淀粉的含量不同。一般来说，来自于小麦和玉米的淀粉消化率高于马铃薯。土豆淀粉颗粒相对较大，造成淀粉颗粒的表面积与体积比较小。鲤鱼对小麦、玉米和大麦碳水化合物的表观能量消化率分别为 68%、50%和 36%，而罗非鱼分别为 96%、82%和 77%。

对淀粉进行处理改变了它们的物理形状，并导致分子复杂性降低和水溶性加强，因此提高了消化率。对于沟鲶来说，饲喂 25%玉米淀粉时，进行熟化后可提高淀粉消化率 17%。鳗鲡对经过熟化的 α-淀粉的利用能力较强，对 α-马铃薯淀粉的表观消化率为77.1%～87.7%。鲟鱼对各种碳水化合物的消化率见表3-2。

表3-2　鲟鱼对各种碳水化合物的消化率　%

碳水化合物	消化率	碳水化合物	消化率
葡萄糖	99.5	果糖	55.6
半乳糖	99.9	乳糖	36.9
麦芽糖	99.9	生玉米淀粉	32.2
糊精	77.8	纤维素	－10.8
蔗糖	57.6		

饲料中碳水化合物含量对酶的分泌有重要影响：对金鱼进行酶的适应研究发现，不投喂褐藻酸和木聚糖的金鱼没有分解这些物质的酶，但如果在饲料中添加这2种物质，连续喂养数日，则可观察到肝胰脏和肠的酶液中有木聚糖酶和褐藻酸酶的产生。杂食性的罗非鱼肠道淀粉酶活性则与饲料中淀粉含量呈正相关变化。

3.脂肪的消化吸收及其影响因素

脂肪在消化道内分解为甘油二酯、甘油一酯或甘油和脂肪酸。在鱼类消化系统的很多部位都发现脂肪酶的活性，如鲤鱼在口腔和咽喉即有较强的脂肪酶活性，罗非鱼和虹鳟的胃里有脂肪酶，肠道有脂肪酶、卵磷脂酶等，但胰脏是它们的主要分泌器官。因此鱼类消化脂肪的能力很强，消化率高达90%以上。异育银鲫对鱼粉、玉米粉、玉米胚芽中的粗脂肪消化率高达96.8%～100%。一般低熔点脂肪较高熔点脂肪的消化率高，饱和脂肪酸碳链愈短消化率愈高。

影响脂肪消化吸收的因素包括：

(1)鱼类的生理阶段和运动习性　多数鱼类随着年龄的增长脂肪消化酶的活性会增加，但白鲟和湖鲟消化道中脂肪酶的活性却随年龄的增长而降低，这可能与食性的变化有关。

通常，活动能力强的鱼类脂肪酶含量较多，消化作用较强；中等运动活性的鱼类消化酶含量适中。

(2)季节与环境温度　由于鱼类是变温动物，所以对脂肪的利用受水温和脂肪熔点的影响。比如，美洲红点鲑饲料中添加动物油和植物油在低温时生长无明显变化，而当在高温时，生长却良好。这可能是由鲤鱼肠脂肪酶活性的季节性变化造成的，如春季可增加到冬季值的15%～45%。

(3)其他　脂肪种类、摄食量与利用也有关，如鲤鱼具有吸收游离脂肪酸（最便宜的来源）的能力，而鳟鱼或鲶鱼对这些脂肪酸的利用性却很差。

4. 水、无机盐和维生素的消化吸收

(1)水的吸收　淡水鱼类生活在低渗环境中，几乎不饮水。

(2)无机盐的消化吸收　鱼类除了从饲料获得无机盐外，还可以从鳃和皮肤吸收无机盐类。淡水鱼类体内的无机盐不断通过排泄系统排出体外，因此淡水鱼类必须通过肠吸收无机盐。

Na^+ 和 K^+ 一般是通过主动运输而被吸收的，Cl^- 则伴随着被动吸收。可溶性钙盐通过主动运输而被吸收，其转运依赖于 Na^+。钙盐在酸性溶液中呈可溶性，在碱性溶液中不溶解，因此，消化道的 pH 影响钙的吸收。肠前部呈酸性，适合钙的吸收，而后部呈碱性，钙的吸收就比较困难。维生素 D 可促进钙的主动吸收。铁以 Fe^{2+} 的形式被肠主动吸收。食物中的还原性物质，如抗坏血酸等可促进 Fe^{2+} 的吸收。

由于水中磷的含量很低，因此鱼类必须从饲料中获得大部分磷。磷酸通常以有机化合物的形式摄入体内，消化分解为无机磷酸后被吸收，吸收的部位是胃和肠。磷酸盐的吸收不依赖于 Na^+ 的转运。磷的消化吸收受到多种因素的影响。

阳离子（Ca^{2+}、Mg^{2+}、Ba^{2+}、Al^{3+}、Fe^{2+}、Pb^{2+} 等）过多时会与 PO_4^{3-} 结合形成不溶性盐，从而降低 PO_4^{3-} 的吸收。

高脂肪和低 pH 能促进 PO_4^{3-} 的吸收。

因鲤鱼无胃，对磷酸三钙、鱼粉及米糠中磷的净保留率仅为3%、26%和25%，所以鱼粉对鲤鱼来说仍属于缺磷饲料。有胃的鱼类（如虹鳟）对磷的利用则比无胃的鲤科鱼类强得多，因它能消化鱼粉中的74%的磷。异育银鲫对脱氟磷酸氢钙和磷酸二氢钙、磷酸氢钙和磷酸钙的消化率分别为85%、81%、65%和32%；对骨粉、虾粉和菜籽饼中磷的表观消化率较高，分别是65%、68%和65%；对鱼粉、芝麻饼和肉骨粉中磷的表观消化率较低，分别为18%、18%和16%；而对玉米粉中的磷则完全不能吸收利用。鲤鱼对各种磷源的利用率见表3-3。

表3-3　鲤鱼对各种磷源的利用率　%

磷源	利用率	磷源	利用率
磷酸二氢钙	94	植物磷	≤30
磷酸氢钙	46	动物磷	≤30
磷酸钙	13	微生物磷	≤90
磷酸二氢钾	94		
磷酸二氢钠	94		

（3）维生素的吸收　水溶性维生素通过简单扩散方式吸收，脂溶性维生素的吸收与脂肪同步。

三、鱼类的能量代谢

能量不是一种有形的营养成分，而是蕴藏于蛋白质、碳水化合物和脂肪三大养分的化学键中，通过有机物的分解，能量才能释放出来。

（一）能量的来源

由于鱼类对碳水化合物的利用效率较低，其有效的供能物质是蛋白质，其次为脂肪，但从成本考虑，可溶性碳水化合物仍是鱼类能量的重要来源。几种鱼对三大有机物质的可利用能量见表3-4。

表 3-4 几种鱼类对三大有机物质的可利用能量

×4.184 kJ/g

营养素	燃烧热	鳟鱼	鲶鱼	鳗鱼	鲫鱼	鲤鱼
蛋白质	5.65	3.9	4.5	4.5	4.5	4.5
脂肪	9.40	8.0	8.0	8.0	8.0	8.0
碳水化合物	4.10	1.6	2.4	3.2	1.2	

(二)能量的利用

鱼类摄入的饲料能量伴随着养分的消化吸收和代谢过程,发生一系列转化,其过程和其他动物类似,但每部分所占比例及其组成有所不同(图 3-1)。

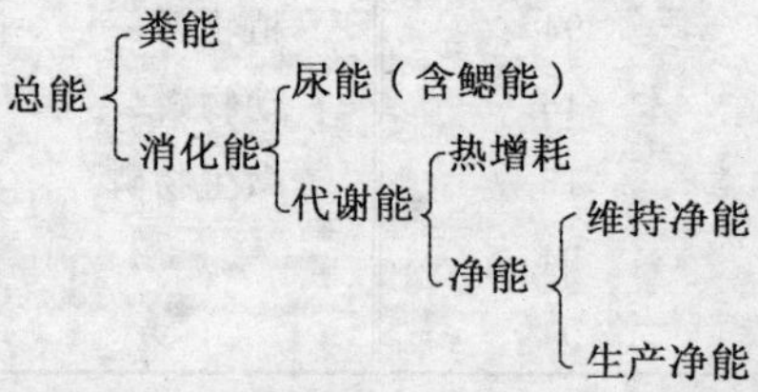

图 3-1 饲料中能量在鱼类体内的转化

鱼类的消化能可分为表观消化能和真消化能(扣除粪能中非饲料来源的那部分能量)。营养需要和饲料营养价值表中所列消化能多为表观消化能。鱼类对饲料的消化能与饲料的种类和组成有关。消化能已经将饲料中最大的能量损失——粪能扣除,使数据更接近饲料的真实营养价值,而且测定方法简便,因此常用作水产饲料能量需要的标准。

由于鱼类消化道产生的气体能较少,可以忽略不计,因此鱼类饲料的代谢能是指消化能减去尿能后的剩余能量,亦即食入饲料中能为鱼类吸收和利用的营养物质的能量,又称表观代谢能。

对鱼类来讲采集尿液(测定尿能)和鳃分泌物都是非常困难的,因此,鱼类的有效能常用消化能表示。

鱼类是生活在水中的变温动物,不需要消耗能量来保持体温,在水中保持身体平衡所消耗的能量也比较少,即维持体态的消耗少;蛋白质代谢产物为氨,易排入水中,不用合成尿酸、尿素,耗能少,因此鱼类用于维持的能量就少,适温条件下鱼类的维持热只相当于大小相近的哺乳动物的1/20～1/10。

总体来说,如果摄取的饲料总能为100,在消化过程中,约20%从粪中排出,80%为消化能(DE),尿能约占7%,代谢能则大约为80%－7%＝73%。除去热增耗外,净能约占总能的60%作用,其中30%为维持净能以热形式放出,最后剩30%用于生产净能。

(三)能量的利用效率

能量利用效率是指产出能值与投入能值的比例,其计算公式为:

能量总效率＝产出能值/进食有效能值(包括维持能量)×100%

鱼类食入饲料后最终要用于维持生命活动和生长,首先要满足维持,在此基础上才能将多余的能量用于生产。当饲料能量水平不能满足鱼类需要时,生长减慢,增重减少,能量利用率就会降低。能量的利用效率与体重大小、生产目的和饲养水平有关。

1. 体重大小

幼鱼用于增重的热能效率比成鱼大。据试验,一枚鲶鱼的卵黄能量有65.7%贮存于鱼体内,34.3%作为热量而损失掉;卵黄囊期虹鳟贮存能量的比例为60.2%,远高于成鱼的能量贮存比例。因此鱼的体重愈小,维持能量消耗愈少,贮存能量所占比例愈大。随着鱼体重的增加,维持能量消耗逐渐增多,贮存能量的比例随之减少,能量利用率降低。在养殖生产过程中,要利用鱼类对能量贮存的特点，在生长期内供给充足的饲料和能量，发挥鱼类的最大遗传潜力，充分生长，以获得最佳养殖效果。

2. 生产目的

饲料有效能值用于维持时效率最高，其次是生长和肥育。能量用于动物维持时效率较高，主要是由于动物有效地利用了体增热和发酵热来维持体温。当动物将饲料能量用于生产时，除随着采食量增加饲料消化率下降外，能量用于合成产品时还会消耗一大部分能量。因此饲料能量用于生产时效率较低。

3. 饲养水平

大量试验表明，在适宜饲养水平范围内随着饲喂水平的增加，饲料有效能量用于维持的部分相对减少，用于生产的部分则增加。所以对于生长动物，全期都采用充足的饲养，有利于获取最大能量利用效率。鱼类处于维持饲养时，此时所有的食物都被氧化，饲料能量的总效率为零。当饲养水平增加时，鱼能量代谢增强，产热增多，但饲料能量除满足维持外，多余部分还可用于生长和生产，因此饲料的能量利用率就增高了。

鱼类摄取饲料必须在满足维持与活动的能量需要后鱼才能用于生长。在养鱼生产中，饲养水平必须提高到足以满足维持能量的需要，并还要有剩余能量供生长使用。鱼类当摄取饲料后，营养素代谢的热能与饲养水平成正比，尿和鳃的分泌物中排出的能量也是饲养水平的函数。所以饲养水平过高，能量的利用率就会下降。在保持维持饲养水平时，留下供生长的能量则为零。当饲养水平提高时，能量则按比例增加，直至消化率下降而加以抵消。

4. 饲料报酬

饲料报酬（或饲料利用率、饲料转化率、饵料系数，FCR）是饲料质量和管理水平的综合反映，是生产实际中表示动物生产、饲料转化的一个重要指标，因为它可以反映饲料被动物利用时的投入产出比，与经济效益密切相关。其计算公式为FCR＝摄食量干重/鱼体湿重增量。对于幼龄的生长动物，增重以蛋白沉积为主，随着年龄的增长，脂肪比例也越大，由于蛋白质沉积伴随大量的水分，因此饲料报酬较高。由此可知，动物越小，饲料报酬越高，体重越大，饲养时间越长，维持占总营养需要的比例也越大，饲料报酬越低。

四、鱼类的营养需要

鱼类在适宜的环境条件下，维持正常生命活动、健康生长和达到理想的生产成绩对能量、蛋白质、必需氨基酸、必需脂肪酸、维生素或微量元素等营养物质的种类和数量的最低需要量，称为鱼类的营养需要量。

鱼类因种类、生长发育阶段不同，对营养物质的质和量的要求也不同。饲料中营养物质用于维持机体的生命活动以及必要的自由活动的部分称为维持营养需要，用于满足机体组织生长或繁殖后代的部分，称为生产营养需要。维持营养需要与鱼的种类、生长发育阶段、性别、水温和运动习性有关。一般生长发育早期，单位体重的维持营养需要量高于发育后期；生长期鱼类单位体重的维持营养需要高于体成熟后的鱼类；一般雄性鱼类生长速度快，体内代谢强度高，因而对维持营养需要的绝对量高于雌性鱼类；处于最适生长水温条件下，鱼类维持消耗的营养少，用于生长的营养比例大，因而生长快，饲养效果好；鱼类的活动量大，其体内代谢率就会提高，因此流水养鱼较静水养鱼的维持消耗高。在养殖生产中，为使鱼类能够正常生长，迅速达到出售体重，必须在保证其维持营养需要的基础上，供给足够的用于生长的营养需要。当饲料中营养物质不能满足鱼类营养需要时，就会影响鱼类的生长速度，甚至出现各种缺乏症，而缺乏症与其生理功能紧密相关。

(一)鱼类对蛋白质的需要

蛋白质是生命的物质基础,是生长、更新和修补组织的材料,同时是组成生命活动所必需的各种酶、激素、抗体等调节物质的原材料。对于大部分鱼类,蛋白质还是重要的能量来源,特别是在饲料能量不足的条件下,鱼类将大量氧化氨基酸作为机体所需要的能量来源。研究证明,鲤鱼和草鱼脂肪的生物合成主要由蛋白质转变而来,而来源于糖的形式较少。

1.饲料蛋白质和必需氨基酸含量对鱼类的影响

鱼类饲料中蛋白质严重缺乏时会引起缺乏症,表现为生长减慢、体重减轻、抗病力减弱、贫血等,卵巢发育也不正常。但鱼类饲料中蛋白质含量也不能过高,若蛋白质含量过高,一则会浪费蛋白质资源;二则会因代谢产物氨的积累和能量蛋白质比例失调,加重鱼类机体的负担,影响鱼类生长,甚至导致蛋白质中毒。

鱼饲料中如果缺乏必需氨基酸,几天之内就会出现食欲减退,生长抑制。比如缺乏色氨酸,会出现鱼的脊椎侧凸和前凸等症状,若缺乏色氨酸达12周,就有50%以上的鱼体变形。虹鳟及红大马哈鱼在缺乏色氨酸之后会导致脊椎侧凸,动脉充血,肾有钙质沉着等现象发生,有时还会造成尾鳍腐烂和白内障。脊椎侧凸的原因是色氨酸缺乏时本胶原蛋白的合成降低,而本胶原蛋白又是胶原蛋白的先导物质。

蛋氨酸缺乏还会造成湖鳟及虹鳟幼体的白内障,这可能是由于蛋氨酸缺乏后,眼球水晶体中的谷胱甘肽合成减少,后者可防止眼球水晶体的氧化。虹鳟饲料缺乏赖氨酸,表现为生长减慢,尾鳍溃烂,死亡率增高。又如鳗鲡缺少缬氨酸和赖氨酸,第3周即死亡数量增加。

2.蛋白质的营养价值及其影响因素

(1)饲料蛋白质的营养价值　评定蛋白质营养价值的常用指标是蛋白质的生物学价值和蛋白质效率比。

蛋白质的生物学价值是指被动物消化道吸收的蛋白质的氮中积存于体内的部分所占的百分数。其计算公式为：

蛋白质的生物学价值＝(摄入氮－粪氮－尿氮)/(摄入氮－粪氮)×100％

一般来说，蛋白质的生物学价值越高，饲料蛋白质的营养价值越高，用于生长部分的比例越大(表 3-5)。

表 3-5　饲料蛋白质生物学价值与可吸收氮利用率的关系　　％

饲料蛋白质生物学价值	可吸收氮的利用率		
	生长	能量消耗	维持
80	59	29	12
70	49	39	12
60	39	49	12
50	29	59	12
40	19	69	12
30	9	79	12

蛋白质效率比是动物食入单位蛋白质或氮的体增重。其计算公式为：

蛋白质效率比＝体增重/蛋白质或氮的摄入量

(2)影响饲料蛋白质营养价值的因素

①饲料蛋白质的消化吸收率　只有消化吸收后的氨基酸才能被鱼类利用，因此凡影响饲料蛋白质消化吸收率的因素都会影响到蛋白质的营养价值。

②饲料蛋白质水平　蛋白质的生物学价值和效率比受到蛋白质水平的影响，在一定范围内，随着蛋白质水平的升高，蛋白质的生物学价值和效率比下降(表 3-6 和表 3-7)，但饲料报酬的变化与生物学价值、效率比并不总是一致的。因此对于饲料中的蛋白质，不能片面追求最高的生物学价值和效率比，而要以一定的蛋白质水平为基础，才能满足鱼类的需要。

表 3-6 饲料蛋白质的种类、质量及其生物学价值(鲤鱼) %

蛋白质原料	饲料蛋白质含量	生物学价值
酪蛋白	11.1	82
	21.8	74
	33.9	69
	35.0	65
	42.8	63
白鱼粉	5.5	70
	10.7	76
	21.3	72
	43.4	64
干燥蛋黄	20.7	30
	41.5	70
面筋	1.6	49
	42.8	39

表 3-7 饲料蛋白质含量对青鱼鱼种蛋白质效率比的影响

组别	饲料蛋白质含量/%	饲料蛋白质效率比	饲料系数
1	0		16.05
2	6.52	1.73	8.87
3	9.73	4.05	2.45
4	16.30	2.36	2.60
5	19.07	3.00	1.75
6	24.06	1.78	2.34
7	29.54	2.06	1.64
8	36.53	1.33	2.06
9	40.74	1.17	2.10
10	44.84	1.15	1.94
11	48.36	1.31	1.58
12	54.17	0.95	1.94
13	59.83	0.97	1.73
14	63.28	0.56	2.82

③饲料蛋白质水平与饲料转化效率 饲料蛋白质水平对饲料的转化效率有重要影响。饲料的转化效率与饲料蛋白质水平的关系有以下几种类型：随着蛋白质水平的增加，饲料转化效率不断增加，超过需要量后相对稳定，如虹鳟、小口黑鲈和大口黑鲈、杂交罗非鱼等属于这种类型；蛋白质水平超过需要量时，饲料转化效率降低，如尼罗罗非鱼；异育银鲫的饲料转化效率不受饲料蛋白质水平的影响。

④氨基酸的平衡性 饲料蛋白质的必需氨基酸平衡与否是影响蛋白质营养价值的重要因素。蛋白质的来源不同，其氨基酸组成不同，特别是必需氨基酸的组成不同，对鱼类的营养价值也不一样。

⑤蛋白质与其他营养物质的比例 饲料中的各种营养物质都是彼此牵连，相互制约的。蛋白质、脂肪、碳水化合物三大营养物质之间，以及维生素、矿物质之间均存在相辅相成的关系。因此，影响蛋白质营养价值的因素也是多方面的。

碳水化合物和脂肪等非蛋白质能量物质过多或不足，都会影响蛋白质的有效利用。因此，保持鱼类饲料中能量与蛋白质的适当比例，即最适能量/蛋白比（指 1 kg 饲粮所含能量与所含粗蛋白质的比例）是鱼类营养中应注意的一个重要问题。正常情况下，鱼类消化吸收的蛋白质，一部分用于合成体蛋白质，一部分在体内分解供能。但饲料中能量不足时，将增大体内蛋白质的分解，降低蛋白质的生物学价值。因此，在养殖生产中应供给足够的能量，避免将价值高的蛋白质作为能量使用，从而提高蛋白质的利用率。

3. 提高蛋白质营养价值的措施

在生产中，除了采用合理的加工方式来提高饲料蛋白质的消化吸收率、保持合适的蛋白质水平和蛋白质能量比例外，还可以根据氨基酸的平衡性原理，添加游离氨基酸或通过不同饲料蛋白质的互补来提高蛋白质的营养价值。

(1)添加限制性氨基酸　确定所养鱼种的氨基酸需要量及其限制性氨基酸,然后把限制性氨基酸直接添加于饲料中,可以提高饲料蛋白质的营养价值及其利用率。例如,在大西洋鲑鱼苗的酪蛋白饲料中,添加 6 种氨基酸,使其氨基酸组成和鱼粉蛋白相同,就能获得与使用鱼粉相同的生长效果;在以豆饼粉作为蛋白质资源的硬头鳟饲料中添加 5 种或更多的结晶氨基酸,当达到鱼粉相同的蛋白质水平,鳟鱼的生长明显加快;在畜禽副产物和水解羽毛粉的混合物中,每 1 kg 饲料添加 17 g 盐酸赖氨酸,4.8 g *DL*-蛋氨酸,1.44 g *DL*-色氨酸作为虹鳟饲料,就能完全代替鱼粉,并且不会降低饲料的效率。但是,对幼鲤、鲶鱼直接添加氨基酸的方法是无效的,因为这些鱼类可能不能利用游离氨基酸或与其他营养素不能同步吸收。研究发现,以结晶氨基酸或者以酪蛋白、明胶或其他蛋白质的水解产物作为蛋白源时,幼鲤、鲶鱼和真鲷生长不良。斑点叉尾鮰同样不能利用游离氨基酸。当用豆饼粉作蛋白源,同时添加主要的限制性氨基酸来代替鱼粉时,不能促进鲶鱼的生长,其增长速度远不及以鱼粉为蛋白源。因此,并不是所有鱼饲料中都可以添加氨基酸。

各种鱼类的必需氨基酸有以下 10 种:赖氨酸、蛋氨酸、色氨酸、亮氨酸、异亮氨酸、苏氨酸、苯丙氨酸、缬氨酸、组氨酸和精氨酸。在必需氨基酸中,如鲤鱼的第一限制性氨基酸为蛋氨酸,其次为赖氨酸和色氨酸。黑鲷的第一限制性氨基酸为赖氨酸,占必需氨基酸的 18.1%,第二限制性氨基酸为蛋氨酸,占必需氨基酸的 6.4%。

(2)利用氨基酸的互补作用　如果在配制配合饲料时,将2 种以上不同氨基酸组成的蛋白质饲料混合应用,即可取长补短,提高氨基酸的平衡性和蛋白质的营养价值。通常动物性蛋白质比植物性蛋白质的平衡性要好,其蛋白质生物学价值较高。在植物性饲料中搭配一定数量的动物性饲料,就能够使蛋白质的必需氨基酸得到互补，从而提高整体饲料蛋白质的营养价值，满足鱼类的需要。例如在1龄虹鳟鱼的饲料中，植物性蛋白质可达30%，但必须添加8%的鱼粉才能保证鳟鱼的正常生长。当草鱼、福寿鱼饲料中没有动物性蛋白质时，其增重率要比饲料中含有不同动物蛋白质时低，饲料系数要高；当动物性蛋白质增加到一定值时，增重达到最大值后便逐渐下降。草鱼饲料中动、植物蛋白原料的比例达到1∶5，福寿鱼达到1∶3时，就可获得较满意的饲养效果。当饲料酪蛋白为30%，动物胶为5%时，必需氨基酸的平衡情况最好，鲤鱼鱼种即可获得最大的体重增长率、饲料效率和氮沉积率。

4. 影响鱼类蛋白质需要量的因素

饲料蛋白质的最适含量是指鱼类在最大生长或最高蛋白质沉积情况下，对蛋白质的最低摄取量或饲料中蛋白质的含量。鱼类对饲料粗蛋白质的需求量一般在25%～55%，一般是用蛋白质占饲料的百分比来表示。

鱼类对蛋白质的需要受到多种因素的影响，主要是鱼、饵、水三大方面，如鱼的种类、大小和水温以及饲料蛋白质的营养价值、消化率和投饵率等。

(1)鱼的种类及食性　鱼类摄入的蛋白质除用于生长外，还有相当一部分被当作能量消耗，特别是肉食性鱼类在能量供应方面对蛋白质的依赖性更大。因此鱼类食性的等级越高，对蛋白的需求量越大(表3-8)。

表3-8　不同食性鱼类的蛋白质最适需要量　　%

肉食性鱼类	需要量	杂食性鱼类	需要量	草食性鱼类	需要量
乌鳢	50	罗非鱼	34	草鱼	32
虹鳟	50	鲫鱼	29	团头鲂	33
青鱼	41	鲤鱼	42		
鲶鱼	40				

(2)鱼的年龄、体重及鱼的生理状态　同一种鱼在不同的生长发育阶段,对饲料中蛋白质含量的要求也不一样。幼鱼代谢旺盛,增重潜力大,生长速度快,对蛋白质的含量要求高;成鱼用于增重部分的蛋白质将明显减少,对蛋白质的需要量则相对较低。同种鱼,稚鱼对蛋白质的需要量高于幼鱼,更高于食用鱼。如青鱼在苗种阶段对蛋白质的需要量为41%,成鱼阶段为33%;又如鳗鱼在苗种阶段为45%~56%,成鳗阶段为45%。鱼类因生态环境恶化或有疾病,生长停滞时对饲料蛋白质需要量低;代谢旺盛,生长迅速或性腺趋于成熟期要对蛋白质需要量高。

(3)摄食率　摄食率不同会导致蛋白质需求量不同。例如,当投喂量从每日体重的2%增加到4%时,虹鳟和幼鲤的蛋白质需求量从60%~65%降至30%~32%,而饱食条件下,斑点叉尾鮰的蛋白质需求量要低于限时投喂时。

虹鳟鱼体蛋白质最大积累时饲料蛋白质需要量与日投饵率见表3-9。

表3-9　虹鳟鱼体蛋白质最大积累时饲料蛋白质需要量与日投饵率

%

日投饵率	饲料蛋白质
2.0	58
2.5	46
3.0	38
3.5	33
4.0	29

(4)饲料蛋白质的营养价值　鱼类对蛋白质的需要与蛋白质的生物学价值密切相关,饵料蛋白质氨基酸含量丰富,比例合理,蛋白质的利用效率就高,鱼类对这种蛋白质的需要量亦可减少,否则就要提高需要量。如单独以豆饼粉培育草鱼幼鱼时,从

2.3 g长至33 g的平均体重，每生长1 kg约需饲料蛋白质710 g。而以豆饼、蚕蛹、糠饼等配制成颗粒饲料饲喂时，每生长1 kg只需饲料蛋白质约420 g。

(5)饲料中非蛋白能源物质的含量和种类　将饲料中的脂肪和碳水化合物能用于维持代谢消耗，而蛋白质节约下来用于生长，这就是所谓的蛋白质节约效应。饲料中的非蛋白能含量不同时，鱼类的蛋白质需求量会有所不同，因此蛋白质节约效应是通过达到适当的蛋白质能量比来实现的。饲料中蛋白质和能量之间的相对比例对鱼类蛋白质需要量有重要影响。如当饵料总能为9.20 MJ/kg时，斑点叉尾鮰最适蛋白质含量为29%，而增加饲料总能为11.97 MJ/kg，达到同样的生长速度的蛋白质需要量就下降了。

(6)环境条件　水温对鱼类蛋白质需要有直接影响。一般是在适温范围内，随着水温的升高，同一种鱼类对饲料蛋白质需要量也随之加大，反之则低。原因是水温过低时，鱼体内的酶和代谢活动降低。例如大鳞大马哈鱼在水温8℃时，蛋白需要量为40%；当水温提高至14.4℃时，需要量则增至55%。刘镜恪研究发现体重为1.9 g的草鱼在18～23℃水温下饲料中适宜蛋白质含量为31.98%，3.9 g的草鱼在水温25～26℃时为48.26%；团头鲂在水温20℃时饲料中的最适蛋白质含量为27.04%～30.39%，25～30℃为25.58%～41.40%。

盐度对鱼类蛋白质需要量的影响也很明显。如虹鳟鱼在盐度为10‰的水中，需要饲料蛋白质含量为10%，盐度增加到20‰时需要量就增加到45%。溶氧与CO_2浓度都可直接影响鱼类的生理活动及代谢强度，因而也会影响鱼类饲料蛋白质的最适含量。水体中天然饵料丰富，直接为鱼类补充高蛋白质饵料，显然人工饵料蛋白质要求就降低了，反之亦然。

(7)集约化程度和经济因素　进行网箱、流水、围养等高密度强化养鱼,必须补充高蛋白质优质饲料才能得到最适生长,池塘及大水面稀养对饲料蛋白质的要求就可适当降低。因为天然饵料起的作用不同。根据养殖业经济原则,必须以最少的饲料成本换取最大的鱼产品收入。往往获取最大鱼产品收入所使用的并不一定是鱼类的最适蛋白需要量。

5. 鱼类对蛋白质和氨基酸的需要量

(1)饲料中的适宜蛋白质含量　鱼类对饲料蛋白质的需要量可以通过营养学试验获得,但这些结果都是在特定的严格控制的环境下,用营养价值很高的酪蛋白等试验得出来的。实际养殖条件下,饲料蛋白质要以此为依据,再根据不同养殖对象和环境条件,饲料原料蛋白质的营养价值和加工制造的具体情况得出一个最适宜的饲料蛋白质含量。表 3-10 是国内主要养殖鱼类饲料蛋白质的最适含量。

表 3-10　国内主要养殖鱼类饲料蛋白质最适含量参考表　%

鱼类	鱼苗到鱼种	鱼种到接近成鱼	成鱼到亲鱼
鲤鱼	43～47	38～42	28～32
鲫鱼	40	35	30
草鱼	32	25～27	21～25
青鱼	41	33～38	28～33
团头鲂	34	30	25～30
鲮鱼	40	36～38	32
罗非鱼	40	35	30
美国鮰	35～40	25～36	28～32
鳗鱼	50～56	45～50	45～47
虹鳟	50～56	45～47	40～45

(2)饲料中氨基酸的需要量　鱼类对赖氨酸、精氨酸、亮氨酸的需要量较大,在饲料配比中它们分别为 1.78%～3.28%、1.40%～2.8%、1.70%～3.0%。而对色氨酸、苏氨酸的需要量

较小，在饲料配比中，它们分别为0.16%～0.36%、0.33%～0.63%。

鱼肉蛋白质氨基酸组成和鱼对氨基酸需要量的关系：鱼肉蛋白质氨基酸组成和鱼对氨基酸需要量两者间有一致性，因此在对一些鱼类的必需氨基酸需要量尚未研究清楚以前，可以采用鱼肉氨基酸组成指标来估测其必需氨基酸需要量。表3-11为建鲤肌肉氨基酸组成及其对氨基酸的需要量。

表3-11　水温20～25℃时建鲤对必需氨基酸的适宜需要量和肌肉中氨基酸组成　%

氨基酸种类	占饲料蛋白质	与赖氨酸的比例	建鲤肌肉	与赖氨酸的比例
粗蛋白质	38.5		70.15	
精氨酸	4.3	75	4.22	75
组氨酸	2.1	37	1.98	35
亮氨酸	3.3	58	5.56	99
异亮氨酸	2.5	44	3.37	60
赖氨酸	5.7	100	5.64	100
蛋氨酸	3.1(缺胱氨酸)	54	2.16	38
苯丙氨酸	6.5(缺酪氨酸)	114	2.83	50
苏氨酸	3.9	68	3.04	54
色氨酸	0.8	14	0.76	13
缬氨酸	3.6	63	3.64	65

注：当饲料含1%酪氨酸时，苯丙氨酸需求量为3.4%。

(二)鱼类对脂肪的需要

脂肪是鱼类特别是肉食性鱼类的主要而经济的能量来源。脂肪作为高能量物质，是鱼体处于特殊环境下(饥饿、寒冷、洄游等)的重要供能物质。鱼在饥饿期间，鱼体肝脏、肌肉和内脏储存的脂肪将作为能量使用，鲤鱼和虹鳟主要用内脏脂肪和肌肉蛋白质作为主要能量来源，而较少利用肌肉脂肪。生殖洄游期的亲鱼其主要能源是肌肉组织的脂肪。脂肪作为停食后的能量储备，对于安全越冬、减少鱼种死亡是必要的。

脂肪的蛋白质节约效应：淡水鱼类能有效地利用脂肪并从中获取能量，因此向可消化能较低的饲料添加适宜脂肪，可减少作为能源消耗的蛋白质含量。但不同的鱼类对脂肪的利用率不同，其节约蛋白质的效果也不同。如肉食性鱼类虹鳟的饲料中，如果脂肪从10%提高到15%～20%，则蛋白质可由48%降至35%，进而还发现脂肪在18%而蛋白质在35%时蛋白质效率比最佳。当斑点叉尾鮰脂肪由5%提高到15%时，蛋白质可由40%降至36%，其日增重提高5%；当鳗鱼脂肪由7%增至16%时，蛋白质可由52%降至41%，且日增重有所提高。但杂食性鱼类如鲤鱼，脂肪节约蛋白质的效果没有碳水化合物好，这可能是鲤鱼对能量需求较低，饲料中碳水化合物所提供的能量已足以满足需要，草食性的草鱼与鲤鱼有类似情况。

1. 饲料脂肪含量对鱼类的影响

鱼类对脂肪有较高的消化率，尤其对低熔点的脂肪其消化率一般都在90%以上。但是饲料脂肪含量过高会增加成本，同时脂肪投喂过多会使脂肪贮存在鱼体肌肉或内脏中，引起鱼肉品质下降，严重时会造成代谢性脂肪肝或酮症。

当鱼类饲料脂肪含量过低时，能量供应不足，会造成蛋白质分解供能，影响蛋白质的利用效率。脂类缺乏对鱼类的影响最主要的是必需脂肪酸和磷脂缺乏产生的影响。

(1)必需脂肪酸缺乏症　凡是体内不能合成而必须由日粮供给，对机体正常机能和健康具有重要作用的脂肪酸称为必需脂肪酸(EFA)，其中多数为多不饱和脂肪酸，简称为PUFA。在鱼类，亚油酸(C 18:2(n-6))、花生四烯酸(C 20:4(n-6))等n-6系列脂肪酸和亚麻酸(C 18:3(n-3))、二十碳五烯酸(C 20:5(n-3)，简称EPA)及二十二碳六烯酸(C 22:6(n-3)，简称DHA)等n-3系列脂肪酸均为必需脂肪酸。

当必需脂肪酸缺乏时，主要特征是生长率降低，饵料效率下降及某些情况下的死亡率增加。但不同的鱼类表现不一样，如虹鳟表现为生长停止，饲料效率下降，体色变浅，鳍条萎缩，心肌炎并可发生休克，血液中血色素含量下降，脂类功能的紊乱（表现为肝脏线粒体膜通透性的变化），肝脏受损，肝脏脂肪含量和比干重增加。虹鳟鱼在饲喂 n-3 系列脂肪酸不足的日粮时，会表现出昏迷和休克症，这种症状在 n-3 脂肪酸缺乏而 n-6 脂肪酸存在时而加剧。n-3/n-6 比例过低，能引起器官组织对脂肪酸代谢的变化，该变化对鱼体健康是有害的，突出表现是应激能力降低。

当日粮中必需脂肪酸缺乏时，温水鱼类要经过一段时间方可表现出缺乏症。青鱼生长速度和成活率低下，并出现竖鳞、眼球突出、鳍条出血等症状。鲤鱼食欲下降和生长受阻。鳗鲡饲料中缺乏必需脂肪酸时，生长受阻，体色暗淡，易患皮肤病，死亡率增加。

(2)磷脂缺乏症　磷脂是构成生物体的必要物质，具有重要的生理功能，如促进饲料脂类的消化吸收，提供和保护饲料中的多不饱和脂肪酸以及提供未知生长因子等。磷脂缺乏时，香鱼仔稚鱼的生长和成活率下降，仔稚鱼的畸形率升高，即患脊椎侧凸症的畸形仔稚鱼明显增多。

(3)磷脂对仔稚鱼的特殊作用

①磷脂是细胞膜磷脂的主要来源　仔稚鱼在迅速生长的初期阶段，自身生物合成的磷脂远不能满足其更新细胞的需要。饲料磷脂中，磷脂酰胆碱被吸收后进入细胞膜，成为细胞膜的主要成分。饲料磷脂的脂肪酸成分可能会直接影响仔稚鱼组织磷脂的成分和功能。

②磷脂是胆碱、肌醇、DHA 和能量的主要来源　各种海水仔稚鱼在其胚胎发育和摄取卵黄内源营养阶段，磷脂酰胆碱被认为

是无机磷酸盐、胆碱、肌醇、DHA 和代谢能的主要来源，也是仔稚鱼在早期摄食阶段的主要营养物质。磷脂酰胆碱和磷脂酰肌醇对提高开始摄食鲤鱼仔鱼的生长和成活率效果明显，但是胆碱和肌醇不能替代磷脂酰胆碱和磷脂酰肌醇，而磷脂酰胆碱可能有防止胆碱缺乏的作用。

③磷脂具有乳化性　早期仔稚鱼阶段，卵磷脂可能作为一种表面活性剂使脂类得以充分乳化后被仔稚鱼消化吸收。仔稚鱼饲料中，中性脂的必需脂肪酸一般很充足，但仍需添加极性脂——磷脂，这是因为仔稚鱼阶段，作为必需脂肪酸的来源，极性脂——磷脂优于中性脂，磷脂在仔稚鱼体内更容易被乳化，也更容易被消化吸收。用磷脂作为必需脂肪酸和能量的来源在仔稚鱼体内的消化率高于中性脂。

④磷脂在脂类运输中的作用　脂蛋白在仔稚鱼体内的脂类运输中起重要作用，而卵磷脂则是仔稚鱼脂蛋白中主要的极性脂部分。饲料磷脂似乎对仔稚鱼的脂类运输能力也有显著影响。在饲料中添加卵磷脂，不仅提高了仔稚鱼体内脂蛋白的合成，而且也提高了仔稚鱼体内脂类的运输能力。饲料磷脂可以增强仔稚鱼体内的脂类运输能力。

综上所述，饲料磷脂对仔稚鱼的生长、存活、耐受性、脂类吸收和运输等方面均有重要的作用和影响。

2.影响鱼类脂肪需要量的因素

(1)鱼的食性、种类和发育阶段　鱼类对脂肪的需要量因鱼的种类不同而有差异，一般草食性鱼类需求脂肪相对较少，脂肪最适需要量为 3.0%～5.0%，可以从饲料中得到满足；而肉食性鱼类则对脂肪量需求较高，如长吻鮠、虹鳟、斑点叉尾鮰的适宜添加量为 10%～12%，往往还需另外加以补充。杂食性鱼类需求脂肪量介于草食性和肉食性鱼类之间。

脂类需要与鱼的发育阶段也有关系。同种鱼在相近条件下，对脂类的需要量随规格的增大而逐渐减少。在集约化条件下，鱼苗在开始生长阶段和快速生长阶段补充磷脂可以促进生长，稍大规格或成鱼此方面的作用则不明显。在孵化后 10 d 的真鲷仔鱼饲料中添加 5%大豆卵磷脂，能促进生长，提高成活率。

(2)饲料中其他成分的种类、数量和比例

脂类与蛋白质：每尾重 9～62 g 的尖吻鲈摄食含脂类16.9%、鱼粉 60%的饲料时，饲料系数(0.89)与摄食含鱼粉 20%、脂类13.4%的鱼相近。

脂类与碳水化合物：对于杂食性和草食性鱼类来说，由于碳水化合物的利用率较高，因此当碳水化合物能满足鱼类的能量需要时，对脂肪的需要量可适当降低。

脂类的来源：磷脂中能够促进仔稚鱼生长的主要成分为磷脂酰胆碱和磷脂酰肌醇。磷脂酰胆碱或磷脂酰胆碱＋磷脂酰肌醇能够提高仔稚鱼的生长和成活率，而磷脂酰乙醇胺的作用很小。如果将磷脂酰胆碱和磷脂酰肌醇添加到乳化鱼油或乳化鱼肝油中则可强化培养活饵料。

(3)环境温度　由于鱼类是变温动物，对脂肪的利用还受到环境温度和脂肪熔点的影响。鱼饲料中脂肪的需要量随养殖鱼类的种类而不同，同时也受环境影响。一般鱼饲料中应含有4%～18%的脂肪，并且水温高时脂肪含量要求高一些，反之则低一些。如温度低于 23℃，鲤鱼饲料脂肪含量为 8%～10%，高于23℃为 10%～15%。温水性鱼与冷水性鱼对脂肪需要量有显著差异。据测定，每增重 1 kg 温水性鱼类饲料中至少要添加 6%的脂肪(含有 83.4 g 脂肪)，而增重同样多的冷水性鱼需要添加10%的脂肪(含有 139 g 脂肪)。

3.影响鱼类必需脂肪酸需要量的因素

(1)鱼的种类　鱼类对必需脂肪酸的需要因鱼种类而异，一般可分为 3 种类型，即淡水鱼型、海水鱼型和罗非鱼型，其中淡水鱼型又可分为鲤鱼型和虹鳟型。

淡水鱼类对脂肪酸的要求较低,一般陆生植物油即能满足其对必需脂肪酸的需要,对必需氨基酸的需要以脂肪中的亚油酸和亚麻酸为主,即 n-6 系列脂肪酸对淡水鱼类则较为重要。比如,以全植物性饲料作为青鱼的饵料,不添加任何油脂,也没有发现青鱼患有脂肪酸缺乏症。

冷水性虹鳟型:属于该类型的鲑、鳟鱼类主要是需要 n-3 系列脂肪酸作为必需脂肪酸。虹鳟鱼具有使 n-3 脂肪酸增长碳链和去饱和的能力,其对 PUFA 的需要可由 n-3 系列脂肪酸得以满足。在饲料中添加 1%的 18:3(n-3),可以很好地改善虹鳟鱼的生长。18:2(n-6)和 18:3(n-3)混合饲喂的效果不如 18:3(n-3)单独添加的效果好;并且在当 EFA 缺乏时,添加 18:2(n-6)不能防止缺乏症的出现。但如 18:3(n-3)添加量过高(超过 5%)则也会抑制鱼的生长。20:5(n-3)或 22:6(n-3)对虹鳟而言比 18:3(n-3)好,同时前两者的混合效果比其中任一种单独使用时更有效。鳕鱼鱼肝油、鲑鱼油等富含的 20:5(n-3)与 22:6(n-3)等n-3系列的脂肪酸对虹鳟有促进生长的效果,而 22:6(n-3)对虹鳟幼鱼而言是促其发育的 EFA。

虹鳟对 n-3 脂肪酸有特殊需求的原因可能在于 n-3 脂肪酸结构允许更大程度的不饱和,而这种高不饱和度的脂肪酸结构对于冷水鱼在低温下保持生物膜的流动性及渗透性是必需的。

温水性鱼类:鲤鱼型温水性鱼类中的鲤鱼、斑点叉尾鮰和鳗鲡及鲶、香鱼等的必需脂肪酸为 n-3 和 n-6 两种系列的脂肪酸。该类鱼对于 n-3 系列的不饱和脂肪酸的利用效果较虹鳟差。在鲤鱼饲料中加入饱和脂肪酸(5%月桂酸(12:0))对鲤鱼生长有促进作用(相对无脂肪添加而言),若补充 18:2(n-6)或 18:3(n-3),投喂 22 周后,对鲤鱼有明显的改进效果。对鲤鱼和鳗鲡单独使用18:3(n-3)或 18:2(n-6)作为必需脂肪酸的效果均不如两者混合使用的效果好，鲤鱼的添加量以 1% 18:2(*n*-6)和 1% 18:3(*n*-3)为宜，且 20:5(*n*-3)与 22:6(*n*-3)较 18:2(*n*-6)和 18:3(*n*-3)效果更优。鳗鲡的必需脂肪酸需要为0.5% 18:2(*n*-6)与 0.5% 18:3(*n*-3)或 0.5% 20:5(*n*-3)与 22:6(*n*-3)的多不饱和脂肪酸混合物。

斑点叉尾鮰要求 18:2(*n*-6)和 18:3(*n*-3)混合作 EFA，但 *n*-3 系列多不饱和脂肪酸的作用较大。团头鲂所需 EFA 应同时包括 18:2(*n*-6)和 18:3(*n*-3)系列多不饱和脂肪酸，而且对 18:2(*n*-6)的需求比对 18:3(*n*-3)的需求大。

罗非鱼型：罗非鱼型(齐氏罗非鱼和尼罗罗非鱼)对必需脂肪酸的需求有些类似于哺乳类动物，18:2(*n*-6)等 *n*-6 系列脂肪酸为其必需脂肪酸。但需引起注意的是 20:4(*n*-6)不是尼罗罗非鱼的必需脂肪酸，日粮中添加 20:4(*n*-6)脂肪酸无效。齐氏罗非鱼的 EFA 需要量以 1%的 18:2(*n*-6)或 20:4(*n*-6)为宜。*n*-3 系列脂肪酸对奥尼罗非鱼的营养作用不如 *n*-6 系列脂肪酸。

综上所述可以看出，对淡水鱼类来说，*n*-6 和 *n*-3 脂肪酸同样重要。除罗非鱼外，20:5(*n*-3)和 22:6(*n*-3)等 *n*-3 系列多烯不饱和脂肪酸对于所有的鱼类均有很高的必需脂肪酸效力，而唯有 18:3(*n*-3)作为必需脂肪酸的效果要依鱼的种类而定。

(2)环境　低温时鲑鳟鱼体趋向含较高量 PUFA，同时 *n*-6/*n*-3 比随温度降低而降低，因此鱼类在低温状态时对 *n*-3 需求量较大。

4. 鱼类对脂肪的需要量

在满足必需脂肪酸需要的基础上，鱼类对脂肪需求并不高，在饲料中含有 2%～3%的脂肪就能满足其生长需要。一般而言，当日粮中脂肪水平适宜时，鱼类能充分利用脂肪，并起到节省蛋白质的作用，但如日粮中脂肪含量过高，亦会影响到鱼的生长和饲料利用率。其添加量一般为 4%～10%，以充分发挥脂肪对蛋白质的节约作用，提高蛋白质的利用率。质量较好的鱼饵料中可以添加10%～18%的脂肪。

我国养殖的淡水鱼多为温水鱼，鱼饲料添加1%～3%的玉米油或大豆油等，加上饲料原料本身的脂肪，使饲料的含脂量达到4%～8%是比较适宜的。我国主要养殖鱼品种对饲料脂类的适宜需要量为：鲤鱼5%～10%，草鱼3.5%～4.5%，罗非鱼6.2%～10%，团头鲂3.6%，鳗鲡5%～10%。青鱼饲料中脂肪的最适水平为4.5%～6.5%左右，超过8%则不能改善青鱼的生长。表3-12是鲤鱼饲料中添加油脂的效果。

表3-12 鲤鱼饲料中添加油脂的效果

蛋白质含量/%	油脂含量/%	饲料效率指数
35	0	100
	5	107
	10	113
40	0	102
	5	123
	10	134

(1)鱼类对必需脂肪酸的需要　淡水鱼对EFA的需求较少，一般而言是少于饲料干物质的2%，向草鱼饲料中添加1%亚油酸+1%亚麻酸或1%亚油酸+0.5% n-3 PUFA对草鱼有最好生长性能，鲤、鳗鱼等饲料中添加0.5% 20:5(n-3)及0.5% 22:6(n-3)等PUFA效果好，使小鲤鱼而言，当饲料中含1% 18:2(n-6)或1% 18:3(n-3)，对鲤鱼的增重与饲料转化效率最高，白鲢的EFA(18:3(n-3))适宜添加量为1%，若将20:5(n-3)及22:6(n-3)混合以提供EFA，其含量可更低些，为0.5%～1%。

(2)鱼类对磷脂的需要　饲料中缺乏磷脂对仔稚鱼的影响比幼鱼更明显，仔稚鱼饲料中的磷脂含量应高于幼鱼。仔稚鱼对饲料磷脂中的磷脂酰胆碱和磷脂酰肌醇的需要量占饲料的1%～3%(干重)。其中磷脂酰胆碱约占磷脂的42%,磷脂酰乙醇胺占磷脂的37%～39%。由于仔鱼自身生物合成磷脂酰胆碱的能力有限,因而主要从轮虫活饵中获取。大豆卵磷脂的作用明显优于脑磷脂。仔稚鱼对磷脂的需求见表3-13。

表3-13　仔稚鱼对磷脂的需求

仔稚鱼	规格	磷脂种类	最适含量/%	基础饲料
鲤	2 mg	各种卵磷脂	0.02	酪蛋白
条石鲷	6.0 mm	大豆卵磷脂	0.074	蛋白混合物
	26 mg	大豆卵磷脂	0.05	蛋白混合物
香鱼	2.4 mg	大豆/鸡蛋卵磷脂	0.03	
	9.6 mm	东方狐鲣卵磷脂	0.03	
		鸡蛋卵磷脂	0.03	酪蛋白
		大豆卵磷脂	0.05	

(三)鱼类对碳水化合物的需要

尽管没有研究表明鱼类对碳水化合物有特别的需要,但碳水化合物却是供给鱼类生命活动所必需的最为经济的能源物质,当鱼类饲料中含有适量的碳水化合物时,氮在体内的贮藏量比单独摄入蛋白质时要多。这是因为碳水化合物的摄入,增加了三磷酸腺苷(ATP)的形成,从而减少了蛋白质用于转化为脂肪储存于体内,同时有利于氨基酸的活化及蛋白质的合成。因此,在饲料中如能充分合理地使用糖,可以起到节省以蛋白质作为能源消耗的作用,将能大大地降低饲料成本。在硬颗粒饲料中,适量的纤维素还可以增加饲料的硬度,以减少营养成分的溶失。

1.饲料碳水化合物含量对鱼类的影响

鱼类对碳水化合物的利用性差的生理机制:大量研究结果证

明，鱼类特别是肉食性鱼类的糖代谢机能低劣，无法有效利用体内所吸收的过量碳水化合物。这是因为鱼体内胰岛素分泌速度过缓及受体少，而生长激素又在一定程度上抑制胰岛素分泌，导致了鱼类低下的耐糖机能(即糖尿病体质)。不同鱼种间对饲料碳水化合物最适需要量的差异，与其葡萄糖负荷及胰岛素分泌密切相关。饲料碳水化合物最适量愈低的鱼类，其胰岛素分泌越弱，肝脏对碳水化合物的解糖能力也愈差，因此结构相对复杂的淀粉和糊精更适合于鱼类。此外，鱼类对碳水化合物的低耐受性还可能是由于外周肌肉中缺乏对胰岛素敏感的葡萄糖载体，从而不能有效地降解和清除血液中的葡萄糖。

此外，除了葡萄糖、麦芽糖和果糖外，鱼类对其他的单糖和双糖是不能代谢利用的，例如鲤鱼饲料中添加 30%半乳糖后，生长显著减缓，采食量下降，身体和血清脂肪减少。

(1)可溶性碳水化合物过高对鱼类健康的影响　在鱼类饲料中，若碳水化合物的含量过高而又长时间饲喂时，鱼类将会患一种叫做“高糖肝”的病。患病鱼比正常鱼的肝脏大数倍，颜色变淡，鱼体鼓胀，死亡率增大。低蛋白、高碳水化合物饲料导致鳗鲡肝脏脂肪积累，肝糖含量增加，肝脏肿大。

杂食性的鲤鱼，在喂给过高碳水化合物饲料时，也会产生自发性糖尿病。同时由于过多的碳水化合物会转变为脂肪蓄积体内，使鱼体形表现为短、粗、胖，脂肪充满肠管，死亡率增加，不耐长途活鱼运输。

(2)粗纤维过多对鱼类的危害　鱼类一般缺乏消化纤维素的酶，当饲料中纤维素含量过多时，则对鱼类生长及营养物质的消化吸收均有影响。如用含有 25%硝酸纤维素粉的饲料投喂虹鳟，其生长速度减慢；含量达 35%时生长受到阻滞；用含有 10%以上的滤纸纤维粉饲料喂养金鱼，就会导致金鱼排便不通而死亡；在尼罗罗非鱼的饲料中，纤维素含量达 40%时，罗非鱼的生长速率明显减慢，蛋白质利用率降低，鱼的生长、饲料转换效率、净蛋白质积累、体脂肪及肥满度均下降。在鲶鱼饲料中，纤维素含量达21％时，将减少营养物质的进食量，降低消化率。即使是以草为食的草鱼，饲料中纤维含量也不能过高，草鱼饲料中的粗纤维含量的适宜范围是10％～20％，当超过这一含量时，草鱼的生长减慢。在发酵稻草颗粒饲料中，粗纤维含量为12.48％时，草鱼对饲料的总消化率为60.4％；而粗纤维含量为27.25％时，其饲料总消化率为30.8％，可见，随粗纤维含量的增高，草鱼对饲料的消化率也随之降低。

综上所述，饲料中粗纤维含量过高，不仅影响鱼类对营养物质的消化吸收和利用，而且还影响养殖生产的效果。因此，在配制鱼类的饲料时，应注意粗纤维的含量，不能使用过多的粗纤维原料。

鱼类饲料中如果缺乏碳水化合物，那么蛋白质用于能量消耗的比例将增加，由此就会降低饲料蛋白质的利用效率。

2.影响鱼类对碳水化合物利用的主要因素

(1)鱼的种类　淡水鱼或温水性鱼对碳水化合物的利用率高些，因为淡水和温水性鱼类肠道里糖酶的活性比冷水性鱼类高。

一些草食性鱼类和杂食性鱼类，如草鱼和遮目鱼能有效地利用淀粉和粗纤维，因此可使用低蛋白质、高淀粉、高纤维素的饲料来饲养。但肉食性鱼类对碳水化合物的利用率较低。

(2)碳水化合物的种类　饵料中不同碳水化合物的相对利用率与其复杂程度相关。总的说来，大多数鱼类对熟淀粉和糊精的利用比生淀粉好。如鳗鲡饲料成分中的淀粉只能在10％左右。

一般来说，淡水、暖水性鱼类如鲤鱼、沟鲶、罗非鱼、河鲈等能更有效的利用较为复杂的碳水化合物，如熟化淀粉、糊精等，而冷水性鱼类如虹鳟等更易利用葡萄糖、麦芽糖等简单的碳水化合物。

不同种类的鱼对多糖及淀粉的利用率的差异较大，如鲤鱼及罗非鱼利用 α-淀粉最佳，鲥鱼对多糖及淀粉的利用率是：β-淀粉＞α-淀粉＞糊精，斑点叉尾鮰则是：糊精＞玉米淀粉＞葡萄糖＞麦芽糖、果糖；真鲷是：β-淀粉＞α-淀粉。

3. 鱼类对碳水化合物的需要量

碳水化合物在鱼饲料中的含量根据不同饲料种类一般可控制在25%～40%范围内(表3-14)。鳟鱼等冷水性鱼类饲料中糖含量为20%～35%较为合适，可消化碳水化合物的适宜水平小于或等于20%。淡水鱼和温水性鱼类饲料中糖添加量可在20%以上，如草鱼可高达50%，杂食性的鲤鱼和罗非鱼的饲料糖添加量在30%～40%，饲料中最适无氮浸出物的含量为30%左右。

杂食性鱼类粗纤维在配合饲料中占5%左右，肉食性鱼类要低些，而草食性鱼类由于体内具有少量的纤维酶，其含量又可稍高些。一般认为饲料中粗纤维的适宜含量为：鲤鱼3%～11%，草鱼10%～20%，罗非鱼3%～10%，异育银鲫11%。质量较高的鱼饵料，纤维素的含量一般应少于5%。

表3-14 不同鱼类饵料中适宜或推荐的可消化碳水化合物水平 %

生活水域	鱼种类	可消化碳水化合物
冷水性	虹鳟	≤20
淡水或温水性	鲤鱼	30～40
	鳗鱼	20～40
	草鱼	37～56
	罗非鱼	30～40

(四)鱼类对能量的需要

鱼类为了生存及生命活动，需要进行一系列的运动，如游泳时的肌肉运动，以及体内各种器官的正常活动，如心脏跳动、呼吸活动、胃肠蠕动及血液循环等。这些活动均需要热能。

1. 饲料能量水平对鱼类的影响

饲料中可利用的非蛋白能量不充分时，鱼类会动用蛋白质作为能源物质，使储存到鱼体中的蛋白质相应减少，并且产生更多的氨，使水质更易遭到污染，当饲料中的能量含量过高时，鱼类会降低饲料的消耗，不能摄入足量的蛋白质和其他营养物质以满足最大的生长需求，同时会导致鱼体脂肪含量升高。

2. 鱼类的能量需要特点

鱼类不需维持体温的恒定。鱼类体温比水环境温度略高0.5℃，远比畜、禽类低，所以用以维持体温的能量消耗少。鱼类代谢的废物主要是氨氮，这种代谢形式比畜、禽代谢废物主要是尿素和尿酸消耗的能量少得多，同时，由于水的浮力大，鱼类在水中保持身体平衡所消耗的能量远比陆生动物低。因此，鱼类维持基础代谢的能量低，占摄入总代谢能的15%～24%，摄食的饵料用于生长的部分相对较高，所以鱼类有比畜、禽类高得多的饲料效率与能量转换率。

3. 影响鱼类能量需要的因素

(1)温度　鱼类是变温动物，当水温下降时，鱼的体温也下降，代谢率也随之降低，低温下的低代谢率能使鱼在食物很少的冰层下存活很长进间，各种鱼类对环境温度变化的代谢适应差异也很大。不同鱼类都有其最有效活动的适宜温度。

(2)运动水平　用于游动的能量则不能用于生长。通常被迫逆着急流游动的鱼所消耗的能量本可用于生长，但是由于鱼类受到水流的影响而流失这部分能量。因此在养鱼生产和鱼类饲料设备的设计中都应考虑使水能最大限度得到利用，不要给鱼带来各种不利的影响。

(3)鱼的个体大小　个体小的动物每单位体重所产生的热能大于个体大的动物。按体重比例投喂，小鱼的投喂量应大于大鱼。

(4)饲料蛋白质水平　饲料中能量水平应和蛋白质水平保持一定比例。鱼类的消化能需要在 13～19 MJ/kg，适宜能量蛋白比为 35.1～46.1 kJ/g 蛋白质。黄鳝最佳生长所需饲料总能为 11.50～12.50 MJ/kg，适宜能量蛋白比为 31.6～38.9 kJ/g 蛋白质，南方鲶鱼种(均重 3.64 g)适宜能量蛋白比为 39.0 kJ/g 蛋白质。

(5)其他因素　密度过大、含氧量低、有机物沉积等因素都能使鱼感到不适，并会增加鱼的活动量，使鱼生长减慢，影响能量代谢，引起对能量需要量的增长。

(五)鱼类对维生素的需要

维生素营养对于鱼类而言十分重要，配合饲料中维生素不足会导致生产性能下降，更重要的是会导致鱼体生理机能受到一定程度的伤害，如鱼体出现免疫、防御能力下降，鱼体体表黏液分泌减少，造血机能受到影响出现贫血反应等。我们一般只是关注维生素对生产性能的影响，却很少关注对鱼体生理机能的影响，从而导致养殖鱼体生理机能下降、抗应激能力下降，疾病发生率增加。因此，在水产配合饲料中必须保障维生素的基本需要量。

鱼类对维生素的需要受多种因素制约和影响，比如鱼的种类、规格、水温、饲养方式、饲料加工贮藏的方法等都会影响鱼类对维生素的需要量。在集约化精养中，往往需要添加较多的维生素。现将影响维生素添加量的因素介绍如下：

(1)鱼的种类和生长阶段　多数维生素主要通过相应的酶对动物生理活动和生长性能产生影响，而不同种类的鱼对营养物质的利用能力及代谢途径等都存在一定差异，因而对维生素的需要量也不同。鱼的生长阶段不同，对维生素的需要量也不同，幼鱼期由于代谢强度大、生长快，因而对维生素的需要量高于成鱼。

(2)鱼的生理状况 在渔业生产中尤其是高密度集约化养殖过程中,往往对鱼类采取一些促生长的措施。生长速度快,所处环境较差,在这种情况下,鱼类对维生素的需要量往往是增加的。此外,当环境条件恶化(水中溶氧量低、水质污染、水温剧变等),饲料急剧更换,人为操作(如放养、称重、转塘等)对鱼类造成损伤和刺激,或鱼体生病需要用药时,鱼类对维生素的需要量是增加的,以此来增强鱼类对环境的适应性和对疾病的抵抗力。

(3)饲料中维生素的利用率 按照鱼类维生素的需要量配制饲料时,还应该考虑饲料原料生产过程、贮存等环节对维生素的破坏情况和鱼类的利用情况。一般情况下鱼配合饲料的生产都是在高温高压下进行的,会造成多种维生素的大量损失,经过制粒、调质后维生素损失很大,因而需要将加工中损失的部分预先多添加进去,以补偿损失,否则就达不到各种维生素的适当比例和需求量。此外还有一些因素会影响维生素的利用和吸收。如饲料原料中含有的某些维生素不能被鱼吸收,饲料含有的适量脂肪会促进鱼对某些维生素的利用率,饲料中存在某些与维生素拮抗的物质从而阻碍维生素发挥作用等。由于大多数维生素性质不稳定,在饲料贮藏的过程中往往会遭到破坏,这些情况都会加大鱼对维生素的需要量。

(4)食物来源及养殖业的集约化程度 在鱼类放养密度较低的情况下,由于食物来源较杂,可利用天然饵料中的部分维生素,鱼类对维生素的需要量也较低,但鱼类生长速度较慢;但在高密度集约化条件下,鱼类放养密度高,生长多处于逆境,而其生长所需的维生素几乎全部来自配合饲料,因此需要提高维生素的添加量。

(5)维生素之间的相互影响 饲料中维生素之间存在着错综复杂的相互关系,某一种维生素的需要量显著受饲料中其他维生素含量的影响，如鱼类对维生素A的需要量显著受维生素E含量的影响，因为后者具有保护维生素A免受氧化，提高维生素A稳定性的作用。

(6)饲料中的其他成分　有关的试验结果表明，饲料中其他营养物质对维生素的需要量有一定的影响。如对鲤鱼和虹鳟鱼的试验发现，鱼类对维生素E的需要量有随亚麻酸含量增高而增加的趋势，虹鳟对维生素A的需要量与饲料中的蛋氨酸含量有关。由于烟酸在鱼体内的功能可部分由转化来的色氨酸代替(色氨酸可转化为NAD)因而当色氨酸含量较高时，鱼类对烟酸的需要量就下降。

(7)消化道内微生物　在鱼类，某些维生素如生物素、维生素B_{12}、维生素C、烟酸、泛酸、叶酸等可由肠道微生物合成，但是考虑到鱼类消化道短，食糜通过消化道的速度也较快，因而一般认为鱼类肠道中的微生物在提供维生素方面的作用有限，绝大多数维生素还要依赖饲料的供给。

总之，确定鱼饲料中维生素的添加量是一项十分复杂的工作，在生产当中是否需要添加维生素，添加多少，添加种类应根据具体情况具体分析。一般是采用适当提高添加量的方法，以确保饲料中各种维生素均能满足需要。

(六)鱼类对矿物质的需要

矿物质是构成鱼机体组织的重要成分和维持有机体正常生理机能不可缺乏的物质，同时也是维持机体渗透压、酸碱平衡等正常代谢不可缺少的营养素。鱼类能通过鳃、体表、鳍和肠道从水环境中吸收部分无机盐，如大部分钙和部分铁、镁、钴、钾、钠和锌，但并不能完全满足其生长需要，还必须从食物中摄取部分所需的无机盐，缺乏时轻则影响鱼类生长出现病态，重则引起鱼类大量死亡。

鱼类对矿物质的一般需要量与缺乏症见表3-15。

表 3-15　鱼类对矿物质的一般需要量与缺乏症

矿物质元素	一般需要量/(mg/kg 饲料)	缺乏症	矿物质元素	一般需要量/(mg/kg 饲料)	缺乏症
Ca	5 000	生长下降，食欲不振，饲料转化率低	Mn	13～50	短躯症
P	7 000	—	Al	—	短躯症
Mg	500	—	Co	微量	—
Na	1 000～3 000	—	Zn	30～100	短躯症
K	1 000～3 000	—	I	0.1～0.3	短躯症
S	3 000～5 000	—	F	极微量	
Cl	1 000～5 000	—	Se	极微量	
Fe	50～170	生长不良	Cr	极微量	
Cu	1～4	短躯症	Mo	极微量	

五、主要养殖鱼类的营养需要

(一)青鱼的营养需要

1. 蛋白质

青鱼鱼种(体重 37～48 g)对饲料蛋白质的最适需要量为 30%～41%，鱼苗阶段青鱼的蛋白质需要量为 41%，鱼种为 33%，成鱼和亲鱼为 28%。

2. 能量与碳水化合物

青鱼幼鱼饲料的适宜代谢能为 13.3～15.2 MJ/kg，适宜能量蛋白比为 38.1 kJ/g 蛋白质，适宜的可消化能为 14.9～19.42 MJ/kg，适宜能量蛋白比为 40.9～49.3 kJ/g 蛋白质。

青鱼鱼种饲料中的碳水化合物含量为 10.17%～36.83%时，各组青鱼的增重率变化不大，含量从 36.83%达到 44.31%时，生长明显减慢。生长鱼饲料中的碳水化合物最适量以 20%为宜，成鱼应控制在30%～35%。

3. 脂肪

青鱼饲料的脂肪适宜含量为4.5%～6.5%，饲料中脂肪含量在3%以下青鱼生长缓慢，当添加到8%以上时，同样不能改善青鱼的生长。

青鱼对必需脂肪酸的需要，亚油酸占饲料的2%，或亚油酸1%、亚麻酸1%，青鱼鱼种生长良好，成活率高。

（二）草鱼的营养需要

草鱼对饲料总能的需要量为16.32 MJ/kg，在满足饲料蛋白质需要的前提下，草鱼饲料每千克可含消化能13.39 MJ。

草鱼在体重1.9 g，体长约1.5 cm以下时，其主要天然饵料还是浮游动物，营养价值高，且蛋白质含量在50%以上，这一阶段对饲料蛋白质的需要量较高；体重达3.5～4 g，体长达6 cm时，其食性已开始转变成吃幼嫩水生植物，蛋白质需要量降低；体重为10 g左右的草鱼，体长达10 cm左右时，其食性完全转变成植物食物，对蛋白质的需要量更低。草鱼在食性完全转变后，对各种饲料蛋白质的消化率几乎一致，对蛋白质的需要量也基本相同。

根据草鱼生长对蛋白质需要的特点，可将草鱼对蛋白质的需要水平划分为3个阶段：食性转变前，饲料蛋白质需要量为40%～45%；食性转变过渡期，为30%～35%；食性转变后，为25%～38%。此外，草鱼饲料中适宜的动、植物蛋白比为1∶5。

草鱼对脂肪的需要量低，一般认为在3.6%左右。一般的饲料中不需额外添加脂肪。

草鱼对饲料碳水化合物的利用率较高，所以草鱼饲料中淀粉的适宜含量为50%，若长期超过此限额，会造成脂肪肝，甚至引起死亡。

草鱼对饲料中粗纤维的需要量以15%～20%为宜，低于

10%或高于30%，会影响草鱼的生长和体蛋白的增长。

(三)鲤鱼的营养需要

1. 能量

鲤鱼对饲料能量的需要量与饲料中蛋白质的含量和水温有关，在20℃下，鲤鱼平均重为4.3 g时，饲料的最适可消化能为12.97～15.06 MJ/kg，能量蛋白比为97～116 kJ/g；体重20 g的鲤鱼，当可消化蛋白质为31.5%时，DE值为12.12 MJ/kg，饲料最佳蛋白质含量(酪蛋白)为35%时，饲料代谢能为14.23 MJ/kg；以鱼粉作蛋白源，饲养4～7 g重的鲤鱼，在25℃水温时，蛋白质的最适需要量为38.4%，饲料代谢能为11.3 MJ/kg，当蛋白质降到33%时，饲料代谢能应为12.8 MJ/kg；以鱼粉作蛋白源，流水饲养60～70 g的鲤鱼，水温28℃时，测得蛋白质含量为35%，饲料代谢能为15.98 MJ/kg，鲤鱼获得最大生长速度。

鲤鱼在最佳生长状态下，能量蛋白比为38.7 kJ/g，建议成鱼阶段为21.3 kJ/g，最高不超过22.2 kJ/g，另外越冬前要提高能量，让鱼类储存脂肪，有利于安全越冬。

2. 蛋白质和必需氨基酸

鲤鱼喂以含蛋白质为35%～45%的饲料时，可得最大生长速度及最适的蛋白质利用率。作为生长最大利用效率的饲料蛋白质的含量是每100 g体重每天约需100 mg的可利用氮。

不同阶段鲤鱼饲料中蛋白质需要量为鱼苗到鱼种38%～47%，鱼种到未成年鱼32%～42%，成鱼和亲鱼28%～30%；按照体重，5.8 g重的鲤鱼对饲料粗蛋白质的最适需要量为38%，97～419 g重的鲤鱼约需要饲料粗蛋白质30%。实际上可消化蛋白质能达到32%即能满足鲤鱼幼鱼的需要。程汉良(2003)推荐不同阶段鲤鱼饲料中粗蛋白质和可消化蛋白质的含量见表3-16、表3-17。

表 3-16 鲤鱼饲料蛋白质、DP/DE 及必需氨基酸的推荐值

项目	鱼苗	鱼种	成鱼前期	成鱼中期	成鱼后期
体重范围/g	<25	25～200	100～300	300～500	>500
粗蛋白质/%	38	35	32	30	28
可消化蛋白质/%	33	30.5	28	26.5	25
DE/(MJ/kg)	13.38	12.96	12.54	12.12	11.7
DP/DE/(g/MJ)	24.6	23.5	22.2	21.8	21.3
氨基酸/%					
赖氨酸	2.17	2.00	1.82	1.71	1.60
蛋氨酸	0.76	0.70	0.64	0.60	0.56
蛋氨酸+胱氨酸	1.18	1.09	0.99	0.93	0.87
苏氨酸	1.48	1.30	1.25	1.17	1.09
色氨酸	0.30	0.28	0.26	0.24	0.22
精氨酸	1.60	1.47	1.34	1.29	1.20

表 3-17 水温 20～25℃时鲤鱼对必需氨基酸的适宜需要量 %

氨基酸	2～5 g重的鲤鱼鱼种所需各种必需氨基酸占饲料蛋白质比例	62.1～127.1 g重的鲤鱼鱼种所需各种必需氨基酸占饲料蛋白质比例
精氨酸	4.2	3.8
组氨酸	2.1	1.4
亮氨酸	3.4	2.3
异亮氨酸	2.3	4.1
赖氨酸	5.7	5.3
蛋氨酸	3.1	1.6
苯丙氨酸	6.5	2.9
苏氨酸	3.9	3.3
色氨酸	0.8	0.6
缬氨酸	3.6	2.9
酪氨酸		2.0
胱氨酸		0.8

赖氨酸和蛋氨酸是鲤鱼的限制性氨基酸，蛋氨酸是第一限制性氨基酸。蛋氨酸为赖氨酸的33%～35%时才能满足鲤鱼的需要。各种必需氨基酸与赖氨酸的比例与建鲤肌肉的比例是基本相同的。

当需要在饲料中添加游离氨基酸以调节氨基酸平衡时，应增加日投饵次数，建议日投饵次数为4次或更多。

3.碳水化合物

鲤鱼食用含小麦粉、大米粉组成的配合饲料时，糖的适宜含量为37.1%，粗纤维的含量应控制在10%～15%。以22.8 g重的鲤鱼为试验对象，得出饲料中糊精的最大值为30%，也有研究认为建鲤饲料中可消化糖类以40%左右为宜，饲料中纤维素含量不超过10%，最好在6%左右。所以鲤鱼饲料中碳水化合物的总量应控制在30%～50%。

使用不同碳水化合物源（小麦、马铃薯与玉米淀粉、蔗糖、葡萄糖与微粒小麦）混合卵蛋白作为合成日粮喂食鲤鱼，小麦淀粉为最适当的碳水化合物供配制合成日粮。快速生长的鲤鱼不能有效利用纤维素。

4.脂肪

鲤鱼饲料中粗脂肪的最适量为5%～7.5%。添加6%油脂所提供的能量较由13%谷类提供同等能量的饲料增加了3.5倍的增重。鲤鱼对脂肪的需要量为5%左右。

在鲤鱼鱼苗和鱼种饲料中混合添加亚油酸18:2(n-6)和亚麻酸18:3(n-3)比单独添加任何一种效果都好，其适宜添加量为各占饲料1%。

鲤鱼具有吸收游离脂肪酸的能力，其中以添加大豆脂肪酸效果较好。而这些游离脂肪酸是鳟鱼或鲶鱼利用性差的脂肪酸。

5.矿物质和维生素

表3-18和表3-19列出了鲤鱼饲料矿物质（推荐值）和维生素

的添加量。

表 3-18 建鲤对矿物质的需要量(推荐值)

常量元素	需要量/(g/kg 饲料)	微量元素	需要量/(mg/kg 饲料)
钙	5	铁	80～150
磷	7	锌	15～30
钠	1～3	铜	1～4
钾	1～3	锰	12～15
镁	0.4～0.5	钴	0.01～0.05
氯	1～5	碘	0.2～0.6
硫	3～5	硒	0.15

表 3-19 鲤鱼对维生素的最低需要量(日本) mg/kg 饲料

维生素	需要量	维生素	需要量
维生素 B_1	5～25	维生素 B_{12}	0.1
维生素 B_2	10～20	肌醇	60～200
泛酸	20～60	维生素 C	50～100
胆碱	800～2 500	维生素 A	5 000～20 000 IU/kg
烟酸	50～150	维生素 D_3	1 000～5 000 IU/kg
维生素 B_6	5～15	维生素 E	20～60
生物素	0.25～0.50	维生素 K	1～5
叶酸	1～5		

鲤鱼对钙的需要量为0.8%～1.1%,对磷的需要量为1.7%～2.4%,Ca/P 比为1∶2。实践中,饲料中提供0.6%～0.8%的有效磷是必要的,建议成鱼阶段有效磷大于0.6%,鱼种阶段大于0.7%,鲤鱼饲料无需单独添加钙。以鲤鱼为例,磷可以防止鱼体脂肪积累过多,显著提高饲料效率。

鲤鱼对镁的需要量为0.05%,建议鲤鱼饲料中镁的添加量为0.03%,当饲料中鱼粉用量低于10%时应考虑添加食盐。

鲤鱼对维生素的需要量可参考(表 3-20)。

表 3-20　鲤鱼饲料维生素的需要量和建议添加量

维生素种类	需要量	建议添加量
维生素 A/(IU/kg)	4 000～20 000	5 000
维生素 D/(IU/kg)	1 000	2 000
维生素 E/(mg/kg)	100	100
维生素 K/(mg/kg)	NT	5
维生素 B_1/(mg/kg)	0.5	8
维生素 B_2/(mg/kg)	7	10
维生素 B_6/(mg/kg)	6	20
泛酸/(mg/kg)	30	30
肌醇/(mg/kg)	成鱼可合成,但幼鱼需要量大	200
生物素/(mg/kg)	饲料中可满足需要	0.4
叶酸/(mg/kg)	NR,鲤鱼肠道菌可合成	3
胆碱/(mg/kg)	500	1 000
维生素 B_{12}/(mg/kg)	NR,鲤鱼肠道菌可合成	0.03
维生素 C/(mg/kg)	R	200
烟酸/(mg/kg)	28	30

注:R 为饲料中需要但数量未测定;NR 为测试条件下未证明饲料中需要;NT 为未测。

NRC 不包括任何余量,一般是在试验条件下鱼类达到最佳生长时的最低需要量,是使用纯合原料配制的饲料测定的。

集约化高密度养殖过程中,条件恶化时,如溶氧低、水质污染、水温剧变或人为操作(如放养、转塘、运输等),鱼处于应激状态,NRC 标准还要提高。胆碱的添加量过高时,鱼的体型和生长较好,但体内脂肪的储存量不足,影响越冬成活率,故在北方高寒地区越冬前要喂越冬料,减少胆碱的用量。

(四)罗非鱼的营养需要

1. 能量

罗非鱼为获得最大增重，饲料中蛋白质含量为30%时，饲料中DE应为17.15～18.83 MJ/kg，在蛋白质含量为25%时，饲料中DE应为14.23～15.28 MJ/kg。综合分析，罗非鱼在鱼种和成鱼生长阶段，其饲料中消化能最低应为15.48～14.23 MJ/kg饲料，

2. 蛋白质和必需氨基酸

饲料中粗蛋白含量从罗非鱼鱼种到成鱼阶段应在40%～20%，罗非鱼对饲料中蛋白质的需要量与投饵率有关(表3-21)。莫桑比克罗非鱼对必需氨基酸的需要量见表3-22。

表3-21　罗非鱼饲料蛋白质含量与投饵率的关系　　%

饲料蛋白质含量	20	25	30	35	40
投饵率	4.4	3.5	2.9	2.5	2.2

表3-22　莫桑比克罗非鱼对必需氨基酸的需要量　　%

氨基酸	根据鱼肉计算占饲料百分比	占饲料蛋白质百分比	根据鱼体重计算占饲料百分比	占饲料蛋白质百分比
精氨酸	0.93	2.33	1.33	3.33
组氨酸	0.37	0.93	0.44	1.10
异亮氨酸	0.75	1.88	0.91	2.28
亮氨酸	1.28	3.2	1.51	3.78
赖氨酸	1.62	4.05	1.62	4.05
蛋氨酸	0.16	0.40	0.45	1.13
苯丙氨酸	0.79	1.98	1.22	3.05
苏氨酸	0.95	2.38	1.17	2.93
色氨酸	0.16	0.40	0.19	0.48
缬氨酸	0.75	1.88	1.03	2.58

尼罗罗非鱼鱼肉氨基酸组成及饲料氨基酸含量推荐值见表3-23。

表 3-23　尼罗罗非鱼鱼肉氨基酸组成及饲料氨基酸含量推荐值　%

氨基酸	鱼苗		成鱼	
	鱼肉	饲料	鱼肉	饲料
异亮氨酸	3.015	1.214	3.65	0.84
苯丙氨酸	2.657	1.876	3.30	0.91
蛋氨酸	1.932	0.213	2.44	0.45
赖氨酸	7.560	1.627	7.73	1.12
苏氨酸	2.902	1.176	4.02	0.94
缬氨酸	3.108	1.634	5.94	1.12
亮氨酸	5.400	2.737	6.83	1.42
组氨酸	2.005	1.116	2.54	0.53
精氨酸	4.928	3.476	5.84	1.45
色氨酸			1.00	0.51

3. 脂肪

罗非鱼对脂肪的需要量为饲料的10%～12.5%。

罗非鱼的必需脂肪酸是亚油酸和花生四烯酸，亚油酸和花生四烯酸的需要量约各占饲料的1%。

4. 碳水化合物

罗非鱼的适宜可溶性碳水化合物蔗糖、葡萄糖和淀粉、糊精的总含量在30%～40%，而粗纤维含量在5%～20%为宜。

5. 矿物质

罗非鱼对饲料中的磷的最适需要量为0.93%，适宜范围是0.8%～1.0%，镁的需求在0.06%～0.08%，对锌的需求为20 mg/kg，铁150 mg/kg，锰12 mg/kg。

6. 维生素

美国学者Lim(1990)推荐在罗非鱼每千克配合饲料中，维生素 A 为 4 000 IU，维生素 D_3 2 000 IU，维生素 K 为 10 mg；维生素 B_1 为 10 mg，维生素 B_2 为 50 mg，泛酸为 10 mg，叶酸为 5 mg，胆碱为 500 mg。半纯合日粮中生物素为 1 mg，肌醇为 400 mg，在配合饲料中则无需添加。

奥尼罗非鱼对维生素 E 的需要量与饲料脂质含量有关，当饲料中 BHA 含量为 120 mg/kg，脂肪含量 3% 时维生素 E 为 10 mg/kg，脂肪含量 6% 时为 25 mg/kg；尼罗罗非鱼在含 5% 脂肪的饲料中需要维生素 E 50～100 mg/kg；长江水产研究所 1990 年推荐配合饲料中维生素 E 推荐值为 200 mg/kg。烟酸的需要量与饲料中的碳水化合物种类有关，以葡萄糖为主时，烟酸的需要量为25～40 mg/kg，以糊精为主时，为 80～120 mg/kg。鱼类的肠道细菌能合成维生素 B_{12}，一般的杂食性鱼类不易产生缺乏症，长江水产研究所推荐尼罗罗非鱼的添加量为 0.05 mg/kg，

维生素 C 的添加量为 100～200 mg/kg，适宜添加形式为多聚磷酸酯化维生素 C。

（五）虹鳟的营养需要

虹鳟幼鱼饲料适宜的可消化能是 14～17 MJ/kg，适宜的能量蛋白比为 40.00～45.4 kJ/g。虹鳟饲料的最适蛋白质含量为 35%～50%，鱼苗阶段为 45%，鱼种阶段为 40%～45%，成鱼阶段为 35%～40%，在虹鳟体重达 2 g 前，饲料中动物性蛋白质必须达到总蛋白质的 1/3，10～15 g 体重期间，饲料中动物性蛋白质必须达到总蛋白质的 1/4，15 g 体重后要达到 1/6。虹鳟对必需氨基酸的需要量见表 3-24。

虹鳟饲料中碳水化合物的适宜需要量为 20%，粗纤维不能高于 5%。

虹鳟鱼苗饲料适宜的脂肪含量为 8%～10%，生长鱼饲料为 6%～8%，亚油酸、二十碳五烯酸、二十二碳六烯酸为虹鳟的必需脂肪酸，必需脂肪酸需要量均为饲料的 1%。

表 3-24　虹鳟对必需氨基酸的需要量(干物质基础)　%

氨基酸	需要量	氨基酸	需要量
精氨酸	2.5	蛋氨酸	0.5
组氨酸	0.7	苯丙氨酸	2.0
异亮氨酸	1.0	苏氨酸	0.8
亮氨酸	1.5	色氨酸	0.2
赖氨酸	2.1	缬氨酸	1.5

虹鳟鱼对矿物质和维生素的需要量见表 3-25、表 3-26。

表 3-25　虹鳟对矿物质的需要量　mg/kg

钙/%	磷/%	镁	锌	锰	铜	钴	铁	硒	碘
0.03	0.7～0.8	0.06～0.07	15～30	13	3	0.1	1.50	0.15～0.25	0.6～2.8

表 3-26　虹鳟对维生素的需要量　mg/kg

维生素	Halver 配方	长野配方
维生素 B_1	12	10
维生素 B_2	40	30
泛酸	56	40
肌醇	800	100
生物素	1.2	0.5
叶酸	3	3
胆碱	1 600	700
烟酸	160	100
维生素 B_6	8	7
维生素 C	400	100
维生素 A/(IU/kg)	4 400	5 000
维生素 D_3/(IU/kg)	880	1 000
维生素 E	80	30
维生素 K	8	1
对氨基苯甲酸	80	70

(六)团头鲂的营养需要

团头鲂对蛋白质的需要量为24%～36%，也有研究认为在21%～31%或25%～30%。粗脂肪含量为2%～5%，碳水化合物为25%～30%。团头鲂夏花饲料适宜能量水平为12.55 MJ/kg，适宜能量蛋白比为35.97 kJ/g。

(七)鲫鱼的营养需要

鲫鱼肉质鲜美，营养丰富，是深受消费者喜爱的优质食用鱼。我国的主要养殖品种有异育银鲫、彭泽鲫和湘鲫等品种。

1.蛋白质和必需氨基酸

鲫鱼生长全程饲料蛋白质的需要量在23%～40%范围内，生长发育前期饲料蛋白质需要量比中后期高。

异育银鲫能较好地利用以畜禽及水产品加工的下脚料为主制成的动物蛋白源。

赖氨酸和蛋氨酸是影响鲫鱼生长的主要因子。中国科学院水生生物研究所试验得出异育银鲫必需氨基酸需要量(占饲料重量的百分比)为：精氨酸0.93%，组氨酸0.47%，异亮氨酸0.74%，亮氨酸1.37%，赖氨酸1.60%，蛋氨酸0.52%，苯丙氨酸0.75%，苏氨酸0.79%，色氨酸0.14%，缬氨酸0.81%。

需要提示的是，鲫鱼在摄食时不像鲤鱼那样积极抢食，一定比例的精氨酸和甘氨酸的混合物对鲫有引诱作用；但精氨酸、丙氨酸和甘氨酸的混合物对鲫鱼有抑制作用；单独的丙氨酸、精氨酸、甘氨酸对鲫鱼也有抑制作用；0.05 mol/L的*L*-丙氨酸有排斥作用，同浓度的谷氨酸和缬氨酸对鲫鱼没有影响。

2.能量

在蛋白质、能量和磷3个因素中，能量是影响彭泽鲫春片鱼种生长最重要的因素，能量水平对生长速度有极显著的影响，并认为鲫鱼配合饲料中能量的适宜量为12.1 MJ/kg，适宜能量蛋白比为40.33 kJ/g，若饲料中能量过多会引起鱼类生长率下降。

3. 碳水化合物

异育银鲫饲料中粗纤维的适宜含量为11%～12%，但它对饲料中粗纤维的消化率为0。当粗蛋白含量为39.3%时，对饲料糖类的最佳需要量为36%。湘鲫鱼种对含蛋白质27%的精制饲料中可消化碳水化合物的需要范围为28.67%～34.74%；纤维素的适宜范围为13.25%～18.91%。

异育银鲫对外源胰岛素敏感性强，且饲料糖含量越高，其敏感性越强。异育银鲫的糖耐量以饲料中25%的糊精水平较适宜。

4. 脂类

异育银鲫对脂肪的最适需要量为5%～8%，饲喂含10%的鳕鱼肝油饲料的鲫鱼，其生长发育快于饲喂5%鳕鱼肝油加5%菜籽油饲料组的鲫鱼，饲喂含10%菜籽油饲料的鲫生长最快。鲫鱼苗对 n-3 系列脂肪酸的需求量较低，饲料干物质中的18:3脂肪酸含量应低于1%，高度不饱和脂肪酸含量应低于0.5%。

5. 维生素

当饲料中缺乏维生素C时，异育银鲫生长缓慢，当精制饲料中结晶维生素C及包膜维生素C含量分别达400和200 mg/kg时，异育银鲫的增重率及肝脏、血浆中的维生素C水平达到最大。当精制饲料中胆碱含量达到0.1%以上时，异育银鲫生长最佳，建议在饲料中添加0.1%的胆碱和400 mg/kg的维生素C。个体重6 g左右的异育银鲫精制饲料中，添加0.05%～0.5%的氯化胆碱，可明显提高增重率，且随氯化胆碱添加量的加大而增加，认为氯化胆碱添加量以0.3%为宜。在饲料中添加100 mg/kg维生素E能有效地促进鲫鱼性腺的发育及产卵。

6. 矿物质

在异育银鲫饲料中随着无机磷的添加，鱼体增重增加，无机磷最适添加量为0.89%。澎泽鲫春花鱼种饲料中有效磷的最优水平为1.2%，饲料磷含量在0.7%～0.9%范围内对鱼体生长的影响不明显。当环境水体含钙、磷分别为 39.1 和 0.005 mg/L 时，异育银鲫精制饲料中钙、磷的适宜含量分别为 0.48%～0.68%和0.92%～1.22%，在鱼粉为基础的饲料中，添加 2%～5%的柠檬酸，虽影响到鲫鱼摄食但对饲料中钙、磷的表观利用率影响不大。

当精饲料中镁含量达 0.04%时，异育银鲫生长最佳。提高碘浓度(KI 的形式)到 18×10^{-9} mg/L，鲫鱼生长最快。

鲫鱼配合饲料中主要营养成分的推荐值见表 3-27。

表 3-27 鲫鱼配合饲料中主要营养成分的推荐值(干物质含量≥87.5%)

饲料种类	饲料成分/%							消化能/(MJ/kg)
	蛋白质	粗脂肪	粗纤维	粗灰分	蛋氨酸	赖氨酸	总磷	
鱼种饲料	≥33	5～8	≤8	≤14	0.70	2.00	≥1.0	12.1
成鱼饲料	28	5～7	≤11	≤12	0.60	1.60	≥0.9	12.0

(八)鳗鲡的营养需要

1. 蛋白质和必需氨基酸

鳗鲡是肉食性鱼类，对饲料中蛋白质含量的要求较高。生长试验表明，日本鳗和欧洲鳗幼鳗对饲料蛋白质的需求在 45%左右。一般鳗鱼苗至鱼种的饲料蛋白质含量为 50%～55%，鱼种至成鱼为 45%～50%，育成鱼为 45%，是鱼、虾养殖中最高的。温室和高密度养殖模式下，蛋白质含量较高，大水面中等密度养殖模式下需要量较低。

和其他鱼类一样，鳗鲡的必需氨基酸是精氨酸、组氨酸、异亮氨酸、亮氨酸、赖氨酸、蛋氨酸、苯丙氨酸、苏氨酸、色氨酸和缬氨酸等 10 种。研究结果表明，鳗鲡对各种必需氨基酸的最低需要量(以饲料蛋白质含量的百分数表示)为：精氨酸 4.2%，组氨酸 2.1%，异亮氨酸 4.1%，亮氨酸 5.4%，赖氨酸 5.3%，蛋氨酸

3.2%(胱氨酸为0%)和2.4%(胱氨酸为2.7%),苯丙氨酸5.6%(酪氨酸为0%)和3.2%(酪氨酸为5.3%),苏氨酸4.1%,色氨酸1.0%,缬氨酸4.1%。鳗鲡比其他鱼类对缺乏必需氨基酸更为敏感。鳗鱼各生长阶段的蛋白质和氨基酸需要量见表3-28。

表3-28　鳗鱼各生长阶段的蛋白质和氨基酸需要量　%

项目	白仔饲料	黑仔饲料	幼鳗饲料	成鳗饲料
粗蛋白质	52～55	47～48	45～46	44～45
精氨酸	2.0	1.9	1.8	1.7
组氨酸	1.0	0.9	0.8	1.3
异亮氨酸	1.9	1.7	1.6	1.5
亮氨酸	2.1	1.9	1.8	1.7
赖氨酸	2.5	2.3	2.1	2.0
蛋氨酸+胱氨酸	1.6	1.5	1.3	1.2
苯丙氨酸+酪氨酸	2.5	2.3	2.1	2.0
苏氨酸	1.9	1.7	1.6	1.5
缬氨酸	1.9	1.7	1.6	1.5
色氨酸	0.6	0.5	0.4	0.4

2.脂肪和必需脂肪酸

脂肪是鳗鲡重要的能量来源,饲料中添加一定量的脂肪有利于促进鳗鲡的生长和节约饲料蛋白质。用蛋白质和脂肪配比不同的3种饲料投喂幼鳗2个月,结果如下:投喂蛋白质含量为41%、脂肪含量为16%的饲料幼鳗生长最快,蛋白质含量为35%、脂肪含量为25%的饲料幼鳗的生长居中,而蛋白质含量为51%、脂肪含量为3%的饲料幼鳗生长最慢。由此可见,脂肪对鳗鲡具有明显的促生长作用。鳗鲡对必需脂肪酸的需求是0.5%的亚油酸和0.5%的亚麻酸或者是1%的亚麻酸。

欧洲鳗日粮中脂肪以不超过10%为宜,而当蛋白质为30%,脂肪为20%时欧洲鳗生长效果最佳。欧洲鳗饲料粗蛋白一般幅度在43%～50%，开口饲料粗蛋白质为51%～55%，粗脂肪范围为13%～25%，一般来说需要膨化饲料后再喷涂油脂才能达到上述指标。

各国鳗鱼饲料脂肪含量标准都定为≥3%，日本饲料脂肪实际含量为5.4%～6.4%，中国为3.1%～7.2%，生产中添加量在3%～12%。

3. 碳水化合物

鳗鱼为肉食性鱼类，在自然界一般不摄取碳水化合物，其消化管道只有体长的0.52～0.84倍，淀粉酶活性较弱，对碳水化合物的消化吸收能力不高。日本鳗饲料中的纤维一般在1%以内，大陆及台湾为0.3%～1.2%，淀粉含量为4%～24%，主要是精制的α-马铃薯淀粉。而欧洲鳗比鲑鳟鱼对于碳水化合物的利用能力高，甚至好于对脂肪的利用能力，当小麦粉38%配以40%蛋白质时的增重表现较好。一般鳗鲡粉状配合饲料中都含有20%～25%的熟化α-淀粉，用作饲料的黏合剂并提供能量来源。

4. 维生素

鳗鲡需要维生素B_1、维生素B_2、维生素B_6、维生素B_{12}、泛酸、烟酸、生物素、叶酸、胆碱、肌醇和维生素C等11种水溶性维生素及维生素A、维生素D、维生素E和维生素K等4种脂溶性维生素。幼鳗维生素E的最低需要量为200 mg/kg(表3-29)。

表3-29 鳗鲡饲料维生素推荐添加量 mg/kg

维生素	添加量	维生素	添加量	维生素	添加量
维生素A/(IU/kg)	15 000	维生素B_2	25	叶酸	5
维生素D/(IU/kg)	3 000	维生素B_6	20	维生素B_{12}	0.05
维生素E	150	泛酸	50	肌醇	200
维生素K_3	10	烟酸	100	胆碱	1 000
维生素B_1	15	生物素	0.5	维生素C	500

总的来说，鳗鲡对缺乏维生素相当敏感，很容易出现维生素缺乏症，而且生产实践证明鳗鲡对维生素的需要量比其他温水性鱼类要高。

5. 矿物质

鳗鲡对矿物质的需要量比一般鱼类要高（表 3-30）。鳗鲡对几种主要矿物元素的最低需要量为钙 2.7 g/kg，磷 0.58 g/kg，磷酸二氢钙的添加量一般为饲料的 1.5%～2.0%。

表 3-30 鳗鲡饲料矿物质推荐添加量 mg/kg

矿物元素	添加量	矿物元素	添加量
Mg	800	Mn	15
Fe	170	Co	1.7
Zn	50	I	0.5
Cu	15	Se	0.2

6. 促摄食物质

鳗鱼对嗜食性物质非常敏感，在饲料中添加促摄食物质有利于改善饲料的适口性，促进鳗鱼的摄食。鳗鱼的促摄食物质包括肝脏粉、脱脂奶粉和各种氨基酸等。

六、主要养殖鱼类的饲养标准

鱼的饲养标准是在测定鱼类营养需要量的基础上，结合各国饲料条件和养殖水平、消费习惯、环境条件等，制定出的鱼类在实际饲喂的环境条件下对各种营养物质的需要量。它是饲料供给动物营养成分种类和数量的科学化、标准化、具体化，是养殖业商品化的标志之一，且随着生产与科学水平的进展而不断得到补充和提高。一般饲养标准所推荐的数量是为满足鱼正常的生理、生长发育的最低营养需要量。随着养殖条件的变化，实际饲养效果，饲养标准的具体数据可做相应的调整。

我国已经制定了鲤鱼、草鱼、团头鲂、罗非鱼和鳗鱼的饲养标准(表 3-31 至表 3-39),其他鱼类可参照美国 NRC 鱼的饲养标准(表 3-40),并结合实际情况进行调整。

表 3-31 鲤鱼配合饲料营养标准 %

项目	鱼苗	鱼种	食用鱼、亲鱼
总能/(MJ/kg)	16.9	15.2	14.7
可消化能/(MJ/kg)	11.8～15.7	11.8～15.7	11.8～15.7
粗蛋白	37～45	31～39	27～35
粗脂肪	8～15	5～12	4～10
亚油酸	1	1	1
可消化糖	30～42	30～42	30～42
粗纤维	≤3	≤8	≤10
粗灰分	≤15	≤14	≤12
总磷	≥1.1	≥1.0	≥0.9
有效磷	0.6～0.7	0.6～0.7	0.6～0.7
赖氨酸	≥2.6	≥2.2	≥1.5
蛋氨酸+胱氨酸	≥1.4	≥1.2	≥0.8
精氨酸	1.9	1.6	1.1
组氨酸	0.9	0.8	0.6
苏氨酸	1.8	1.5	1.1
缬氨酸	1.6	1.4	1.0
异亮氨酸	1.0	0.9	0.6
亮氨酸	1.5	1.3	0.9
苯丙氨酸	2.9	2.5	1.8
色氨酸	0.4	0.3	0.2

表 3-32　鲤鱼配合饲料无机元素和维生素推荐含量营养标准

mg/kg

无机元素	推荐含量	维生素	理论含量	推荐含量
钙	300	维生素 B_{12}	60	10
镁	300～500	维生素 B_2	40～62	20
钾	1 000	烟酸	28	30～40
钠	1 000	泛酸钙	30～50	30～80
氯	1 000	肌醇	440	50～200
铁	100～150	生物素	1.0	0.2～1.5
铜	1～3	维生素 A/(IU/kg)	10 000	2 000～10 000
钴	0.005～0.01	维生素 E	200～300	80～100
锌	150～200	胆碱	400	400～500
锰	12～13	维生素 C	150～200	300～500
碘	0.1～0.3			
硒	0.15～0.4			

表 3-33　草鱼配合饲料营养标准　%

项目	鱼苗	鱼种	食用鱼、亲鱼
总能/(MJ/kg)	16.0	15.6	15.2
粗蛋白	≥40	≥30	≥25
粗脂肪	6～8	4～7	4～7
粗纤维	≤3	≤8	≤12
粗灰分	≤14	≤13	≤12
总磷	≥1.0	≥1.0	≥ 0.9
赖氨酸	≥2.5	≥1.5	≥1.25
蛋氨酸＋胱氨酸	≥1.5	≥0.9	≥0.7
精氨酸	—	1.68	1.4
组氨酸	—	0.67	0.56
苏氨酸	—	1.01	0.84
缬氨酸	—	1.36	1.13
异亮氨酸	—	1.18	0.98
亮氨酸	—	1.98	1.85
苯丙氨酸	—	1.09	0.91
色氨酸	—	0.24	0.20

表 3-34 草鱼配合饲料无机元素和维生素推荐含量营养标准

mg/kg

无机元素	含量	维生素	含量
钙	2 000	维生素 B_1	60
镁	300	维生素 B_2	200
钾	4 600	烟酸	800
钠	2 000	泛酸钙	280
氯	300	肌醇	4 000
铁	200	生物素	6
铜	4	对氨基苯甲酸	400
钴	0.12	维生素 E	100
锌	40	胆碱	8 000
锰	20	维生素 C	600
碘	0.8	维生素 B_6	40
硫	970	叶酸	15
		维生素 K	40
		维生素 B_{12}	0.09

表 3-35 团头鲂(武昌鱼)配合饲料营养标准 %

项目	鱼种	食用鱼、亲鱼
总能/(MJ/kg)	15.8	15.5
粗蛋白	≥33	≥25
粗脂肪	3.5～6	2.5～5
粗纤维	≤10	≤12
粗灰分	≤14	≤12
总磷	≥1.1	≥0.9
赖氨酸	≥1.98	≥1.6
蛋氨酸＋胱氨酸	≥1.15	≥0.9
精氨酸	2.27	1.72

续表 3-35

项目	鱼种	食用鱼、亲鱼
组氨酸	0.67	0.51
苏氨酸	1.31	0.99
缬氨酸	1.66	1.26
异亮氨酸	1.57	1.19
亮氨酸	2.3	1.75
苯丙氨酸	1.49	1.13
色氨酸	0.22	0.17

表 3-36　团头鲂配合饲料无机元素和维生素推荐含量营养标准

mg/kg

无机元素	含量	维生素	含量
钙	3 100～10 700	烟酸	20
镁	450	泛酸钙	50
钾	4 100～5 700	肌醇	100
钠	1 400～1 500	胆碱	100
氯	300	维生素 C	50
铁	100～480	维生素 K	20
铜	5		
钴	1		
锌	20		
锰	20～50		
碘	0.6		
硫	970		
硒	0.12		

罗非鱼比较耐粗饲，对营养素的要求比鲤鱼低。下面的 2 个表是我国颁布的《尼罗罗非鱼配合饲料营养标准》中推荐的各项指标。

表 3-37 尼罗罗非鱼配合饲料营养标准 %

项目	鱼苗	鱼种	食用鱼、亲鱼
总能/(MJ/kg)	16.0	15.8	15.5
粗蛋白	≥40	≥30	≥28
粗脂肪	6～9	5～8	5～8
粗纤维	≤3	≤8	≤10
粗灰分	≤14	≤13	≤12
总磷	≥1.0	≥1.0	≥0.9
赖氨酸	≥2.6	≥1.5	≥1.4
蛋氨酸＋胱氨酸	≥1.5	≥0.9	≥0.8
精氨酸	—	1.75	1.5
组氨酸	—	0.68	0.6
苏氨酸	—	0.97	0.9
缬氨酸	—	1.33	1.2
异亮氨酸	—	1.15	1.02
亮氨酸	—	1.91	1.76
苯丙氨酸	—	1.09	0.98
色氨酸	—	0.31	0.28

表 3-38 尼罗罗非鱼配合饲料无机元素和维生素推荐含量营养标准

mg/kg

无机元素	含量	维生素	含量
钙	120～2 000	维生素 B_1	25
镁	180～300	维生素 B_2	100
钾	2 700～4 600	烟酸	375
钠	1 200～2 000	泛酸钙	200
氯	180～300	肌醇	1 000
铁	120～200	生物素	2.5
铜	2.4～4	对氨基苯甲酸	200

续表 3-38

无机元素	含量	维生素	含量
钴	0.07～0.12	维生素 E	200
锌	20～40	胆碱	2 500
锰	12～20	维生素 C	500
碘	0.48～0.8	维生素 B_6	25
硫	450～970	叶酸	7.5
		维生素 K	20
		维生素 B_{12}	0.05

表 3-39　鳗鲡配合饲料营养含量指标(行业标准 SCI 004—92)　%

饲料种类	粗蛋白	粗脂肪	粗纤维	粗灰分	钙	磷
白仔(＜0.5 g)	＞52.0	＞3.0	＜0.8	＜18.0	＜4.6	＞1.5
黑仔(＜0.5～2.0 g)	＞47.0	＞3.0	＜0.8	＜18.0	＜4.6	＞1.5
幼鳗(＜2.1～15 g)	＞46.0	＞3.0	＜1.0	＜18.0	＜4.6	＞1.5
成鳗(＞15 g)	＞45.0	＞3.0	＜1.0	＜18.0	＜4.6	＞1.5

表 3-40　主要养殖鱼类的饲养标准(NRC,1993)

项目	斑点叉尾鮰	虹鳟	大西洋鲑	鲤鱼	罗非鱼
消化能/(MJ/kg)	12.55	15.06	15.06	13.39	12.55
蛋白质(可消化蛋白质)/%	32(28)	38(34)	38(34)	35(30.5)	32(28)
精氨酸/%	1.20	1.50	2.04	1.31	1.18
组氨酸/%	0.42	0.70	0.61	0.64	0.48
异亮氨酸/%	0.73	0.90	0.75	0.76	0.87
亮氨酸/%	0.98	1.40	1.33	1.00	0.95
赖氨酸/%	1.43	1.80	1.70	1.74	1.43
蛋氨酸＋胱氨酸/%	0.64	1.00	1.36	0.94	0.90
苯丙氨酸＋酪氨酸/%	1.40	1.80	1.73	1.98	1.55
苏氨酸/%	0.56	0.80	0.75	1.19	1.05

续表 3-40

项目	斑点叉尾鮰	虹鳟	大西洋鲑	鲤鱼	罗非鱼
色氨酸/%	0.14	0.20	0.17	0.24	0.28
缬氨酸/%	0.84	1.20	1.09	1.10	0.78
n-3 脂肪酸/%	0.5～1.0	1.0	1.0～2.0	1.0	
n-6 脂肪酸/%		1.0		1.0	0.5～1.0
钙/%	R	1	NT	NT	R
氯/%	R	0.9	NT	NT	NT
镁/%	0.04	0.05	NT	0.05	0.06
磷/%	0.45	0.60	0.60	0.60	0.50
钾/%	R	0.70	0.80	NT	NT
钠/%	R	0.6	NT	NT	NT
每 1 kg 饲粮中添加					
铜/mg	5	3	NT	3	R
碘/mg	1.1	1.1	0.6～1.1	NT	NT
铁/mg	30	60	NT	150	NT
锰/mg	2.4	13	R	13	R
锌/mg	20	30	R	30	20
硒/mg	0.25	0.30	R	NT	NT
维生素 A/IU	1 000～2 000	2 500	2 500	4 000	NT
维生素 D/IU	500	2 400	NT	NT	NT
维生素 E/IU	50	50	50	100	50
维生素 K/mg	R	R	R	NT	NT
核黄素/mg	9	4	7	7	6
泛酸/mg	15	20	20	30	10
尼克酸/mg	14	10	R	28	NT
维生素 B_{12}/mg	R	0.01	R	NR	NR
胆碱/mg	400	1 000	800	500	NT
生物素/mg	R	0.15	R	1.0	NT

续表 3-40

项目	斑点叉尾鮰	虹鳟	大西洋鲑	鲤鱼	罗非鱼
叶酸/mg	1.5	1.0	2.0	NR	NT
硫胺素/mg	1.0	1.0	R	0.5	NT
维生素 B_6/mg	3.0	3.0	6.0	6.0	NT
肌醇/mg	NR	300	300	440	NT
维生素 C/mg	25～50	50	50	R	50

注:①这些需要量用纯合日粮研究确定。纯合日粮中的营养物质消化率很高,因此,提供的数据代表了近 100%的生物利用率。②R 是日粮中需要但还未确定,NR 证明在实验条件下日粮中不需要,NT 是未测定,E 是估计值。③商品饲粮中典型能量浓度。

本章重点提示:

在选择原料补充各种营养元素时要遵循优质互补原则,例如脂肪酸败了会严重影响鱼类的生长和机体健康。原料尽可能地选择多种,但许多蛋白粉类原料慎用,因为蛋白粉类原料在生产过程中添加许多对鱼类有毒性的物质,会造成鱼类死亡,例如,菌体蛋白、粉丝蛋白、大米蛋白粉等。

第四章　淡水养殖管理新概念

本章知识新亮点：

本章主要讲述精养池塘的基本条件、苗种培育技术、成鱼养殖技术和颗粒配合饲料的投饲技术。重点突出与影响水产饵料合理使用有关的水产养殖技术，力求达到阐述内容的针对性强和可操作性强。

一、鱼类的生态要求

（一）池塘基本要求

池塘是鱼类的栖息、生长场所，水产养殖的一切生产活动都依靠池塘得以实现，所以池塘条件的优劣直接关系到养殖效果。精养池塘的基本生态条件主要包括：池塘条件和水质要求 2 方面。其中池塘条件包括池塘位置、面积、形状与走向、水深以及池塘土质等条件；水质要求中包括生物学指标要求和主要理化指标。只有首先保证池塘的高产要求，才能在养殖中获得高效。对一般鱼塘的要求主要有以下几方面：

1. 位置

鱼池应选择在水源充足，排、注水方便，交通便利，有利于鱼种、成鱼、饲料运送的地方。同时要远离噪声，为养殖鱼类提供一个安静、少受惊吓的生长环境。

2. 面积

池塘面积适宜，一般在 667～6 670 m^2。面积过小，水体条件变化太剧烈，不利于水质稳定；池塘面积稍大，鱼类的活动空间相对较大，水体变化不会太剧烈，水质也较小水体稳定；水面的受风作用大，有利于池水增氧，更重要的是表层和底层的水体借助风力不断混合，改善下层水的溶氧状况，加速水体物质的循环，从而改善鱼池生态环境。但面积过大容易造成鱼类吃食不均匀，不利于捕捞和日常管理。

3. 池塘形状与走向

精养池塘要求长方形，东西长、南北宽，长宽比为 5∶3 最好。其优点是可延长光照时间，便于拉网操作，注水时也易造成池水的流转交换。另外，池塘周边应无高大树木和高大建筑物，以免遮光、挡风。

4. 水深

池塘的水深应视具体条件而定。苗种池水深在 0.5～2.0 m。而成鱼池春季水深在 0.6～1.0 m，有利于水体升温，提早开食；夏季高温季节水深应保持在 1.5～2.5 m。水体过浅，单位水体的载鱼量小；水较深时，可使水体体积增大，水温变化小，水质容易稳定，对鱼类生长有利；但超过 3 m，下层光照弱，浮游植物量少，不利于生物增氧，溶氧量一般在 1 mg/L 以下，不利于鱼类生长，同时下层水温较低，影响中、下层鱼类摄食和生长。

5. 土质

鱼池土质分 3 类，即沙土质、黏土质、壤土质。其中壤土最好，黏土次之，沙土最差。

(二)水质基本要求

“肥”、“活”、“嫩”、“爽”是精养池塘水质的基本标准。“肥”指水要有一定的肥度，易消化的浮游生物量在 50～100 mg/L，透明度为 20～40 cm。如果透明度小于 20 cm 则水质过肥，这类水蓝藻过多；如透明度大于 40 cm 则是“瘦水”，瘦水水色发黄。“活”是指池水早红(青)晚绿，水色有日变化，说明藻类处于繁殖盛期。“嫩”是水色鲜嫩不老化，易消化的浮游植物较多。“爽”是指水质清爽，水面无浮膜，透明度一般在 20～25 cm，水中含氧量高。

常见养殖水质的判断方法：劣质水体一般浮游植物量较多，但鱼类难以消化。常见劣质水体水色有：暗绿色水，气温较高时常有暗绿色或黄绿色浮膜，水体中甲藻类、裸藻类含量较多；灰绿色水，水体混浊，透明度较小，水体中颤藻类、蓝藻类含量较多；蓝绿色水，透明度小，混浊度大，水中微囊藻、蓝藻、绿藻等含量较多。

优质肥水呈黄褐色或油绿色，透明度在 20～40 cm；鱼类易消化的硅藻、隐藻或金藻较多，且浮游动物也较多。

肥水按水色不同可分为 2 种：褐色水（黄褐、红褐、褐带色），浮游植物优势种类多为硅藻和隐藻；绿色水（油绿、黄绿、绿中带褐），浮游植物优势种类多为绿藻和隐藻。

“水华”水（俗称“乌云水”）：“水华”水是在肥水基础上进一步发展形成的，池水呈蓝绿色、绿色带状或云块状，藻类过度繁殖，若遇天气突变（如雷阵雨），易引起藻类大量死亡，水质突变，水色发黑，继而转清，变为臭清水；大量死亡的藻类不但产生毒素，而且消耗大量水体溶氧，极易引起鱼类大批死亡，因此，在养殖中应给以足够的重视。

二、鱼苗、鱼种培育新概念

鱼类的生长是连续的，但在人工养殖条件下，为了提供良好的生活环境，将它们的生长分为苗种培育和成鱼饲养 2 个阶段。苗种培育又分为鱼苗培育和鱼种培育 2 个层次。生产中苗种的分段细分为“鱼苗”（水花，鱼花）、“鱼种”、“成鱼”。

鱼苗培育阶段：生产中鱼苗又叫“水花”、“鱼花”，是指鱼卵刚孵出的幼鱼。体长 6～8 mm，依靠卵黄囊提供营养，不需摄食；孵出 3～4 d 卵黄消耗完毕，开始摄食，同时能水平游动，并出现鱼鳔（腰点）。“夏花”鱼种是鱼苗经 15～20 d 精细饲养，体长 3 cm 左右的幼鱼，或称“火片”。

鱼种培育阶段：鱼种是指 3 cm 以上的鱼苗，但还未达到商品规格。“夏花”继续饲养并分塘稀养 3～5 个月，体长达 10～20 cm 的幼鱼，又叫“秋片”鱼种。“秋片”鱼种越冬后叫“春片”鱼种。它们通称为 1 龄鱼种。1 龄鱼种再分塘饲养 1 年，称 2 龄鱼种或“老口鱼种”。

(一)鱼苗、鱼种的生物学特点

1. 外形特征

刚下塘的鱼苗全长 7～8 mm，卵黄囊刚刚消失，开始摄食饵料，多数器官尚未形成，属于稚鱼阶段。不同品种的鱼苗，很难从外形上加以区别。当鱼苗长到 1.5 cm 时，进入幼鱼阶段，外形上开始分化。主要养殖鱼类鱼苗外形鉴别见表 4-1。

表 4-1　主要养殖鱼类鱼苗外形鉴别

鱼苗	体形	体色	色素	鳔(腰点)	尾部
草鱼	较青、鲢、鳙鱼短小，但比青鱼苗胖	淡橘黄色	明显，起自鳔前，达肛门之上	椭圆形，较狭长而小，距头部近	尾小如笔尖状，具红色血管丛，俗称“红尾巴”
青鱼	体长，略呈弯曲，俗称“驼背”青鱼	淡黄色	灰黑色，明显，起自鳔前直至尾端，在鳔处略向上弯曲	椭圆形，较狭长，前端钝，后端尖	不规则小黑点，俗称“芦花尾”
鲢鱼	体平直，仅小于鳙鱼苗和青鱼苗	灰白、灰黑	明显，起自鳔前直至尾部，但不到脊索末端	椭圆形，前端钝，后端尖	上下叶具二黑点，上小下大，尾呈切刀形
鳙鱼	体较大，肥胖	嫩黄色	黄色，自鳔前达肛门之上	椭圆形，较鲢鱼大，距头部远	下叶具一黑点，尾呈“蒲扇形”

续表 4-1

鱼苗	体形	体色	色素	鳔(腰点)	尾部
鲤鱼	粗、短,头大,鳔后逐渐缩小	浅褐黄色	灰黑色	卵圆形,后端稍尖	尖细
鲫鱼	短小楔形,鳔后逐渐缩小	浅黄色	粗,呈黑色	椭圆形,前端钝,后端尖	尾鳍褶圆形,下叶有不规则黑色素丛
团头鲂	细而短	透明无色	无	较小,卵圆形	尾鳍褶后缘平截,俗称"刀切尾"
鲮鱼	短小而胖	稍呈红色	无	葫芦形,前端钝,后端尖	尾鳍褶圆形,基部有一丛星状色素

2. 鱼类的食性变化

参见本书第三章"一、鱼类的食性"。

3. 苗种的水质要求

鱼苗对环境条件要求较高。首先对溶氧要求较高,鱼苗代谢强,耗氧量高,必须供给充足的溶氧才能健康生长。据测定 2.9 mg 的鲢鱼苗,在 25.7℃水温下,每小时耗氧 3.09 mg/g 体重,到夏花阶段体重 830 mg 时,每小时耗氧 0.64 mg/g 体重,鱼苗耗氧量是夏花的 5 倍左右。其次对 pH 的要求严格,适宜 pH 范围较成鱼阶段窄,pH 在 7.5～8.5 最合适,低于 7.0 或高于 9.5 生长受抑制。同时对氨的适应能力差,水体氨浓度大于 3 mg/L 时,生长受抑制。对盐度的适应不能大于 3‰,否则成活率较低。如鲢鱼在 5.5‰盐度水中不能存活。

4. 鱼苗、鱼种质量鉴别

优质青鱼体色灰白,鱼体越健壮,体色越淡。草鱼体色淡金色,越健壮淡金色越明显。鲢鱼背部银灰,两侧及腹部银白。鳙鱼淡金色，鱼体黑色斑点不明显，越健壮，黑色斑点越不明显，金色越显著。鲤鱼体表金黄色，尾部略呈橘红。鱼苗、夏花鱼种优劣鉴别见表4-2。

表4-2　鱼苗、夏花鱼种优劣鉴别

类别	鉴别方法	优质	劣质
鱼苗	看体色	群体色素相同，无白色死苗，身体清洁，略带微黄色或稍红	群体色素不一，具白色死苗，鱼体拖带污泥，体色黑灰
	看游动情况	在鱼篓内，搅动水体产生旋涡，鱼在旋涡边缘逆水游动	鱼苗大部分被卷入旋涡
	抽样检查	在白瓷盆中，口吹水面，鱼苗逆水游泳；倒掉水后，鱼苗在盆中剧烈挣扎，头尾弯曲成圆圈状	在白瓷盘中口吹水面，鱼苗顺水游动；倒掉水后鱼苗挣扎力弱，头尾仅能扭动
鱼种	看出塘规格	同种鱼苗规格整齐，夏花体长3～4 cm。鲤鱼最好在50～150 g，草鱼规格较大100～250 g较好	同种鱼体大小不一
	看体色	体色鲜艳，有光泽，体表有一层薄黏液	体色暗淡无光，变黑或变白
	看活动情况	跳动活泼，集群游动，受惊后迅速潜入水底，不常在水面停留，抢食力强。在水体中头部向下，只见尾部向上摆动	行动迟缓，不集群，在水面漫游，抢食能力弱
	抽样检查	鱼在白瓷盆中狂跳。身体肥壮，头小背厚。鳞、鳍完整，体型无畸形，无寄生虫	在白瓷盆中很少跳动。身体瘦弱，背薄，鳞、鳍残缺，有充血或异物附着

(二)鱼苗培育

饲养条件较好技术熟练的情况下，鱼苗到夏花的培育时间是15～20 d。鱼苗到夏花阶段的培育指标是：成活率60%～80%，规格达到2.6～3.3 cm，大小整齐，体质肥壮。提早分塘的乌仔体长在1.7～2.3 cm。

1. 鱼苗池的选择与清整

(1)鱼苗池的选择　水源充足，排注方便，水质良好，不含有毒物质；池形整齐，面积大小适当，鱼苗池一般在1 300～4 000 m^2，前期水深保持0.5～1.5 m；池长方形，东西走向；鱼池向阳，池周无遮挡物；池堤坚固，池底平滑不漏水，池底淤泥10 cm左右，无杂草。

(2)鱼苗池的清整　鱼苗池必须进行清整，修整池堤塌陷部分，清除过多淤泥；排水晒塘；冬季干塘晒冻可减少病患，加速池底有机物分解，提高水体肥力；重要的是放养前必须进行药物清塘，常用方法如下：

①生石灰法清塘　生石灰法清塘的作用原理是利用生石灰遇水反应，放出大量热量，使池水pH在短时间内提高到11以上，杀死野杂鱼、敌害生物及病原体。

生石灰清塘分2种：一种是干法清塘，池塘水深5～10 cm，每667 m^2 水面用生石灰50～75 kg，将生石灰加水化开趁热均匀泼洒。为了提高清塘效果，可用铁耙翻动塘泥，使生石灰和淤泥充分混合。另一种是带水清塘，池水深1 m，每667 m^2 水面的生石灰用量125～150 kg，全池化水泼洒。

生石灰清塘效果：A. 杀死鱼类寄生虫、病原菌和敌害；B. 改良水质，中和底质，提高池水pH，养殖季节泼洒生石灰可以澄清池水；C. 促使淤泥释放出氮、磷、钾营养元素，从而促进浮游植物的繁殖，提高水体肥力；同时，生石灰可直接起施肥作用，钙为动、植物不可缺少的营养物质，有利于浮游生物的繁殖，可以节约配合饲料中钙的添加量。

生石灰清塘应注意的事项：A. 应施用质量好的块状生石灰，洁白不含杂质；现用现配，以防失效；B. 如果池水硬度较大，施用石灰量会相应增加；C. 池底淤泥较厚，生石灰量增加10%，必要时用铁耙翻动底泥，使生石灰与底泥充分混合，增强清塘效果；D. 生石灰毒性失效时间长，为10 d左右，下塘时间应在毒性完全消失后，有时还可以放试水鱼，检验毒性是否消失。

②漂白粉法清塘　漂白粉法清塘作用原理是漂白粉遇水分解出次氯酸，次氯酸释放出新生态氧，具有强烈的杀菌和杀灭敌害生物的作用。

漂白粉用法：干法清塘，水深5～10 cm，每667 m^2 水面用量5～10 kg；湿法清塘，水深1 m，每667 m^2 水面用量13.5 kg（20 ppm），全池化水泼洒。

漂白粉法清塘效果：漂白粉清塘效果同生石灰，但漂白粉的药效消失快，对急用的鱼塘较为合适，但肥水效果较差，且不能提高水体的碱性。

漂白粉清塘应注意的事项：A. 有效氯含量必须要求在25%～30%，含量过低用量不好控制，清塘效果也受影响；B. 溶解漂白粉不能使用金属容器，应用木质或塑料容器，以免发生化学反应；C. 漂白粉应现买现用，防止挥发，分解失效；D. 泼洒时应防止氯气中毒，污染腐蚀衣物，如果有风，应从上风处开始向下风处泼洒；E. 泼洒后3～5 d便可放养鱼类。

2. 肥水下塘

肥水下塘是在鱼苗放下塘前，通过施有机肥或无机肥（每667 m^2 水面300～400 kg），把水质培肥，使池水产生丰富的适合鱼苗采食的天然饵料（浮游生物），以达到生长快，成活率高，饲养期短的效果。

肥水下塘的生物学原理是利用浮游生物发展规律和鱼类的

个体发育中食性变化规律的一致性。各种浮游生物繁殖的速度和出现高峰的时间不同，一般顺序为：浮游植物和原生动物→轮虫和无节幼体→小型枝角类→大型枝角类→桡足类。从鱼苗下塘到全长为 15～20 mm 的过程中食性变化规律一般是：轮虫和无节幼体→小型枝角类→大型枝角类→桡足类。鱼苗的适时下塘应利用两者的一致性，使鱼苗各个阶段都有丰富适口的天然饵料，所以，鱼苗要在池水轮虫达到高峰时，适时放养。轮虫高峰的确定可用玻璃烧杯取 1 mL 水，若有 10 个小白点，说明处于高峰阶段。当水色为黄绿色、淡黄色、嫩绿色或灰白色时(轮虫较多)下塘。

如果施肥过早，鱼苗下塘时轮虫高峰已过，大型枝角类大量繁殖，它们不但不能作为初下塘的鱼苗饵料，而且间接与鱼苗争食，因此，鱼苗将不能正常生长，成活率将大大下降。施肥过晚，鱼苗下塘时，轮虫高峰还没有出现，鱼苗同样因无适口饵料而生长不好，所以，适时施肥培育水质和鱼苗适时下塘，是养好鱼苗的关键。

鱼苗下塘前，轮虫数量达到 10 000 个/L 左右，生物量达到 20～40 mg/L 为好。轮虫繁殖的高峰期通常持续 3～5 d，次后由于敌害生物或食物的缺乏而迅速下降。在轮虫尚未达到高峰时，小型枝角类便零星出现，继而数量逐渐增加，它们会摄食水中的浮游植物、细菌和有机碎屑，从而抑制轮虫的繁殖。小型枝角类零星出现时，可用 0.03～0.05 g/m^3 水体终浓度的晶体敌百虫杀灭；同时加施有机肥，可以延长轮虫高峰期，若大型桡足类出现，应以 0.3～0.5 g/m^3 水体终浓度的晶体敌百虫杀灭，否则轮虫将不复存在。

3. 鱼苗放养

鱼苗放养密度直接影响鱼苗的成活率和生长。按品种单养，放养量为每 667 m^2 水面放 15 万～20 万尾；若先养成 1.7～2.0 cm 的

“乌仔”，每 667 m^2 水面放养 20 万～25 万尾；由“乌仔”养成 3 cm“夏花”（寸片），每 667 m^2 水面放养量为 3 万～5 万尾。确定放养密度应根据鱼苗、水源、饲料和肥料来源、池塘条件、饲养水平等情况灵活掌握。鱼苗放养的注意事项如下：

（1）鱼苗要适时下塘，鱼苗孵出 4～5 d，能够正常水平游动和摄取外界食物应立即下塘，如果下塘过早，鱼苗活动能力弱，摄食能力差，会沉入水底而死亡，鱼苗下塘过晚，已从内源性营养转化至外源性营养期，鱼苗因缺乏营养而体质差，成活率低（正常成活率 60%～80%）。

（2）每塘要放同批鱼苗，因为不同批鱼苗身体大小、强弱不同，摄食能力不同，影响成活率和鱼苗整齐度。

（3）放养水温不低于 15℃，装鱼苗的容器内水温与池塘水温差不超过 3℃。鱼苗箱应先放入池中减少温差后再放开。

（4）有风天应在池塘上风处放鱼苗，以免鱼苗被吹到池边致死。

（5）清塘药物药性失效后方可放养鱼苗。

4. 鱼苗的饲养方法

（1）有机肥、豆浆混合饲养法　这种方法可以充分利用水体培养天然饵料，节约精料，养殖效果好，也是生产中常用的方法。具体方法是：在鱼苗下塘 5～7 d 后，每 667 m^2 水面鱼苗池再施用腐熟粪肥 100～150 kg。也可以从鱼苗下塘开始，每天泼洒家畜粪汁 50 kg 或人粪尿 30 kg，分上、下午 2 次泼洒。

与此同时每天泼洒豆浆，做到“细如雾，匀如雨”，让全池鱼苗都能吃到。一部分豆浆会被鱼苗吞食，但由于鱼苗的鳃部构造不完善，所以大部分豆浆还是起到肥水培育浮游生物的作用。下塘后开始的 1～5 d，鱼苗摄食能力不强，每天上、中、下午各泼浆 1 次，每 667 m^2 水面用黄豆 3～4 kg，饲养 6～10 d 后，鱼苗主要以水蚤等枝角类为食，可以在上午 8:00，下午 13:00 各泼浆 1 次，每天用黄豆 2.5 kg 左右。鱼苗下塘 11～15 d，池塘中大型浮游动物不多，为满足鲤、草、青鱼苗的生长需要，需在喂浆的同时加喂豆渣、豆饼糊或磨碎酒糟，防止鱼苗得“跑马病”。

豆浆的制作方法：在水温 25℃时，黄豆在水中浸泡 5～7 h，每 1 kg 黄豆可磨浆 20～30 kg，滤渣泼洒，磨出的豆浆不能兑水，不能久放，以免发生沉淀。

(2)豆浆饲养法　豆浆饲养法与有机肥、豆浆混合饲养法的区别在于饲养期间不施有机肥，只增加豆浆用量。豆浆既能喂鱼，又能肥水，能保证水质稳定，鱼苗生长均匀，成活率高，出塘规格整齐，但投入大。下塘后开始每天每 667 m^2 水面用 3～4 kg 黄豆磨浆，5 d 后增加到 5～6 kg，根据水色调整用量。一般养成1 万尾鱼苗需黄豆 7～8 kg，传统方法泼洒要达到“三遍两满塘”，上午 8:00～9:00 和下午(14:00～15:00)各泼洒 1 次，全池泼洒，中午沿池塘周围泼洒 1 次。目前多采用每天泼洒 4～6 次。

(3)草浆饲养法　草浆饲养法是用高速打浆机，将各种高产水生植物或陆生植物打成浆，每天向苗种池泼洒 2 次，每 667 m^2 水面日泼 50～70 kg 草浆。草浆含有丰富的营养，和豆浆一样，草浆一小部分被鱼苗吞食；而大部分则被细菌等微生物迅速分解，起到肥水作用。草浆法饲养鱼苗，省料、省时、成本低、肥水效果好，鱼苗生长也健壮，但是适合在水草丰富的南方适用。

5.日常管理

(1)分期注水　鱼苗刚下塘水深保持 50～70 cm，然后 3～5 d 注水 1 次，每次加注 10～15 cm，随水温的逐步升高加至最深水位。整个鱼苗培育阶段加水 3～4 次。保持鱼苗始终生活在清新的水环境中，有充足的溶氧和浮游生物。鱼苗培育阶段保持较浅水深，可以快速提高水温，加速有机肥的分解，提高鱼苗对天然饵料的利用率，节省精料用量。

(2)坚持巡塘　坚持每天早、中、晚巡塘，观察鱼苗吃食、生长、浮头和疾病情况，及时捞除敌害，确定投饲、施肥情况等，并做好池塘日志。

(三)鱼种培育

饲养的夏花鱼种体长虽然已达 3.0 cm，但是御敌和觅食能力都差。如直接把夏花放入池塘饲养商品鱼，成活率低，水体不能充分利用。需要把夏花放在一个相对较小的池塘中，经过 3～5 个月的饲养，使鱼种体质增强，然后再放入成鱼池塘饲养。

1. 鱼种池准备

鱼种池条件与鱼苗池相似，但池塘面积为 2 600～5 300 m^2，水深 1.5～2.0 m。清整方法参照鱼苗池清整部分。为了培育天然饵料生物，必须提前施基肥，夏花鱼种的食性已经开始分化，但仍然喜食浮游动物，而且食量大，生长快。因此在夏花下塘前，鱼池应施足有机肥。一般每 667 m^2 水面施用 200～400 kg 发酵粪肥，培养浮游生物，这是提高鱼种产量的重要措施。以鲢、鳙鱼为主的鱼种池，基肥相应多施，应在池水轮虫高峰期下塘。以鲤、青、草鱼为主的夏花鱼池，应在枝角类高峰时下塘。

2. 鱼种放养

夏花鱼种已经逐步具有成鱼的食性和习性，为了充分利用水体和天然饵料，也为了以后鱼种适合混养，在鱼种培育阶段必须实行多品种混养，但混养种类不能太多，原则上是上、中、下层鱼 2～3 种混养，以 1 种鱼为主养鱼类，主养鱼占放养量的 50%以上，再配养一些其他鱼类，最终的目标是各种鱼类的出塘规格大致相同。

以鲢鱼为主的鱼种池塘，一般放养鲢鱼夏花 60%～65%，再混养鳙鱼夏花 10%～15%，草鱼夏花 30%～20%；或者混养鳙鱼夏花 10%，草鱼夏花 10%，鲤鱼夏花 10%。

以鳙鱼为主的鱼种池塘，放养鳙鱼夏花 60%，混养草鱼夏花 20%，鲤鱼夏花 20%。

以草鱼为主的鱼种池塘，放养草鱼夏花 65%～70%，鲢鱼夏花 25%～30%，鳙鱼夏花 5%。

以上 3 种模式都应该放养少量鲤鱼夏花，有利于充分利用底栖生物和掘动底泥来改良水质。一般放养时主养鱼先放 7～10 d，而后再放配养鱼。

以鲤鱼种为主的模式中，鲤鱼种放养占 60%～70%，混养草鱼 5%～10%，白鲢 20%～30%，鳙鱼 5%。

3. 鱼种饲养方法

(1)以鲤鱼种为主的饲养方法

早期驯化：夏花刚下塘，先用 0.5 mm 的破碎料驯化小鱼，使其习惯于定点、定时、上浮抢食。如果是投料机投喂，投喂的量和时间都要准确，避免浪费。并根据鱼体生长和水温情况灵活掌握。鲤鱼种要上浮到水面抢食，需要 5～8 d，每次喂时都固定敲击声响，使其养成习惯。同时在料台喂料区用纱布包饲料吊兜让鱼种拱食，每天检查饲料，倒掉残饵再添加新料。鲤鱼种全价配合饲料要求：饲料蛋白 40%～50%，饵料系数约为 0.8～1.3。

投喂频率及投饲量：驯化期间每天投喂 4～5 次，每次 30 min。鱼种达 50 g 时，日投饵 3～4 次，日投饲率 10%～12%，水温下降到 15℃，日投 2 次，投饵率为 3%～5%，投喂量要灵活掌握，以大部分鱼不再抢食为准，保持八成饱。过度投饲浪费饲料，也会使水质恶化，必须坚持“四定投饲”。

投食方法：要坚持“定时”、“定点”、“定量”、“定质”四定法投喂。

利用上述颗粒饲料养殖鲤鱼鱼种，鲤鱼种占 80%～85%，鲢、鳙鱼占 15%～20%，每 667 m^2 水面放养鱼种 3 万～5 万尾，单产可达 1 300～1 500 kg，鲤鱼种规格可达 50～100 g 左右。

(2)以草鱼为主的饲养方法　以草鱼为主饲养法与鲤鱼相同，但应注意 1 龄草鱼抢食力强，食量大，消化能力差，生长快，往往会因暴食而易患肠炎，所以要严格控制摄食量，并辅助嫩草，平均每天每万尾喂草 50～60 kg 为好，调节肠道功能。而且饲料要洗净，必要时用漂白粉消毒。在草鱼体长达 8.2 cm 以前，颗粒饲料粗蛋白要求 40%～45%，体长达 10 cm 以上时，粗蛋白可减为 30%。

(3)以鲢、鳙鱼种为主养的饲养方法　鲢、鳙鱼种为主养的饲养，主要是培养池水中的浮游生物。为了加快鱼种的生长速度可投喂散料，每日每万尾投喂豆饼浆 3～4 kg，以后逐渐加到 5～8 kg，分上、下午 2 次投喂。以施肥为主的池塘，每隔 1 日施有机肥 1 次，每 667 m^2 水面施有机肥 100～200 kg，无机肥 150～200 kg，然后辅助精料(如豆饼等)。另外，用陆、水草洗净打浆泼洒，1 日泼洒 2 次，每天每 667 m^2 水面用草浆 60～80 kg，此法饲养鲢、鳙鱼效果较好。

4. 日常管理

日常管理的基本内容包括早、晚各巡塘 1 次，及时发现问题及时解决；另外保持池塘卫生、清除残饵和杂草、消毒食台，做好防逃、防病，并做好池塘日志。

(1)水质管理　俗话说："管好一池水，养好一池鱼"，管好水主要做好以下 3 个方面的工作。

(2)施追肥　鱼种下塘后对池水追肥，培肥水质，使天然饵料充足，对鱼种的健康成长至关重要。一般要求 7～8 月份前施有机肥，每 667 m^2 水面施追肥 30～50 kg；夏季施无机肥，每 667 m^2 水面施 3～5 kg，以鲢、鳙鱼为主的池塘透明度为 20～25 cm，生物量为 30～100 mg/L。以鲤、草鱼为主的池塘透明度为 30～50 cm，生物量 20～25 mg/L。

(3)及时注新水　每 10 d 加注新水 1 次，每次加 5～15 cm，改善鱼池溶氧状况，增加食欲，刺激饵料生物繁殖。对投喂颗粒料为主的鲤鱼池和草鱼池加注新水更为重要。

(4)定期消毒　每半月泼洒1次生石灰，每667 m^2 水面用生石灰10～20 kg，全池化水均匀泼洒。

5.2龄鱼种的培育

2龄鱼种是把1龄鱼种继续饲养1年，养成规格更大的鱼种，再转入成鱼池饲养。2龄鱼种的饲养多见于草、青、鲂鱼。草鱼2龄达到500 g/尾，鲂鱼达50 g/尾。2龄鱼种的培养是提高鱼种放养成活率，提高单产和生产效益的重要环节。目前常见的2龄鱼种的培育方法有2种，即专池培养和套养。在此介绍草鱼种专池培养方法，专池培养要求池塘面积3 300～6 600 m^2，水深2～3 m，放养模式为2种：

(1)草鱼与鲢、鳙鱼种混养　该模式每667 m^2 水面放养75 g以上草鱼鱼种1 200尾和鲢鱼鱼种400尾，鳙鱼鱼种80尾。出塘时草鱼鱼种可达250 g/尾，混养的鲢、鳙鱼鱼种可达500 g/尾。

(2)草鱼与鲢、鳙、鲤、鲫、鲂鱼种混养　该模式每667 m^2 水面放养75 g以上草鱼鱼种1 200尾，配养鲢鱼鱼种350尾，鳙鱼鱼种80尾，鲤鱼鱼种200尾，8.3～10 cm的鲫鱼鱼种300尾，鲂鱼鱼种200尾。出塘时草鱼鱼种达500 g，鲢、鳙各500 g，鲤鱼达600～800 g，鲫鱼和鲂鱼鱼种达100 g左右。

特别提示：专池培养2龄鱼种的管理方法与1龄鱼种相似，但精料的粗蛋白含量在30%左右，当体重达250 g时，其粗蛋白可降为25%～28%。

6.鱼种越冬

鱼种是成鱼生产的物质基础，由于生产技术的需要，目前鱼种尾重多在50 g或更大规格，其经济价值可观。虽然从技术角度讲应该秋季放养鱼种最科学，但实际生产中难以实现，主要是秋季成鱼上市集中，鱼池调配清整无法同步进行，所以多数鱼塘仍然是在次年春季放养鱼种，这就需要提供大批越冬鱼种。

(1)鱼种越冬死亡的原因　鱼种越冬死亡的主要原因是越冬

前鱼体瘦小,体内没有积累足够供冬季消耗的脂肪。另外,鱼种在并塘时的机械损伤,如皮肤损伤、鳃损伤等。三是鱼种原来有病,冬季带病越冬,体质较差而死。四是冬季越冬池缺氧,甚至产生有害物质导致死亡。五是越冬池太浅,冰下水层太少,水温低于0.5℃的时间超过1个月,鱼体水分代谢受阻,呼吸困难而死。另外越冬池环境不安静,鱼种体能消耗太大,也容易造成死亡。

(2)安全越冬措施　首先,加强秋季管理,越冬前要适当多投含脂肪高的饵料,鱼体内积累较多的脂肪,可以增强越冬期的体能,维持越冬期间生命活动的能量,提高翌年春天出塘和运输的成活率。其次,并塘掌握在水温5℃以上,避免水温太低影响操作,同时减少鱼种外伤,并塘前以药物消毒后再进入越冬池。另外,加强鱼病防治,不让病鱼进入越冬池。同时,创造良好的越冬环境,冰下水层保持在1.5～2 m,池底淤泥要少,无杂草,冬季池水含氧量在1 mg/L时,要及时补充新水。特别注意避免越冬鱼种密度过大,有补水条件的每1 m^3 水体放鱼0.5～0.7 kg,无补水条件的放0.3～0.5 kg,流水越冬池可加大到1～1.5 kg。加强越冬季节的管理,及时扫雪,保持越冬池安静,定期打冰眼,使鱼池与大气相通。

(3)越冬池补充氧气的方法　可采用以下方法:①培肥水质进行生物增氧,要保持静水越冬池有一定的浮游生物,保持冰面透光。水质清瘦的鱼池,每667 m^2 水面施用尿素1.5 kg,过磷酸钙2 kg,确保有足够的浮游植物在冰下进行光合作用增氧。②越冬期间经常加注新水,补充水体溶氧。越冬池补水要尽量以慢与少为好,以避免水温变化太大引起鱼类应激。保持池下水温不低于4℃,且不使水形成对流而耗氧。③循环水增氧是将越冬池水抽出,再注回原池,起到曝气、增氧作用。④充气增氧是向池中充入空气或氧气直接增氧,达到改善池水溶氧的目的。⑤化学增氧是将化学增氧剂泼洒水中,起到快速、高效增氧的应急效果,但此法成本太大，只能用于抢救浮头。

三、食用鱼养殖新概念

成鱼是将鱼种养成可供食用商品鱼的过程。在成鱼养殖过程中，综合养殖技术概括为“八字精养法”，即“水”、“种”、“饵”、“密”、“混”、“轮”、“防”、“管”。“水”指成鱼的池塘环境条件，包括水源、水质、池塘面积、水深、水温，土质及周围环境，必须符合精养鱼的生活生长要求。“种”要求鱼种数量充足，规格合适整齐，体质健壮。“饵”要求供应给鱼类充足、营养全面的优质全价配合饲料。“密”指成鱼养殖中鱼种的放养要掌握好合理的密度。“混”要求成鱼养殖尽可能多品种、多规格鱼类同池混养，依据是养殖鱼类的栖息水层和食性有差别，发挥水体的立体效益。“轮”指轮捕轮放，“捕大放小”保持池塘载鱼量的相对稳定，使商品鱼均衡上市，提高鱼塘生产力。“防”是做好鱼病防治。“管”是搞好日常管理。

(一)鱼种选择

因选育方法、来源、遗传等多种因素不同，鱼类品种之间的生长性能有较大差异，优良品种、健康鱼苗的鱼种成活率较高。要取得较好的养殖效益，品种的选择非常重要。国内主要养殖的鲤鱼品种通常是经济状况优良的杂交鲤鱼或遗传性状稳定、体型修长，腹部较小，生长快的建鲤。其他鱼类如鲫鱼的优良品种有异育银鲫、彭泽鲫、银鲫等，鲶鱼的优良品种有革胡子鲶、南方大口鲶，金丝鲶等。

(二)池塘改造

精养鱼塘的良好条件是实现高产的前提，如以鲤鱼为主的高产鱼池，每 667 m^2 水面产量有达到 2 000～3 000 kg 的，也有 700～1 000 kg 的，产量差异较大的原因除了饲料、管理、养殖条件的原因外，其中池塘条件也是一个重要原因。池塘条件不满足精养池塘要求时,必须进行改造。主要的改造内容有:“小塘改大塘”,“浅塘改深塘”,“死水塘改活水塘”,“低埂改高埂”,“不规则池形改规则池形”等方面。

(三)鱼种放养

1. 鱼种来源

精养鱼池的鱼种提倡自己培育,这样既可以在品种搭配、数量、规格上做到有计划,又可减少鱼种受伤和鱼病的传播,保证鱼种健康、数量充足,规格合适。

培育鱼种的主要途径有:A. 专池培育。这是较常见的培育方式。合理的鱼塘应该有 20%的鱼种池,供 80%的成鱼池鱼种需要。B. 成鱼池套养。一般套养模式为鲢、鳙鱼种池套养草鱼种,套养方法是每 667 m^2 水面套养体长为 10 cm 的草鱼夏花 150～300 尾。

2. 鱼种放养规格

在保证当年可达商品鱼要求前提下,尽量放养较小规格鱼种。因为在食用鱼出塘规格相同的情况下,放养小规格鱼种增重倍数较大,放养密度也较大。不同鱼类的最佳生长期不同,放养的规格也不同。例如,以鲤鱼为主的池塘,鲤鱼种在 50～100 g,配养鲢、鳙鱼种规格在 75～100 g,配养草鱼种 100 g,出塘时鲤鱼达 750～1 000 g,草鱼达 1 000 g 以上,鲢、鳙达 550～650 g。以草、青鱼为主养的池塘,大规格鱼种生长速度较快,草鱼种放养规格应在 100～350 g,或把 750～1 000 g 的鱼作为第 2 年 2 龄鱼种放养,配养鲢鱼要求在 350～400 g。以鲢、鳙鱼为主的池塘放养规格为鲢鱼 75 g、鳙鱼 60 g、鲤鱼 50 g、草鱼50 g(2 龄为 350 g)。上市时鲢、鳙、鲤鱼一般可达 500～600 g,草鱼 1 龄约 350 g,2 龄为 750～1 000 g。

3. 鱼种放养时间

总的放养原则是早放养、早开食,延长成鱼生长期。放养时间有冬放和春放。长江以南冬放为主,北方以春放为主(3月上、中旬水温为6～10℃)。放养时间要选择在鱼体活动弱、鳞片紧密、水温较低季节。

4.鱼种放养密度

合理放养密度就是在保证能达到商品鱼或预期规格鱼种的前提下,所能达到最高鱼产量的放养密度,即为合理放养密度。确定合理密度应根据池塘条件、鱼的种类和规格、饵料供应及管理情况来考虑。影响放养密度的因素主要有如下几方面:

(1)池塘条件　如果池塘水源充足,池水较深(2.5 m左右),淤泥较少,池塘放养密度可增大。

(2)饲料、肥料供应量　充足的投饵量是保证高产的物质条件,否则只增加放养密度,饵料供应不足也不会高产。

(3)鱼的种类与规格　混养多种鱼类的池塘,放养量可大于单一种类或混养种类较少的鱼池。此外,个体较大的鱼类比个体较小的鱼类放养尾数少,而放养鱼种总重量大,反之,放养规格小的鱼种比放养规格大的尾数多,而鱼种总重量小。同一品种不同规格鱼种的放养密度与上述情况相类似。

(4)饲养管理技术　池塘养鱼是三分技术,七分管理。配置投料机、增氧机、良好的注、排水设施,再加上精心管理就可以加大放养密度。

(四)混养

混养是指在成鱼生长过程中,为了充分利用池水空间、池塘天然饵料及人工饲料,将多品种、多规格的鱼种在同一成鱼池内进行饲养。

1.混养的生物学基础

主要的养殖鱼类鲢、鳙、草、青、鲤、鲫、鳊鱼等从栖息习性上看,可分为上层鱼、中下层鱼和底层鱼,即鲢、鳙鱼是上层鱼类,以浮游生物为食;草、鳊、鲂鱼是中下层鱼类,草食性;青、鲤、鲫鱼为底层鱼类，以底栖动物为食。这些鱼类生活的水层和食性不同，在同一池中饲养，可以充分利用水体和各种饵料资源，更好发挥水体的生产潜力。

2.混养鱼类的互利关系

草、鲂鱼食量大，排出的粪便和池塘中的残饵量也较多，这些有机物经细菌分解后，可提供大量的无机营养元素，增加池塘浮游生物繁殖量，可为混养的鲢、鳙鱼提供天然饵料。反之，鲢、鳙鱼食用浮游生物和有机碎屑后，又能大大地降低池水的肥度，为喜欢水质清洁的草、鲂鱼改善了生活环境。主要混养鱼类之间的关系具体可分以下几种：

(1)鲢、鳙、罗非鱼与鲤、鲂、草、青鱼之间的关系　俗话说"一草养三鲢"，就是说吃食鱼类的粪便肥水效果很好。试验证明，每增加 1 kg 草鱼或杂食性鱼类，投入饵料的残饵和粪便肥水后产生的浮游生物可生产 3 kg 滤食性鱼类。所以在进行这几种鱼类混养时，可以上述情况作为放养依据。

(2)鲢鱼和鳙鱼之间的关系　鲢鱼和鳙鱼是以浮游生物为食的鱼类。但鲢鱼以食浮游植物为主，以食浮游动物为辅(二者比例为 248∶1)，而鳙鱼以食浮游动物为主，以食浮游植物为辅(二者的比例为 4.5∶1)。在池塘中浮游动物是以浮游植物为食，所以浮游动物的数量少于浮游植物。在生产上，要求鲢、鳙鱼的放养比例为(4～5)∶1，否则鳙鱼的饵料不足。但在投喂颗粒饲料精养鲤、草鱼时，鳙鱼的比例可适当增加，因为鳙鱼可吃食一部分颗粒料的碎屑。

(3)草、青鱼和鲤、鲫、鲂鱼的关系　草鱼和青鱼属于个体小、食量大的鱼类，而鲤、鲫、鲂鱼属于个体小、食量小的鱼类。它们之间适当搭配可以起到优势互补、相互促进的作用。因为草鱼和青鱼都喜欢生活在清洁的水体中，但在静水池塘中，它们的粪便又容易污染水质，这正好可以利用鲤、鲫、鲂鱼来清除，从而改良水质。但它们之间存在有一定矛盾，即小鱼也可以与大鱼争食。所以精养草鱼池塘不宜搭配过多鲤鱼，一般草鱼与鲤鱼的比例是(5～6)∶1。如果主养草鱼配养鲂鱼，它们的比例是(4～5)∶1。

3. 混养类型

精养池中，有1种或2种为主养鱼，数量上占较大比例，是饲养管理的主要对象，其余数量较小的是搭配的配养鱼。主养鱼依据鱼种来源、饲料供应和池塘条件来确定。饲料来源少，肥料来源多的池塘以鲢、鳙鱼为主养鱼；盛产草的河流、湖泊以草食性的草、鲂鱼为主养鱼；内陆省份池塘以鲤鱼为主养鱼。配养鱼的选定，主要视主养鱼的种类而定。以草鱼为主的池塘多配鳊鱼或鲂鱼；以青鱼为主的池塘多配鲤鱼；以鲤鱼为主的池塘多配鲢、鳙鱼。主要是它们能充分利用水体的浮游生物而成长。此外，鲫鱼、罗非鱼都可作为配养鱼搭配。

目前混养的主要类型有以下几类：主养鲢、鳙鱼类型；主养草、鲂鱼类型；主养鲤、鲫鱼类型；精养鲤鱼型；精养草鱼型；鲢、鳙鱼与鲤鱼并重型；鲢、鳙鱼与草鱼并重型；主养罗非鱼型等。

(五)放养模式

1. 放养模式应遵循的原则

(1)每种放养模式均有1～2种鱼类为主养鱼类，同时，适当搭配一些其他配养鱼类。

(2)为充分利用饵料，提高池塘生产力和经济效益，滤食性鱼类与“非滤食性鱼类”之间的比例要适宜。在每667 m^2 水面净产量500～1 000 kg的情况下，前者与后者的比例以(55%～60%)∶(40%～45%)为妥。

(3)鲢、鳙鱼的净产量不会随“非滤食性鱼类”产量的增加而同步上升。一般鲢、鳙鱼净产量为每667 m^2 水面产250～350 kg，鲢、鳙鱼放养比例为(3～5)∶1。

(4)采用“老口小规格、仔口大规格”的放养模式，可以减少放养量，发挥鱼种的生产潜力，缩短养殖周期，增加鱼产量。

(5)同样的放养量，混养种类多(包括同种不同规格)比混养种类少的鱼池，系统弹性强，缓冲力大，互补作用好，稳定高产的可能性大。

(6)放养密度应根据当地的饵料、肥料供应情况、池塘条件、鱼种条件、水质条件、渔机配套、轮捕轮放情况和管理情况而定。

2. 放养模式举例

以主养鲤鱼的精养鱼池放养模式为例：主养鲤鱼放养规格为50～100 g，每667 m^2 水面放养数量为1 500～2 000尾；配养鱼类鲢、鳙鱼与主养鲤鱼的比例为1∶(3～4)，放养规格为100～250 g；每667 m^2 水面再配草鱼50～100尾，规格为100～150 g。此放养模式鲤鱼出塘规格为750～1 000 g，鲢、鳙鱼出塘规格为500～1 000 g。每667 m^2 水面鲤鱼可产1 068～1 900 kg(成活率按95%计算)。

(六)池塘管理

1. 池塘管理的基本要求

在精养鱼池的管理过程中，养鱼取得高产的全过程，实际上是一个不断改善池水理化条件和饵料条件的矛盾过程。一方面要求我们既要不断地为鱼类创造一个良好的生活环境，另一方面又要使鱼类不断得到量多、质好的天然饵料和人工饵料。实际上，要高产就要大量投饵、施肥，由此带来的后果是水质恶化，鱼类浮头泛池；而不施肥，少投饵，池水的理化条件好，但鱼类饵料不足，生长缓慢，产量低。要处理好这一矛盾，生产上要求：水质要保持“肥”、“活”、“爽”，投饵(以滤食性鱼类为主的池塘还包括施肥)要保持“匀”、“好”、“足”。

因此在生产实践中要运用看水色、防止浮头的知识，采用加注新水，合理使用水质改良的机械来改良水质等措施，使水质保持“肥”、“活”、“爽”；同时采用“四看”和“四定”的投饵措施来控制投饵(施肥)的数量和次数,使投饵(施肥)做到"匀"、"好"、"足"。

2.日常管理的基本内容

(1)经常巡视池塘,观察池鱼动态 一般每天早、中、晚各巡塘1次,黎明观察池鱼有无浮头,判断池鱼浮头程度;白天结合投饲和水温测定,检查池鱼活动和吃食情况,傍晚检查当天吃食情况,有无残饵,有无浮头预兆。此外,在炎热夏季,还应在半夜巡塘,以便及时制止浮头,防止泛池发生。

(2)保持池塘卫生,去除病害 保持水体溶氧充足,及时捞除水中污物,食物残渣,割去池边芦苇、杂草。

(3)掌握池水排、注,保持适当水量 春季保持水位在70~80 cm,以便水体升温快,做到早开食;夏季高温蒸发量大,每十天半月注水1次,每次补充20~30 cm,补充水体消耗,注入新鲜水,改善水质。

(4)定期检查鱼体,做好池塘日志 定期检查鱼体生长情况,对饲料品质、投喂量进行评价和调整。发现鱼病应及时采取防治措施。池塘日志是养鱼措施和池塘情况的简明记录,据此分析情况,总结经验,是检查工作的原始数据,以便为下一步改进技术提供参考。

池塘日志记录内容如下:日期、天气、气温、水温和水色变化;期间捕捞记录;抽样记录尾数、平均体重、采食量;投饲数量、投饲时间,并计算饵料系数;注、排水时间和注、排水量;增氧机的使用情况;池鱼动态、活动情况、鱼病诊断与采取的措施等。

(5)均匀、足量地投喂优质饵料 均匀、足量投饵不仅有利于非滤食性鱼类的生长,而且水质稳定,也有利于滤食性鱼类的生长。全年饵料数量的确定以及每日的投喂量需要看水温、水色、天气和鱼类吃食("四看")情况确定。详细的内容在投饵技术部分介绍。投喂技术的"四定"原则也在投饵技术章节中详述。

(6)及时加注新水,加强水质管理 水质管理是商品鱼饲养始终要做好的工作，主要的管理措施有以下几方面：A. 保持池水溶解氧的充足。合理控制水体肥度，促使浮游生物光合作用，进行生物增氧；清除过多淤泥，限制有机肥的施用，尽量减少鱼池耗氧；注入新水增加水体溶氧；增氧机机械增氧。B. 控制水体透明度。以滤食性鱼类为主的鱼塘，透明度应保持在 20～25 cm，以非滤食性鱼类为主的鱼塘保持在 30～35 cm。通过加水和调节施肥量控制。C. 调节好 pH。通过泼洒生石灰调节水体 pH，保持在弱碱性的 pH 7.5～8.5，每 10～15 d 1 次，每 667 m^2 水面用 25 kg 生石灰调节。D. 调节水温。通过加注新水调节，一般在下午 14：00 时加注为好，傍晚不能加水，以免引起浮头。E. 控制水深。根据季节调节水深，一般开春后鱼池水深在 0.7～1 m，有利于升温；4～5 月份加深到 1.2～1.5 m；6～9 月份加深到 1.8～2 m 或更深；越冬时保持冰下水深 2～2.5 m。

3. 浮头的原因及控制措施

精养鱼塘产量高，密度大，所以经常出现鱼池负荷过大，夏、秋季经常发生缺氧、浮头现象，氧气不足严重影响鱼类的生长和健康。

(1)浮头的原因　浮头是池水缺氧的标志。早春和晚秋，水中溶氧高，鱼类和水生生物缺氧率低，一般不会浮头。夏、秋高温季节最易浮头泛池。

①上、下水层温度和密度的差异产生急速对流，池中溶氧迅速降低　如傍晚突下雷阵雨，使上层水温突降，上层高溶氧水体下降，下层水比重小上升，形成对流，上层溶氧传到下层，但很快被下层耗氧因素消耗，上层溶氧又得不到补充，使整个水体溶氧量迅速下降，从而引起缺氧浮头。有时水体硫化氢上升，也促使池鱼浮头。

②光合作用不强，使水中溶氧求大于供　如夏季连续阴雨、大雾、光照差，浮游生物强度弱，水中溶氧补给少，池中各种生物呼

吸和有机物分解作用消耗量大，造成溶氧求大于供而缺氧浮头。或者阴雨天，水清瘦，浮游植物少，水蚤多，缺少光合作用增氧，池鱼浮头，甚至泛池。

③“氧债”大 所谓“氧债”是指水中耗氧因子受到抑制的部分。晴天高温，水质过肥，水中有机物多，上、下层氧差大，下层耗氧因素多，形成下层“氧债”大，夜晚易引起池鱼浮头。

④浮游动物大量繁殖引起池鱼浮头 春季轮虫或水蚤大量繁殖，浮游植物数量少，池水仅依靠空气溶入来补充氧气，而浮游动物的呼吸作用大大增加，溶氧远远不能满足耗氧的需求，引起鱼类浮头。

(2)浮头的预测

①看天气 根据天气预报和当天天气情况进行预测。如夏季傍晚突降雷阵雨，天气转阴；或遇连续阴雨，气压低，风力弱，雾大等；或久晴未雨，鱼类吃食旺盛，水质浓，一旦天气变化，第二天清晨均有可能引起浮头。水温高和水较肥时，可能在黎明或下半夜浮头，如果天闷热，又有阵雨，可能提前浮头。

②看季节 4～5月份水温逐渐升高，投饵量大增，水质逐渐转浓，如遇天气变化，鱼类容易发生暗浮头。夏、秋之间，季节转换之际，天气变化剧烈，容易引起强烈对流而使鱼类浮头。

③看水色 水质过浓，透明度小，或产生“水华”现象(即浮游生物大量繁殖，在水面上形成云彩状或丝状)，如遇天气变化，水色突变，浮游生物大量死亡分解，不仅耗氧，并且产生硫化氢、氨氮等有毒物质，引起鱼类严重浮头。

④看鱼类摄食情况 检查食场，如发现饲料在规定的时间内没有吃完，或摄食量突减，而鱼体无病，表明水体可能缺氧发生浮头。

(3)浮头的预防 如发现池塘水质过浓，应及时加注新水，提高透明度，改善水质，增加溶氧。在夏季，如果气象预报傍晚有雷阵雨，则可在中午开机增氧。事先降低上、下水层的氧差，及时偿还下层水的氧债，这样到傍晚下雷阵雨时引起对流，因下层水的氧债少，溶氧不致急剧下降。如果遇连续阴雨，则应及时开动增氧机，增加池水溶氧。估计池鱼可能浮头，根据具体情况控制食量。如水质较浓，但天气还正常，可适当缩短鱼类的摄食时间，饵料应在下午17:00时前吃完，避免夜食；如天气不正常，估计可能浮头时，则应停止投饵。

(4)浮头的观察和轻重的判断　鱼类轻微浮头应在池塘的上风处(因夜间上风处溶氧比下风处高)。夜间可在上风处用电筒光照射水面，如上风处有鱼受惊，则表示鱼已开始浮头，如发现下风处鱼受惊，则说明鱼在下风处吃食，不会浮头。也可用手电光照射池边观察是否有野杂鱼、虾类浮到池边，一旦发现浮在池边，表明池水缺氧。也可观察上风处是否有浮头水花或有“叭咕”声音。

浮头轻重的衡量主要是根据浮头开始的时间、地点、浮头水面大小、受惊吓的表现以及浮头鱼的种类来作出判断。

①浮头开始的时间　浮头在黎明时开始为轻浮头，半夜或上半夜已开始浮头为重浮头。因水中溶氧越来越少，到日出有较长时间，浮头只会更加严重。

②浮头的范围　鱼在池中央浮头为轻浮头，扩大到池边，甚至整池都有浮头发生为重浮头。

③受惊吓时的表现　鱼受惊吓很快下沉，一会又浮头，为轻浮头，鱼受惊吓也不下沉为重浮头。

④浮头鱼的种类　如果只是虾、野杂鱼、罗非鱼、武昌鱼浮头为轻浮头；鲢、鳙鱼浮头为一般性浮头，草、青鱼浮头为重浮头；鲤鱼浮头为更严重浮头。

(5)浮头的解救　浮头发生时，应及时采取增氧措施，如开动增氧机、注入新水等。如果增氧设备不足，可根据浮头的轻重缓急，先对重浮头的鱼池进行解救。从开始浮头到严重浮头这段时间的长短与水温有很大关系，水温低，则这段时间长一些，反之则短一些。一般水温在25～30℃时开始浮头，可拖延2～3 h增氧，水温在30℃以上开始浮头，1 h内应立即采取增氧措施，否则，鱼已经分散到池边，不能集中到增氧机周围或水流处，容易引起泛池。

由于池塘面积太大，不管是采用注水还是开动增氧机，只能使局部范围的水体溶氧升高，此时开动增氧机和水泵，主要起集鱼、救鱼作用。所以，水泵的水流应尽可能平水面冲出，使水流冲得越远越好，以便把浮头鱼尽快集中到这一片溶氧较高的水体中，以免发生死鱼现象。增氧机一旦开启就不能停机，否则会加重浮头，一般需等日出后方可停机。

如果浮头严重或泛池时，应泼洒化学增氧剂（如“浮头灵”、“氧包”或过氧化钙等），化学增氧剂增氧效果迅速。

另外，可用沉淀水体悬浮有机颗粒，减少溶氧消耗的方法来缓解浮头。如向池中泼洒黄泥水和食盐水（各10 kg化水均匀泼洒）或黄泥水加人尿；每667 m^2水面明矾用3～5 kg化水泼洒；每667 m^2水面用石膏粉3～4 kg化水泼洒。当鱼类浮头严重时，下塘搅水、惊动鱼群会加速鱼类的死亡。

4. 增氧机的使用

(1)增氧机的作用　增氧机是一种比较有效的增氧、改善水质、防止浮头、提高鱼产量的机械。机械增氧机有叶轮式、喷水式和水车式。高密度精养池一般选增氧效果较好的叶轮式增氧机，这种叶轮式增氧机有增氧、搅水、曝气等综合作用。

(2)增氧机的使用方法　应根据不同的天气，合理使用增氧机。晴天清晨缺氧主要是白天上、下水层溶氧垂直变化大，因水的热阻力影响，上、下水层无法及时对流，上层过饱和的溶氧未能充分利用，而下层耗氧因素多，夜间上、下水层对流使全池缺氧而引起浮头。采用中午开机，运用生物造氧和机械输氧相结合，充分利用上层过饱和的氧气，克服水的热阻力，将上层过饱和的氧气及时输送到下层，增加下层水体的溶氧量。上层水的溶氧量可经藻类光合作用得到补充，上层溶氧仍可达到饱和，到夜间池水自然对流后，上、下水层溶氧仍可保持在较高水平，可以缓解和消除鱼类浮头的危害。

晴天中午开动增氧机不仅防止浮头，而且还加速池塘物质循环。因此，在鱼类主要生长季节，坚持晴天中午开机，充分利用上层水体过饱和溶氧，起到改善水质的作用。

阴天、雨天缺氧是由于植物光合作用产生的氧气少，造成池水溶氧不足。此时开动增氧机，可充分发挥增氧机的增氧作用，防止和解救浮头。

晴天傍晚不开机，如果此时开机，将使上、下水层提前对流，增大耗氧水层和耗氧量，容易引起浮头。

阴天中午不开机，如果此时开机，将降低上层浮游生物的造氧水平，加速下层水的耗氧速度，易引起浮头。

必须结合养鱼的具体情况，合理使用增氧机，根据当时天气、饲料、肥料供应和水质情况，确定合适的开机时机和运转时间。如大量施肥后，溶氧高峰值下降，可采用晴天中午开机和清晨开机相结合的方法改善池水溶氧条件。

适宜的开机方法可采用晴天中午开，阴天清晨开，连续阴雨天半夜开，傍晚不开，浮头早开；半夜开机时间长，中午开机时间短；负荷面积大的开机时间长，负荷面积小的开机时间短。

(3)增氧机的增产效果　合理使用增氧机，能预防浮头，解救浮头，防止泛池；可加速池塘的物质循环；稳定水质；提高消化吸收率，延长摄食时间；可增加鱼种的放养密度和投饵量，提高产量并有利于防治鱼病。试验表明，在条件相似的情况下，合理使用增氧机的池塘比不使用增氧机的池塘净产量增加14%左右。

四、轮捕轮放

轮捕轮放是我国南方地区常见的商品鱼生产方式，目前北方地区也可推广，是商品鱼养殖的一种传统科学方法。这种方法不仅可有效地提高单产，同时能适应市场需求，常年保证鲜活鱼上市，其社会效益和经济效益都十分明显。轮捕轮放就是分期捕鱼和适当补放鱼种，即在密养的水体中，根据鱼类的生长情况，到一定时间捕出一部分达到商品规格的食用鱼，再适当地补放鱼种，以提高池塘单位面积产量和经济效益，概括地说就是“一次放足，分期捕捞。捕大留小，捕大补小”。

(一)轮捕轮放的意义

(1)使鱼池在商品鱼的养殖过程中，始终保持合理的密度，有利于鱼类的生长。如果 1 年只放 1 次鱼，到年底全部起捕上市的话，会出现前期因鱼体小，鱼池水体不能充分利用，到后期又会因鱼已长大，其活动空间缩小，又抑制鱼体生长的矛盾。实行轮捕轮放技术后，前期可以多放一些大规格鱼种，随着鱼体达到商品鱼规格及时捕捞上市，使鱼池始终保持合理密度，有利于鱼类的生长。

(2)使商品鱼池混养鱼的种类、数量和规格进一步增加，提高了饲料、肥料的利用率。

(3)可为下一年培育数量多、质量好的大规格鱼种，保证商品鱼连年稳定高产。商品鱼通过捕大补小，捕出达到上市规格的商品鱼后，又及时补放夏花鱼种，从而平衡了池塘载鱼量。套养的鱼种相对密度稀，在饵肥条件好的环境中快速生长，这样商品鱼池又兼做鱼种池。在生产商品鱼的同时，池塘又为下一年准备了大规格鱼种。所以轮捕轮放为稳定池塘高产奠定了物质基础。

(4)做到活鱼均衡上市。

(5)有利于资金周转。商品鱼全年上市,资金可以不断回笼,有利于扩大再生产。

(二)轮捕轮放实施的条件

(1)年初放养数量充足的大规格鱼种。只有放养大规格鱼种,才能在养殖中期达到上市规格,轮捕出塘。

(2)各类鱼种规格齐全,数量充足,配套成符合轮捕要求,同类鱼种规格大小均匀。

(3)同类鱼种的规格差异要大,否则容易造成两者生长上差异不明显,给轮捕选鱼造成困难。

(4)饵料、肥料充足,否则到了轮捕季节,因鱼种生长慢,尚未达到上市规格,生产上就会处于被动局面。

(5)改革捕捞网目。将网目由1 cm的小网目改为4 cm的大网目,网片的水平缩结系数和垂直缩结系数相近,网目近似正方形。拉网操作时,中小规格的鱼种穿网而过,不易受伤,留在网内的均为大规格的鱼。

(6)捕捞技术要熟练、细致和正确。

(7)掌握轮捕轮放的技术要点。

(三)轮捕轮放的对象选择

实践中轮捕轮放的主要鱼类是鲢、鳙鱼,其次是草鱼。草鱼喜欢清洁水质,7月份高温季节对草鱼的生长十分不利,此时把放入池塘的2龄大规格的草鱼及时捕出,既减轻池塘负荷,又利于较小规格草鱼的生长。

(四)轮捕时机的选择与操作

在炎热的夏季捕鱼,由于水温高,鱼的活动能力强,捕捞困难,鱼类耗氧量大且不耐较长时间的密集,容易造成鱼类死亡,因此捕捞要求在水温较低,池水溶氧较高时进行。应注意的是在早晨、黎明或下半夜,池水的溶氧较低容易浮头或正在浮头时,严禁拉网捕鱼;傍晚也不可拉网,以免引起上、下水层提早对流,加速池水溶氧消耗，容易造成池鱼浮头。

捕捞后，鱼体分泌大量黏液，池水混合耗氧增加，应及时加注新水或开动增氧机，冲洗鱼体黏液，增加溶氧，防止浮头，以免影响池鱼的生长。

五、投饲技术

水产养殖中，饲料占总成本的60%～70%。科学投饲可降低饵料系数和生产成本，提高经济效益。所以，科学的投饲技术是获得高效益的重要保证。

(一)影响投饲量的因素

投饲量的指标用投饵率来表示，投饵率是指投饲量占体重的百分数。投饵率与鱼的种类、体重、水温、水质、溶氧、饲料营养水平等因素有关。

1. 溶氧

鱼在溶氧充足的水体中，摄食旺盛，消化率高，生长快。鱼类的摄食量是随溶氧的增高而增加。一般要求溶氧在5 mg/L以上。当溶氧在4 mg/L时鱼的摄食量降低12%，在3 mg/L时鱼的摄食量降低26%，在2 mg/L时鱼的摄食量降低51%，在1 mg/L时则停止摄食。溶氧与鲤鱼饲料消耗的关系见表4-3。

表4-3 溶氧与鲤鱼饲料消耗的关系

溶氧 O_2/(mg/L)	1	2	3	4	5	6	7	8
摄食率/%	0	3.0	4.5	5.4	6.1	6.5	6.8	7.0

注：摄食率＝摄食量/体重×100%。

2. 水温

鱼类是变温动物，水温变化会影响鱼的新陈代谢强度，从而影响鱼的摄食量。水温每升高1℃，鲤鱼的投饵率增加0.1%～0.6%；罗非鱼在水温30℃时，最大投饵率为9%，在水温25℃时为6.7%,20℃时为4.67%。为满足鱼类的营养需要,应该根据不同水温确定投饵量。

3. 鱼体体重

随着鱼体体重和采食量增加,绝对投饵量也要增加,但投饵率下降,因为鱼的饲料消耗量与鱼的体重呈负相关。幼鱼阶段,新陈代谢旺盛,生长快,需要更多的营养,摄食量大;鱼种和成鱼阶段生长速度降低,所需营养和食物相对量就随之减少。例如,在水温30℃时,体重50 g的鲤鱼投饵率为6.8%,体重800 g的投饵率为2.2%。

4. 鱼的种类

不同种类的鱼对饲料的消化能力不同,摄食量也不同。一般草食性鱼类投饵量高,杂食性鱼类居中,肉食性鱼类最低。如在15℃水温下,草鱼的投饵率一般为5%,青鱼为3%,50～100 g鲤鱼为2.4%,虹鳟为1.7%。

另外,环境条件、饲料加工方法、饲料品质以及投饲方法等均会影响饲料效率和投饵率;实践中,个体还是种群、单养还是混养也会影响到鱼类的摄食量,一般来说,在群体和混养条件下,鱼类的摄食量都比较高。

(二)投饲的依据和原则

1. 投饲依据

根据所饲养的鱼类和它所栖息的水层不同,以及摄食习性的差异,采用不同的投喂方法。

以草食性鱼类(草、鲂、鳊鱼)为主养对象的高产池塘,必须投喂专用配合饲料。若产量不太高,以投喂新鲜青饲料为主,适当投喂配合颗粒饲料。在完全使用配合饲料而维生素不足情况下,应投喂鲜草以补充维生素。

以肉食性鱼类(胡子鲶、青鱼、虹鳟等)为主养对象的高产池塘,必须投喂专用配合饲料,必要时投喂动物性饲料。

以杂食性鱼类(鲤鱼、罗非鱼等)为主养对象的高产池塘,以投喂全价配合饲料为主,兼投部分青饲料。如果混养有草鱼可先投喂青饲料,然后投喂配合饲料,以免草鱼争食。

2. 投饲原则

为了提高饲料利用率,降低饲料系数,减少肠炎发生,必须坚持“四定”原则。

(1)定质　精饲料要求粗蛋白高、易消化、新鲜和适口。青饲料类要鲜嫩、无根、无泥。按照不同鱼类的营养标准尽可能提高营养价值;不投喂发霉变质饲料,防止发病;颗粒大小适口。

(2)定量　要求适量投喂,每日投喂量不能忽多忽少,须在规定时间内吃完,以免时饥时饱,影响鱼类消化、吸收和生长。适量投喂可减少饲料的浪费,提高饲料消化率,减少肠炎等鱼病发生,促进鱼的正常生长。

(3)定时　天气正常时每天投喂时间要相对固定。草类饵料应在 9:00 左右投喂,让鱼类在池水溶氧高的条件下摄食,以提高饵料利用率。精料或配合饲料应根据水温和季节适当增加投喂次数,以提高饲料的消化率。精养鱼塘一般每天投喂 3～4 次,分别在 8:00、11:00、14:00、17:00 投喂,每次以 40 min 或 1 h 投完为宜。

(4)定位　投喂饲料必须有固定的投料台或食场,使鱼养成在固定地点摄食的习惯。有利于提高饵料的利用率,了解鱼类的摄食情况。特别是精饲料和配合饲料,投饵时应给予特定的声音刺激,使鱼形成条件反射,集中在料台周围,然后再开始投喂。可以防止饵料散失,提高饵料的利用率。食场的大小、多少,因鱼的种类数量而定,以利于鱼摄食为原则。

(三)投饲方式和注意事项

1. 投饲方式

配合饲料投喂方式有人工投喂和投料机投喂 2 种。两者各有优、缺点，应根据具体情况加以选择。

（1）人工投喂　人工投喂方法简单，可根据鱼的吃食情况灵活掌握，减少饲料浪费，但人力投入较大。要掌握“慢”—“快”—“慢”的节奏，刚开始要慢，当鱼大量聚集时要快，结束前要慢。

（2）投料机投喂　自动投料机通过人工设置投料间隔、投料口大小、投料远近、放入料量等，实现连续投喂，可以节约人力，利于扩大规模，但控制不好会造成浪费，致使饵料系数偏高。

2. 投饲应注意的事项

（1）在不同季节投饲量不同，要做到早开食，晚停食。冬季或早春气温较低，鱼类摄食量少，要少投喂；天气晴朗，水体溶氧高，鱼类摄食旺盛，投饵要充足；在晴天无风气温升高时可适量投喂；刚开食时应避免大量投饲，防止鱼类摄食过量而死亡；随着水温的升高，投饲量可逐渐增加；夏季水温升高，可大量投食，并持续至 10 月上旬；10 月下旬以后，水温日渐下降，投饲量也应逐渐减少。

（2）根据水质状况调整投饲量。水色过淡，可增加投饵量；水色为油绿色和酱红色时可正常投饲；溶氧高，摄食旺应适当多投；水质变坏，过肥、过浓，鱼浮头早时应减少投饵量。

（3）天气晴朗可多投饲，多雨季节，水中溶氧低，鱼类食欲不旺应少投饲，天气闷热或雾天应停止投饲。

（4）根据鱼的吃食情况灵活调整投饵量。一般正常的投饲要求，鲤鱼投喂八成饱为好，草鱼建议投喂六、七成饱为宜，以免草鱼贪吃引起肠炎等疾病。青饲料以 4 h 吃完为宜，颗粒料以 1 h 吃完为适度。

（5）根据鱼体健康状况调整投饵量，鱼体有病，体质差，食欲差要相应少投。

（6）投饲不要中断，否则浪费饲料。俗话说“一天不吃，三天不长”就是这个道理。

(7)颗粒硬度要适中,硬度太大鱼采食会不适口,硬度不足又容易散失,浪费多。

(8)主要生长季节适时加水,或换掉部分底层老水,改善水质,增加水中溶氧,促进鱼的摄食,提高饲料利用率。

(9)适时清扫食台和食场,一般每隔 10 d 清扫 1 次食场,消毒后再用,经常清除食场周围的残剩饲料,保持环境卫生。

每天实际的投饲量要根据季节、天气、水色和鱼类的吃食情况而定,不可照搬投饵率表。

(四)饲料计划和投饵量

饲料计划和投饵量的确定见饲料全年分配(表 4-4)。

表 4-4 饲料全年分配表 %

鱼种	3月	4月	5月	6月	7月	8月	9月	10月	11月
鲤、鳊鱼	2	5	10	14	17	18	20	12	2
草、鲂鱼	1	4	8	14	18	20	21	12	2
青鱼	0	3	9	13	18	20	21	14	2
罗非鱼	0	1	10	15	25	28	14	6	1

不同鱼种不同规格鱼的投饵率见表 4-5 至表 4-8。

表 4-5 以草鱼和团头鲂为主的池塘养鱼投饵率 %

水温/℃	日投饵率
20 以下	0.5
20～22	0.5～1
22～25	1～2
25～28	2～3
28～32	3～5

表 4-6　1龄鲤鱼的投饵率 %

水温/℃	体重					
	2.0～5.0 g	5.0～10.0 g	10.0～20.0 g	20.0～30.0 g	30.0～40.0 g	40.0～50.0 g
15	4.9	4.1	3.3	3.1	2.7	2.2
16	5.2	4.4	3.5	3.3	2.9	2.3
17	5.5	4.7	3.7	3.6	3.1	2.5
18	5.8	5.0	4.0	3.9	3.4	2.7
19	6.3	5.4	4.4	4.2	3.7	2.9
20	6.9	5.9	4.9	4.6	4.0	3.2
21	7.5	6.4	5.2	4.9	4.3	3.4
22	8.1	6.9	5.6	5.3	4.5	3.6
23	8.7	7.4	6.0	5.6	4.9	3.9
24	9.2	7.9	6.4	6.0	5.1	4.1
25	9.8	8.2	6.7	6.2	5.4	4.4
26	10.4	8.8	7.0	6.6	5.8	4.6
27	11.0	9.4	7.5	7.2	6.2	5.0
28	11.6	10.0	8.1	7.8	6.8	5.4
29	12.6	10.8	8.9	8.4	7.4	5.8
30	13.8	11.8	9.8	9.2	8.0	6.4

表 4-7　食用鲤的投饵率 %

水温/℃	体重					
	50.0～100.0 g	100.0～200.0 g	200.0～300.0 g	300.0～700.0 g	700.0～800.0 g	800.0～900.0 g
15	2.4	1.9	1.6	1.3	1.1	0.8
16	2.6	2.0	1.7	1.4	1.1	0.8
17	2.8	2.2	1.8	1.5	1.2	0.9
18	3.0	2.3	1.9	1.7	1.3	1.0

续表 4-7

水温/℃	体重					
	50.0～100.0 g	100.0～200.0 g	200.0～300.0 g	300.0～700.0 g	700.0～800.0 g	800.0～900.0 g
19	3.2	2.5	2.0	1.8	1.4	1.0
20	3.4	2.7	2.2	1.9	1.5	1.1
21	3.6	2.9	2.3	2.0	1.6	1.2
22	3.9	3.1	2.5	2.2	1.7	1.3
23	4.2	3.3	2.7	2.3	1.8	1.4
24	4.5	3.5	2.9	2.5	2.0	1.5
25	4.8	3.8	3.1	2.7	2.1	1.6
26	5.2	4.1	3.3	2.9	2.3	1.7
27	5.5	4.4	3.5	3.1	2.4	1.8
28	5.9	4.7	3.8	3.3	2.6	1.9
29	6.3	5.0	4.1	3.5	2.8	2.1
30	6.8	5.4	4.4	3.8	3.0	2.2

表 4-8 网箱养殖鲤鱼投饲率表 %

水温/℃	体重					
	50～100 g	100～200 g	200～300 g	300～700 g	700～800 g	800～900 g
15	2.4	1.9	1.6	1.3	1.1	0.8
16	2.6	2.0	1.7	1.4	1.1	0.8
17	2.8	2.2	1.8	1.5	1.2	0.9
18	3.0	2.3	1.9	1.7	1.3	1.0
19	3.2	2.5	2.0	1.8	1.4	1.0
20	3.4	2.7	2.2	1.9	1.5	1.1
21	3.6	2.9	2.3	2.0	1.6	1.2
22	3.9	3.1	2.5	2.2	1.7	1.3

续表 4-8

水温/℃	体重 50～100 g	100～200 g	200～300 g	300～700 g	700～800 g	800～900 g
23	4.2	3.3	2.7	2.3	1.8	1.4
24	4.5	3.5	2.9	2.5	2.0	1.5
25	4.8	3.8	3.1	2.7	2.1	1.6
26	5.2	4.1	3.3	2.9	2.3	1.7
27	5.5	4.4	3.5	3.1	2.4	1.8
28	5.9	4.7	3.8	3.3	2.6	1.9
29	6.3	5.0	4.1	3.5	2.8	2.1
30	6.8	5.4	4.4	3.8	3.0	2.2

本章重点提示：

鱼类饲养管理中的水质管理和调控，特别是水体溶氧管理和藻类管理对饲料的表观效果影响最大，同时投喂技术及疾病对饵料系数的影响也是提高养殖效果需要把握的重点环节。

第五章　鱼病与鱼病防治新概念

本章知识新亮点：

本章在水产动物的疾病防治中增加了近几年生产上采用的环境调控技术，新药、特效药的使用方法，绿色中草药的治疗方法，突出介绍了危害较大疾病的实用防治措施，为水产动物的健康养殖提供保障。

一、鱼病预防新概念

做好鱼病的预防是提高水产动物养殖及经济效益的重要措施之一。在实行高密度、高单产、高效益养殖的今天尤其如此。随着高密度集约化鱼类养殖技术的发展，养殖单产越来越高。同时，也造成养殖环境的水质恶化、使鱼体抗病能力下降，有害微生物和寄生虫大量繁殖，容易暴发鱼病，严重影响鱼类养殖的生产效益。由于鱼类生活在水体中，鱼病不易发现，一旦发病，治疗就比较麻烦。多年来的实践证明，只有充分了解鱼病发生的原因，贯彻“全面预防，积极治疗”的方针，采取“无病先防，有病早治”的积极方法，才能减少或避免疾病的发生。

（一）鱼病发生的原因

鱼病的发生有两大因素，一是外因，包括池水的理化性状、生物性状以及人为因素；二是鱼体本身的抗病力下降。两大因素相互影响，相互作用，但主要决定于鱼体本身的内在抗病力。

1. 鱼病发生的外因

（1）环境因素　鱼体要保持良好的生长和正常的生理活动，

必须有良好的生长水环境。因此，池水的理化性状，如水温、溶氧、pH、溶解盐类及微量元素等自然因素的变化，都会影响鱼的生活，当这些因素变化时容易引起鱼类发病。

①水温　鱼类是变温动物，当水温突变时，鱼体会因不适应而发病，甚至死亡。特别注意鱼苗放养时水体温差不能过大，鱼苗能够适应的变动温差不超过 3℃，成鱼可以承受的温差变动不超过 5℃。如果温差过大，要把水温调节到基本一致后再投放，以免造成鱼苗因温变应激而死。

②pH　淡水养殖鱼类对 pH 要求在 7.0～8.5，水体保持微碱性为好。如果鱼类长期生长在酸性水体中，生长会受到抑制，而且容易发生疾病，如“打粉病”即是酸性水体中卵甲藻繁殖过多引起的鱼病。

③溶氧　一般淡水养殖鱼类要求水体溶氧在 4～5 mg/L，溶氧低于正常生长值会造成鱼类摄食量下降，饲料利用率降低，严重影响鱼体生长，并使鱼体抗病力下降。溶氧在鱼类窒息点以下时造成泛池死亡。但水体溶氧过饱和也会引起气泡病的发生。

④水体有毒化学物质　池底淤泥过厚，池底有机物大量消耗水体溶解氧气，造成水体溶氧不足；而且，池底微生物进行厌氧呼吸，容易产生硫化氢、氨气、亚硝酸盐等有害物质，不利于鱼体生长，却有利于病原微生物繁殖。另外，水体溶解的重金属也会造成鱼体畸形、肉质变味等后果。

(2)生物因素　许多鱼病是由其他生物传染或侵袭机体而引起的。主要致病病原体包括：病毒、细菌、真菌、藻类、原生动物、蠕虫、蛭类、甲壳动物、钩介幼虫等。有些寄生虫会直接危害鱼类的生存。

(3)人为因素　影响鱼类健康生长的主要因素是人为因素。首先，生产操作中常常会擦伤体表，伤及鳍、鳞片等，使鱼体失去皮肤和黏液的保护，导致病菌感染或寄生虫的侵袭而致病。其次，池塘淤泥过多、池边杂草丛生、食物残渣没有及时清理、池塘水体卫生状况差，特别是高温季节，水质管理不善，为病原微生物提供繁殖的条件。另外，鱼种消毒不彻底，带入病原体；投喂饵料数量不当或腐败变质等不清洁的饲料；病死鱼体不及时清除、施肥过量等，都会造成水体污染而引起鱼病。近几年，为了增加单产，放养密度过大，搭配品种不当，也是容易造成鱼体发病的重要原因。

2. 发病的内因

鱼体是否发病更重要在于鱼体对病害抵抗能力的强弱。鱼类对疾病的抵抗能力因种类、年龄、生理状况等的不同而有所差异。所以选择优良、健壮的苗种进行放养，可以避免许多的病害侵袭。

(二)鱼病预防措施

做好疾病的预防工作是养鱼高效益的重要保证之一。但鱼病防治有“四难”。一是发现难。水产动物生活在水中，鱼类的活动不易察觉，当发现鱼类发病时往往已经造成损失。二是及时、正确诊断困难。因许多鱼病病症类似或多种疾病并发，给快速、准确的诊断鱼病造成困难。只有采取多种诊断手段，综合多方的因素，才能准确找出主要病因，从而确诊疾病。三是用药难。养殖水体比较小时，可以采取全池泼洒或药浴等方法防治鱼病，但对养殖水面大的水库、湖泊、河流等不可采用泼洒或药浴方法，因施用药量太大，撒施药物也困难。四是隔离难。水产动物疾病只能群防群治，不容易隔离治疗。所以，水产动物的疾病防治，只有积极采取“全面预防，积极治疗，无病先防，有病早治”的方法，才能减少或避免疾病的发生。鱼病预防时，既要注意消灭病原体，切断疾病传播途径，又要改善生态环境，提高机体抗病力，才能达到良好的效果。鱼病的预防措施主要有以下几方面。

1. 改善生态环境

(1)鱼池的设计与选择要有利于防病　选择建设鱼池时综合地质、水文、生物、社会条件等方面，尽可能符合防病要求。一般要求水源充足、水质良好，水源不污染，进、排水独立方便。

(2)改善养殖生态环境　在养殖空塘季节，清除过多的池底淤泥；排干池水翻晒、冰冻池底，减少夏季高温季节缺氧时池底产生有害的氨氮或硫化氢气体。在正常养殖季节，定期全池泼洒生石灰消毒，调节水体 pH，保持水体微碱性；经常加注新水，换去老水，保持水质清爽；合理开启增氧机增氧，改善水体溶氧状况；定期泼洒光合细菌、EM 水质改良剂或其他底质改良剂；采取多品种合理混养的生态精养技术，充分利用人工饲料和天然饲料。这些生态综合预防措施可大幅度减少鱼病的发生及危害。

2. 增强机体抗病力

改善养殖条件，提高养殖技术水平，加强饲养管理；坚持"四定"投饵方针；饲料选择要适口、稳定性好，可减少残饵对水质的污染。日常管理要精细，勤巡塘、勤除污、勤除害，发现情况及时解决，不断总结并改进管理方法。也可采用人工免疫方法给鱼体注射、浸泡疫苗，使机体产生疾病免疫力。严格控制和消灭病原体。

(1)彻底清塘　见前文鱼苗池的清塘部分。

(2)消毒　鱼塘消毒要做好"五消"。

①机体消毒(药浴)　常用药浴消毒药物见表 5-1。

药浴注意事项如下：A. 每次药浴的水产动物数量不宜太多，以免造成缺氧死亡。B. 药浴时间的长短与水温、水质及养殖种类有关，要灵活掌握。C. 药浴后最好连药水一同倒入池中，以免擦伤鱼体。D. 配制一次药水，只能药浴一批水产动物。否则，药液经多次使用稀释会影响消毒效果。E. 药水配制应用木质或塑料容器溶化，不可使用金属容器，以免腐蚀金属容器，影响消毒效果。F.药浴的药水要现配现用。

表 5-1 常用药浴消毒药物

药物	浓度/(g/m^3)	杀灭病原	药浴时间/min
高锰酸钾	10～20	细菌、原虫(孢子虫除外)、单殖吸虫	10～30
$CuSO_4$ 和 $FeSO_4$ 合剂(5∶2)	8	原虫(孢囊及孢子虫除外)	10～30
漂白粉和硫酸铜合剂	10+8	细菌和原虫(孢子虫除外)	10～30
漂白粉	10～20(含氯 30%)	细菌	10～30

②饵料消毒　疾病流行季节，投喂的青饲料必要时可用 6 g/m^3 漂白粉浸泡 20～30 min 消毒，然后淘洗至无氯味时再投喂。颗粒饲料要选用熟化加工、高温制粒的硬颗粒料或膨化饲料，减少饲料带入的致病因素。

③工具消毒　定期对生产工具消毒预防。如果已经有发病鱼池，发病鱼池的工具应与健康鱼池的工具分开，以免病原传播。不能分开时，木制或塑料工具可用 5%漂白粉水溶液消毒，网具可用 5%的盐水浸泡 30 min 或 20 g/m^3 的硫酸溶液浸泡消毒。

④食场消毒　在疾病流行季节要定期撒漂白粉或其他消毒药物对食场进行消毒，定期施用杀虫药杀虫或在食场挂袋预防。

⑤消灭寄生虫终末寄主或中间寄主　有些病原以水产动物为中间寄主，而以鸟类等陆生动物为终末寄主。消灭终末寄主及带有病原体的陆生动物，同样可达到消灭病原体的目的。例如，椎实螺为双穴吸虫、血居吸虫等的中间寄主。此类鱼病通过清塘消灭池中螺类，切断上述病原的生活史，从而消灭疾病。

(3)季节性预防　多数疾病发生有一定的季节性，掌握发病规律，在疾病流行前进行预防。可采用食物周围挂袋或挂篓，形成消毒区预防体外鱼病。这种方法用药方便，药量少，副作用小，常用作疾病的早期治疗。但要注意，水产动物对所挂药的回避浓度应高于治疗浓度，否则不能使用此法。挂袋后要观察水产动物是否来摄食饵料，如果鱼类回避药袋，说明药量偏大，可进行药量的调整。一般每袋可装漂白粉 100～150 g(塑料瓶扎孔)或敌百虫 100 g(纱布袋)，并且药物作用保持时间不短于 1 h。注意挂药前停食 1 d，保证水产动物有旺盛的食欲来摄食，才可保证良好的消毒效果。

二、常见鱼病的诊断和治疗新概念

(一)相关调查

鱼病的发生往往与环境因素等密切相关，为了正确诊断，必须要做周密的调查，主要做好以下几方面：

(1)鱼病情况的调查　包括发病鱼的死亡数量、种类、大小；病鱼的活动与外征，池中饲养鱼的种类、数量、大小、种苗的来源，水质管理情况；采用的防病措施和发病后采取的何种措施，池塘周围的环境情况等，为疾病的确诊提供全面的参考。

(2)饲养管理情况调查　饲养管理情况包括放养密度、每天投喂饵料的次数、数量、种类和质量，饲料的来源、储藏、消毒情况；未发病鱼塘或已往发病史等情况的调查。

(3)气候和水质情况调查　主要包括气温、水温、阴晴、风、雾等气候情况；水质酸碱度、溶氧、亚硝酸盐含量；水色、透明度、硫化氢等指标。这些可作为进一步诊断的依据。

(二)现场诊断技术

除依据上述所收集的资料外，必须对病鱼作详细的剖检并综合分析，找出主要病因与次要病因，做出最终正确的诊断。一般采用目检与镜检同时进行。

1.诊断鱼的选择

一般选择疾病晚期，快要死亡的病鱼作材料，检查数量不少于3～5尾。死亡已久或腐败鱼，其组织形态和色泽有较大改变，不宜作为检查的材料。

2.检查的顺序

一般的顺序是由外到内，由表及里；先查体表，然后检验血液、内脏、器官、组织。其中体表、鳃、肠为必须检查的部位。

(1)体表检查　包括观察头部、口腔、眼和眼眶周围、鳃盖、躯干、鳞片、鳍、肛门、尾部有无异常或大型寄生虫、孢囊等。各部位组织是否有充血、发炎、溃烂、浮肿、鳞片松弛、竖鳞、脱落、鳍缺损等病症。然后刮取体表或鳍上黏液，做玻片镜检，看是否有原虫、蠕虫类寄生虫。镜检应遵循先低倍镜观察，后高倍镜的观察顺序。

(2)鳃部检查　应注意目检鳃瓣是否完整，颜色有否异常，是否有小型孢囊、大型寄生虫；鳃丝是否充血、褪色、肿大、发白、腐烂等。然后剪取少许鳃丝，滴清水并轻压盖玻片，做成玻片镜检，观察是否有细菌、真菌、原虫、蠕虫或甲壳类等病原体存在。

(3)内部器官检查　从肛门沿腹线和侧线向前剪开，把一侧体壁翻开，暴露出整个内脏(注意不要弄破内部器官，以免影响观察效果)。观察腹腔是否有积液，有无大型寄生虫(如线虫、绦虫、孢囊等)。观察各组织的大小、颜色深浅是否有病变。然后从咽喉和肛门处剪断消化道，取出整个内脏，进一步检查内脏器官。依照心脏、膀胱、胆囊、肝胰脏、脾脏、肾脏、肠系膜、胃肠道、性腺、气鳔、脂肪组织、脑、肌肉顺序依次做目检或镜检。一般根据临诊和目检所得结果初步判断病因，然后再重点检查肝、肠等重点部位。胃肠道可从前肠、中肠、后肠观察肠道食物情况，肠壁是否发炎，肠黏液的颜色和多少，观察有无大型寄生虫或孢囊；也可刮取肠道黏液进行病菌镜检。血液检查看是否检出细菌、异常血细胞、寄生原虫、蠕虫等病因。

3.疾病确诊

鱼病的诊断较为复杂，有些疾病是单一病因，有些是多种病原交叉感染。一般病症通过目测，可作出初步诊断，大多数需镜检确诊，部分疾病需做细菌学、病毒学检测、生化或组织病理学检验才能得出结论。有些鱼病属条件致病因，要结合病原的数量，外界环境因素，综合分析才能正确判断。

(三)水产动物的药物施用方法

水产动物的药物施用分为外用和内服 2 种。药物外用主要是发挥局部作用的给药方法；体内用药方法主要是驱虫、防治细菌性肠炎和吸收药物作用。常用鱼药施药方法有以下几种：

1.遍洒法

全池泼洒药液，使池水药液达到一定的浓度，杀灭体表及水体中的病原体。此法比较方便、快捷，但遍洒法用药量大。特别注意准确计算水体积，用药过量易发生死鱼事故。

2.挂袋法

在食场周围悬挂盛药的袋或篓，形成消毒区。当水产动物来摄食时达到杀灭病原体的目的，挂袋法只适用于预防和早期治疗，水产动物必须有固定的食场，而且药物的最小有效浓度必须低于水产动物的回避浓度，连续挂袋 3 d 为一疗程。

3.药浴法

将水产动物集中在较小容器内，在较高浓度药液中进行短期药浴，以杀灭体外病原体。药浴法一般在转池和运输前后消毒采用。

4.口服法

将药物或疫苗拌入水产动物喜食的饵料中，制成适口的药饵投喂，可杀灭体内病原体或增强鱼体抵抗力。口服法适用于早期预防或治疗，但动物不摄食季节或病情严重不摄食时，则不能使用此法。

体内疾病药物预防一般采用口服法。注意事项有：做药饵时应选用适口性好、营养全面的饲料，颗粒药饲在水中粉化时间不少于 30 min，药饵大小适口；投药饵期间投喂量应比平时减少 20%，1 个疗程一般 3～5 d。

5. 浸泡法

将药草捆扎分成数堆浸沤池中，以杀灭水中或体表病原体。浸泡法用于早期治疗和预防。

6. 涂抹法

在体表患病部位涂抹较浓药液杀灭病原体。涂抹法一般用于亲鱼或较为珍贵鱼类的疾病治疗。

7. 注射法

进行腹腔、胸腔注射或肌肉注射治疗。一般适用于繁殖用的亲鱼及人工注射疫苗时使用，也在少数名贵鱼类治疗时采用。

8. 药物施用的“十六字”原则

(1)对症下药　针对不同的病情，使用不同的药物和剂量，是给药的基础。一般细菌性疾病，如赤皮病、肠炎病、烂鳃病、白头白嘴病及暴发性鱼病，应采用内服药物投喂，同时施用消毒剂泼洒外治。由寄生虫引起的鱼病，要区分不同的虫类，选用不同的杀虫药，采用先杀虫，随后杀菌以防感染的用药策略。

(2)准确用药　如果药量不足则达不到治疗效果，但用药过量反而引起死鱼。注意按可能摄食的鱼体重计算内服药量；外洒药物要准确计算水体体积。一方面要准确用药；另一方面，更要考虑药物的有效成分浓度，结合有效含量计算用量。另外注意不同养殖品种对药物的敏感程度不同，安全使用浓度范围宽窄不同，如胡子鲶、斑点叉尾鮰对敌百虫、咪唑类等杀虫药敏感，要禁用或慎用。

(3)正确给药　泼洒外用药物治疗时，应先投饵后泼药，禁止边泼药边投饵；药物要充分溶解，滤去残渣，以免池鱼误食中毒；泼洒的时间应选择在晴天 9:00～16:00 以前，在此时段用药，可便于观察泼药后鱼群反应，一旦出现中毒现象，可及时采取有效的措施，以免中毒造成死鱼。阴天可在中午泼洒；夏季高温季节，一般在 9:00 以前施药，应避免中午阳光直射时施用。泼洒药物的位置，应从上风处逐步向下风处泼洒，可使药物泼洒均匀，切忌泼洒不均，造成局部中毒或影响药物效果。

（4）合理混用　利用药物的协同作用，合理混用提高药效。例如，硫酸铜和硫酸亚铁合用增效；敌百虫和硫酸亚铁合用增效等。

三、鱼病防治药物及使用新概念

水产用药物从功能上可分为：环境改良与消毒剂、抗微生物类、杀虫驱虫药物等几大类。从原料种类上又可细分为：环境改良与消毒剂包括醛类、酸类、盐类、卤素类、染料类、氧化剂、表面活性剂、矿物类，抗微生物类包括抗病毒类、抗生素类、抗真菌药，杀虫驱虫药物包括抗原虫药、驱杀蠕虫类、杀寄生甲壳动物药等。

（一）环境改良与消毒鱼药

1. 福尔马林

（1）主要性状及作用　福尔马林为无色液体，有刺激性气味，易挥发，可与水或乙醇任意混合。对细菌、芽孢、真菌、病毒和寄生虫都有杀灭作用。水产上常用于防治寄生虫病、工具消毒和保存标本。

（2）防治对象及病症　防治鱼类寄生虫病，如车轮虫病、斜管虫病、杯体虫病、口丝虫病、小瓜虫病、鳃隐鞭虫病、锚头蚤病、中华蚤病、指环虫病、三代虫病、水霉病、鳃霉病等；虾、蟹的烂眼病、红腿病、黑鳃病、褐斑病、丝状细菌病、固着类纤毛虫病、链壶菌病等；鳖的毛霉病、白板病等。

(3)用法用量　鱼类病害防治一般以 10～30 g/m³ 的水体终浓度全池泼洒。虾、蟹类病害防治用 15～20 g/m³ 的水体终浓度全池泼洒，用药 12～14 h 后换水。鳖类在放养前用 20 g/m³ 的药液浸洗 20～30 min，以预防病害。设施、工具用 1%喷雾消毒。

(4)注意事项　食用鱼禁止使用。不可与亚甲基蓝或漂白粉、二氯异氰尿酸钠、三氯异氰尿酸、高锰酸钾等合用。氨氮含量高的水体效果差。

2. 戊二醛

(1)主要性状及作用　戊二醛为无色油状液体，有微弱的甲醛味，但挥发性低，可与水或醇以任意比例混溶，溶液呈弱酸性。

(2)防治对象及病症　戊二醛原为病理标本固定剂，因其碱性水溶液具有较好的杀菌作用，当 pH 为 7.5～8.5 时，作用最强，可杀灭细菌、芽孢、真菌、病毒，其作用比甲醛强 2～10 倍。主要用于养殖环境消毒及养殖工具消毒，由于价格较高，目前多与季铵盐溶液配混后做消毒用。

(3)用法用量　浸浴消毒用 2%碱性溶液，浸洗鱼体 15～20 min，可按照戊二醛 5%：双链季铵盐 25%配成溶液，泼洒使池水达 0.2～0.3 mg/L。

3. 苯扎溴铵(新洁尔灭)

(1)主要性状及作用　苯扎溴铵常温下为黄色胶状物，低温时形成蜡状固体，味芳香，味苦，水溶液呈碱性反应，振摇多泡。在水或乙醇中易溶。性状稳定。

(2)防治对象及病症　本品为阳离子表面活性剂，可做消毒防腐剂，对革兰氏阳性菌、阴性菌和真菌都有杀灭作用。对革兰氏阳性菌作用强。可用于防治鱼类烂鳃病和弧菌病等。此外还可用于杀灭虾、蟹固着类纤毛虫。

(3)用法用量　0.2%～0.5%溶液浸浴 3 h 用于对虾育苗工具消毒，45%的水溶液全池泼洒，使池水药物终浓度达 0.2～

0.5 mg/L,可对水体环境消毒。

(4)注意事项 禁止与肥皂和盐类消毒剂配伍使用,水溶液不能用聚乙烯塑料容器盛放,酸性环境不能使用。

4.生石灰

(1)主要性状及作用 生石灰易在空气中吸收水分而失效;对细菌及繁殖期病毒、寄生虫、休眠孢子均有较强杀灭作用。清塘时可杀灭敌害生物,中和水体有机酸,改变底质环境,提高水体pH,增加水体缓冲能力,提高池底通透性,提供水生生物所需钙元素营养。

(2)防治对象及病症 防治淡水鱼类、虾、蟹、鳖等细菌性、真菌性、病毒性疾病和改良水质。杀死水体微囊藻、蓝绿藻(清泥苔),提高水体 pH。防治鱼类"打粉病"。

(3)用法用量 用于清塘。干法清塘用量为,水深 5～7 cm,每 667 m^2 水面用生石灰 60～70 kg 化水全池泼洒;湿法清塘用量为,水深 1 m,每 667 m^2 水面用生石灰 150～250 kg 化水泼洒。养殖水体全池泼洒,水深 1 m,每 667 m^2 水面用生石灰 15～35 kg 化水泼洒。

(4)注意事项 使用前注意防潮,以防失效。清塘后要隔 7～10 d,试水后才可放鱼。禁止与漂白粉、有机氯、重金属、有机络合物等混用。生石灰安全浓度:水温 20～25℃时,淡水白鲳夏花为 19.5 g/m^3,加州鲈鱼苗为 37.18 g/m^3,稚鳖为 23.9 g/m^3。

5.氯化钠

(1)主要性状及作用 氯化钠溶解于水,不溶解于乙醇;高浓度可抑制病原体生长,预防皮肤或鳃寄生虫病、水霉和部分细菌病。

(2)防治对象及病症 防治鱼类肠炎病、暴发性出血性败血症、白皮病、白头白嘴病、赤皮病、烂鳃病、竖鳞病、水霉病、气泡病、隐鞭虫病、嗜子宫线虫病、口丝虫病、孢子虫病、单殖吸虫病等。

(3)用法用量　内服抗生素时,添加食盐可提高抗生素的疗效。添加量为25～50 g/kg鱼体重。每500 kg鱼,每天用食盐、大蒜、大黄各500 g连喂7 d,可防治细菌性肠炎病、烂鳃病等细菌病。与“三黄粉”合用,防治鱼类暴发性出血病。药浴或泼洒防病,用2%～5%的食盐水浸洗或22.5 g/m^3的水体终浓度全池泼洒,可防治鳃隐鞭虫病、嗜子宫线虫病、口丝虫病,也可防治细菌性疾病。食盐与敌百虫、漂白粉合用,可治疗胡子鲶体表孢子虫病。食盐与小苏打合用,使水体终浓度达40 g/m^3,可防治水霉病,并可改良水质。以1 g/m^3水体终浓度泼洒,每天2次,连用2～3 d,防治气泡病。每667 m^2水面(水深1 m),用食盐2.5～5 kg化水泼洒,对鱼浮头有缓解作用。

(4)注意事项　蛙对食盐的耐受力差,应小心施用;鱼类的浸泡时间要随水温高低、鱼的耐受力而定。

6.硫酸铜

(1)主要性状及作用　本品为蓝色结晶体,易溶于水,不溶于乙醇;酸性环境下作用加强。本品对藻类、纤毛虫、真菌等有较强杀灭作用。常与硫酸亚铁合用(5∶2),全池泼洒使水体终浓度达0.7 g/m^3。

(2)防治对象及病症　用于草、鲢、鳙、鲤、鲫、罗非鱼、胡子鲶、斑点叉尾鮰、鳜鱼、加州鲈等养殖品种的隐鞭虫病、车轮虫病、斜管虫病、口丝虫病、孢子虫病、复口吸虫病、中华蚤病等疾病的防治。也用于杀灭青泥苔、蓝藻、真菌和某些细菌。

(3)用法用量　A.药浴使用时以8 g/m^3药液浸泡15～30 min,防治原生动物寄生虫。但用此浓度浸泡,会对鳃造成一定的伤害。B.全池泼洒防治鱼病时,使水体终浓度达0.5 g/m^3并与1～1.5 g/m^3大黄合用,可防治鱼类细菌、病毒病。全池泼洒使水体终浓度达0.5 g/m^3,防治鱼类原虫类寄生虫。C.硫酸铜、硫酸亚铁、敌百虫各 150 g 配制成合剂泼洒，治疗孢子虫病。

(4)注意事项　虾、蟹对硫酸铜较敏感，慎用，贝类禁用，勿用金属器具盛装，溶解水温不超 60℃，以防失效。忌与碱性物质混用。对鱼体有毒害作用，会残留在鳃、肝、肌肉中，影响鱼类摄食和生长，故不能经常使用，每月施用次数不超过 2 次。鱼类小瓜虫病、卵甲藻病切勿使用硫酸铜，会加重病情。硫酸铜的药物毒性受温度、硬度、碱度、pH、有机物浓度和其他盐类的影响较大；pH 越大、有机物越多、硬度越大、碳酸盐类浓度越大，硫酸铜毒性越小；反之，水温越高，水体酸性越强，有机物越少，毒性越大。而且，安全浓度范围较小，使用时要计算准确。在绿色水产品生产中，限制硫酸铜的使用，以减少水体污染。

7. 络合铜

(1)主要性状及作用　本品为无臭、无味蓝色液体，可与水以任意比例混合；含有效铜 8%～10%，性质稳定，能有效消除水中有害藻类，防止浮游动物过量繁殖，还可杀灭真菌和纤毛虫类寄生虫。络合铜对鱼类安全，刺激小，无毒性。

(2)防治对象及病症　用于杀灭水体恶性水藻。防治鱼类车轮虫、斜管虫、毛管虫等纤毛虫病及水霉病、鳃霉病等真菌性疾病。可治疗虾类丝状藻类附着症、纤毛虫病、夜光虫病。

(3)用法用量　防治池塘鱼病，以 0.37～0.8 g/m^3 的水体终浓度全池泼洒。虾池中以 0.6～1.2 g/m^3 的水体终浓度全池泼洒。

(4)注意事项　施用后需对水体增氧并换水；水体硬度低于 50 g/m^3 或 pH 低于 7.2 时，应减量使用。

8. 漂白粉

(1)主要性状及作用　漂白粉为白色粉末，可溶于水，具有氯气味，含氯量 25%～30%。常用作消毒或杀菌剂，是防治鱼类细菌性疾病的常用药物之一，但施用过量会使鳃组织受到破坏而阻碍呼吸，造成鱼类死亡。

(2)防治对象及病症　防治暴发性出血性败血症、白皮病、赤皮病、细菌性烂鳃病、打印病、疖疮病、卵甲藻病。虾烂眼病、褐斑病、黑鳃病、烂鳃病、红腿病、弧菌病、对虾菌血症等。河蟹水肿病、鳖腐皮病、疖疮病、白眼病、红脖子病、烂皮病、毛霉病等。

(3)用法用量　清塘用法，如果干法清塘，每667 m^2 水面(水深0.3 m)用漂白粉10～20 kg；带水清塘，每667 m^2 水面(水深1 m)用15～35 kg。全池泼洒消毒，使水体终浓度达0.8～2 g/m^3。鱼种消毒时，用10～20 g/m^3 浓度的药液，浸洗10～30 min。青草饵料消毒时，用浓度为6 g/m^3 漂白粉浸泡20～30 min。工具消毒时，用5%的漂白粉溶液浸洗消毒。食场消毒时，一般用漂白粉100～150 g，加入15～25 kg的水，均匀泼洒在食场周围消毒。挂篓预防疾病时，在食台周围挂3～6只纱布袋，每袋装100 g左右的漂白粉，当鱼类来摄食时，对鱼体进行漂白粉消毒。

(4)注意事项　漂白粉溶解时不能用金属器皿盛装。不宜与酸、铵盐、硫黄、福尔马林、生石灰等混用。另外与漂白粉类似的有漂白精，含氯量为60%～70%，稳定性较漂白粉好，性质与漂白粉相同。

9. 二氧化氯

(1)主要性状及作用　水产消毒用的二氧化氯由次氯酸钠和酸性活化剂2种组分组成。使用时2种组分分别用水稀释，然后混合，在水中释放氯气而起到消毒杀菌的作用。二氧化氯含量超过13%时，易发生爆炸分解，且腐蚀性强。二氧化氯是高效低毒消毒剂，杀菌能力不受水体pH、氨氮和有机物含量的影响。其持效性为一般有机氯消毒剂10倍以上。二氧化氯具有强氧化性，氧化性高于过氧化氢、次氯酸钠、高锰酸钾等氧化剂。主要起净化水质、消毒、杀菌等作用。

(2)防治对象及病症　常用来预防或治疗鱼、虾、鳖、蟹的细菌性疾病。对病毒性疾病也有很好的预防作用。

(3)用法用量　每 667 m^2 水面(水深 1 m)用二氧化氯(1 组)200 g,把 2 种组分分别溶于水后,然后混合均匀,静置 8～10 min 后全池泼洒。

(4)注意事项　2 组分受潮后起反应易爆炸,故应保存于阴凉干燥处;不能用金属容器配制,不与其他消毒剂混用,泼洒消毒时不可吸烟;勿逆风操作,以防中毒。另外,二氧化氯的杀菌效力随温度的降低而减弱。

10. 二氯异氰尿酸钠(优氯净)

(1)主要性状及作用　本品为白色粉末或颗粒,易溶解于水,水溶液呈酸性;有效氯不低于 56%,性质稳定可长期保存。常用来净化水质、消毒、杀菌、杀藻、除臭等。

(2)防治对象及病症　对鱼类细菌性败血症、肠炎病、赤皮病、细菌性烂鳃病、打印病、疖疮病、竖鳞病、烂尾病有良好的效果。也常用在虾、蟹、育珠蚌和鳖类各种细菌性疾病的防治中。

(3)用法用量　二氯异氰尿酸钠用水溶解后,以 0.3～0.5 g/m^3 水体终浓度全池泼洒,每天 1 次,严重时连用 2 d。注意在使用时不能用金属容器盛装。

11. 三氯异氰尿酸(强氯精)

(1)主要性状及作用　本品为粉剂或颗粒剂;有效氯不低于 85%,性质稳定,水溶液呈酸性。作用机理同二氯异氰尿酸,但三氯异氰尿酸作用更强,且对藻类也有相当的杀灭作用,杀菌效力为漂白粉的 100 倍左右。

(2)防治对象及病症　常用于鱼类细菌性败血症、肠炎病、赤皮病、细菌性烂鳃病、打印病、疖疮病、竖鳞病、烂尾病及寄生虫引起的继发性细菌感染以及虾、育珠蚌、鳖的各种细菌性疾病的防治。

(3)用法用量　三氯异氰尿酸用水溶解后,以 0.1～0.37 g/m^3

的水体终浓度全池泼洒。清塘时用 5～10 g/m³ 的水体终浓度全池泼洒，施药 10 d 后放鱼。

(4)注意事项　存放于干燥通风处，不能与碱类物质混存；溶解时不能用金属容器盛装。泼洒浓度要依据不同的鱼类和水体 pH 而酌情增减。

12. 溴氯海因

(1)主要性状及作用　本品为白色粉状固体，有效氯不低于 92%，一般制成有效溴氯含量为 8% 的溴氯海因，常用于水体消毒。溴氯海因性质稳定，微溶于水；其抗菌谱同二氯海因，但其杀菌效果是二氯海因的 8～10 倍。该品具有缓释功能，可根据水质情况自动调节杀菌，使水体长时间保持抑菌状态。

(2)防治对象及病症　防治鱼类暴发性出血症、肠炎病、赤皮病、细菌性烂鳃病、打印病、疖疮病、竖鳞病等细菌性疾病和预防病毒性疾病，防治鳖红脖子病、腐皮病、白点病及肝肾病，以及对虾红腿病、烂鳃病、烂眼病、丝状细菌病、白斑病等。

(3)用法用量　用水溶解后，用有效溴氯含量 8% 的溴氯海因 0.3～0.4 g/m³ 的水体终浓度全池泼洒；预防量为 0.2 g/m³ 水体终浓度全池泼洒。注意事项同二氯海因。

13. 碘

(1)主要性状及作用　本品为紫黑色晶体，易升华，难溶解于水，易溶解于乙醇。碘酊是碘溶解于酒精配成的溶液。碘(分子形式的游离碘)对细菌、芽孢、真菌、病毒和球虫有强烈的杀灭作用。

(2)防治对象及病症　防治草鱼出血病、鲤鱼嗜子宫线虫病、艾美虫病、青鱼球虫病等，以及虹鳟传染性造血器官坏死病等病毒性疾病。

(3)用法用量　内服治疗时，每天用药量为 25 mg/kg 鱼体重，连用 4 d。涂抹治疗时，用碘酊局部涂抹治疗鲤鱼嗜子宫线虫病。

(4)注意事项　避光阴凉干燥处保存；且勿与氨水、铵盐类混合，易生成爆炸性碘化氮。也不能与碱类及重金属盐类混用，容易发生沉淀影响疗效。

14. 聚维酮碘(皮维碘、伏碘、PVP-I、聚乙烯吡咯烷酮)

(1)主要性状及作用　本品是聚乙烯吡咯烷酮和碘的有机复合物，性能稳定；易溶解于水和乙醇，含有效碘 10%；常用的聚维酮碘溶液为含有效碘 1%的深棕色液体。对细菌、芽孢、真菌、病毒有强烈的杀灭作用；其效力不受水体硬度、有机物、pH 的影响。具有缓释性能、毒性小、作用持久等特点。

(2)防治对象及病症　常用于鱼类细菌、真菌性疾病，草鱼出血病，以及鳖、虾、蛙细菌性疾病和病毒性疾病的防治。

(3)用法用量　内服治疗，每天用有效碘量为 20～50 mg/kg 鱼体重的聚维酮碘，连用 3～5 d。全池泼洒防治，用 1%的皮维碘全池泼洒，鱼、虾类以 0.2～0.5 g/m^3 的水体终浓度泼洒，鳖以 0.3～0.7 g/m^3 的水体终浓度全池泼洒。

(4)注意事项　避光、阴凉、干燥处保存，不与铵盐类混用，不接触金属容器。

15. 四烷基季铵盐络合碘

(1)主要性状及作用　本品为深棕红色澄清水剂，无臭、无味；可与水任意比例混合；水溶液呈酸性，性质稳定；季铵盐含量 5%～50%，是消毒剂与活化剂的络合物，具有超强消毒杀菌性能，对细菌、病毒、芽孢、真菌、浮游动物、藻类、虫卵都有强烈的杀灭作用，其作用比含氯消毒剂强 2～3 倍，消毒效力可持续 2 周，并且不产生耐药性；对鱼类刺激小，毒性弱。双链季铵盐类消毒剂主要品种有：季铵盐络合碘、季铵盐络合溴、季铵盐络合氯、季铵盐络合铜共 4 种。

(2)防治对象及病症　防治鱼、鳖、虾、蛙、蟹等由细菌、病毒、芽孢引起的疾病,也可杀灭藻类。

(3)用法用量　50%的双季铵盐络合碘用水稀释后,以0.3 g/m^3 的水体终浓度全池泼洒。

(4)注意事项　本品不能与碱性物质和表面活性剂混用,不用金属器皿盛装。

16.高锰酸钾

(1)主要性状及作用　本品为黑紫色结晶颗粒;溶解于水,遇乙醇分解;本品为强氧化剂,水溶液释放出新生态氧,从而氧化有机物。有杀菌、杀虫、收敛、解毒作用。酸性环境中作用加强,易因有机物存在而作用减弱。

(2)防治对象及病症　防治鱼类细菌性疾病,水生生物真菌性疾病,如水霉病、鳖肤霉病等疾病。也可用于鱼类中华蚤病、锚头蚤病、鱼鲺病、指环虫、三代虫、鲤嗜子宫线虫病、口丝虫病、斜虫病等寄生虫的预防,虾丝状细菌病、黄鳃病、幼体黏污病等的防治,以及鳗鲡弧菌病、烂鳃病、烂尾病、赤鳍病的防治。

(3)用法用量　鱼类细菌性疾病以2～3 g/m^3 的水体终浓度全池泼洒。真菌病以4～5 g/m^3 的水体终浓度全池泼洒。防治鳖肤霉病以10～20 g/m^3 药液浸洗。虾病防治以2.5～5 g/m^3 浓度的药液浸洗4～6 h后大量换水。杀灭体表寄生虫以2～4 g/m^3 的水体终浓度全池泼洒,或10～20 g/m^3 浓度的药液浸洗15～30 min。防治锚头蚤病、鱼鲺病时需浸洗1.5～2 h。

(4)注意事项　忌与碘、活性炭、甘油合用。鳃机能下降时不能使用;有机物含量高时作用下降,可适当提高使用量。

17.过碳酸钠

本品为白色、自由流动的粒状结晶,有吸湿性。易溶解于水,水溶液呈碱性。稳定性差,被认为是固体形式的过氧化氢,活性氧含量为14%,具有氧化性。可增加水体溶氧,防止鱼类浮头,改良水质。预防鱼类缺氧可以0.075～0.15 g/m^3 的水体终浓度撒施。池塘缺氧急救时，可以 0.15～0.22 g/m³ 的水体终浓度撒施，严重时可加倍使用。活鱼运输时，以 0.02%的溶液运输，每 5～6 h 加药 1 次。

18. 过氧化氢溶液(双氧水)

(1)主要性状及作用　本品为无色透明水溶液，无臭或有类似臭氧气味，性质不稳定，遇氧化物或还原物质即迅速分解产生泡沫，见光分解变质。常保存浓过氧化氢溶液，临用时稀释成含过氧化氢 3%的浓度。

(2)防治对象及病症　常用于局部消毒，治疗侵袭皮肤的吸虫病和棉丝虫有良好效果。

(3)用法用量　每 17.5 L 水加入 30%过氧化氢溶液 17.5 mL 浸洗病鱼 10～15 min。

(4)注意事项　避光保存，观赏鱼不宜使用。

19. 亚甲基蓝

(1)主要性状及作用　本品为深蓝色结晶或褐色粉末，易溶解于水和酒精，空气中稳定；对水生生物的真菌、细菌、寄生虫有强烈的杀灭作用，药性较温和，毒性低。

(2)防治对象及病症　用于鱼类的烂尾病、红嘴病、水霉病、寄生虫病(如小瓜虫病、车轮虫病、斜管虫病、口丝虫病)、鳖的白斑病的防治，也可用于亚硝酸盐和氰化物中毒的解毒。

(3)用法用量　药浴使用时，用 10 g/m³ 浓度的药液，浸泡 10～20 min，防治蠕虫类疾病。全池泼洒防治鱼病，以 2～4 g/m³ 的水体终浓度全池泼洒，视病情可连用 2 次。胡子鲶小瓜虫病治疗用量为 5 g/m³ 的水体终浓度全池泼洒。

(4)注意事项　密闭避光保存；水温低和有机物多时使用效果差。本品有助于增强呼吸机能，故施用时不需另外增氧。

20. 沸石粉

本品为多孔颗粒粉剂，白色或粉红色；主要成分为二氧化硅和三氧化铝,具有良好的吸附性、吸水性、离子交换和催化性。可吸附水中铵态氮、有机物和金属离子,降低池底硫化氢毒性、调节pH、增加水体溶氧、改善水体浮游生物作用强度,同时是良好的微量元素添加剂。

沸石粉作为饲料添加剂为鱼类提供常量和微量元素,可促进鱼类生长。泼洒于水体中可吸附水体有害物质,改良水质,减少疾病发生。在饲料中拌料内服添加量为2.5%,外用泼洒时,以20 g/m^3 的水体终浓度撒施。

21.麦饭石

本品为灰白色粉剂,是以氧化硅为主,含多种元素的矿物质。其内部多孔和通道,有较好的吸附性和离子交换能力,可吸附细菌和有毒金属,吸附和消解水体及底泥中的有毒物质,可以调节水体pH,排出生物体内毒素和促进酶类活力;增加溶氧,防止浮头,消解水体硫化氢,净化水质,促进生长。使用时以150～300 g/m^3 的水体终浓度撒施,每15 d 1次。

22.光合细菌

(1)主要性状及作用　本品为深红色黏稠状液体或粉剂,有异味。光合细菌总数含量一般为3×10^9 个/mL以上。光合细菌是具有原始光能合成体系的原核生物的统称,被广泛应用于水产养殖中,可降低水体氨氮,去除硫化氢和亚硝酸盐,改善底质,净化水质,稳定pH,促进生长,防止疾病发生。

(2)用法用量　内服使用时,以1%的比例拌料投喂。全池泼洒时,首次以20 g/m^3 的水体终浓度全池泼洒,以后每半月以2 g/m^3 的水体终浓度泼洒预防。

(3)注意事项　注意在泼洒前后1周禁用消毒剂,否则影响光合细菌的效果。一般不与抗生素合用。

23.EM

(1)主要性状及作用　EM (effective microorganisms)是由

光合菌群、放线菌群、酵母菌群、丝状菌群和乳酸菌群等10属80多种微生物复合而成的多功能有效微生物群，我国水产养殖中应用较多的微生态制剂包括芽孢杆菌、乳杆菌、双歧杆菌、弧菌、假单胞菌、硝化细菌、光合细菌、酵母菌、放线菌等。商品多为复合菌制剂，其菌种种类和数量有差异，具有氧化、氨化、硝化、反硝化、解磷、硫化及固氮等作用。水产养殖中常用来改善水质，有效降低氨氮、亚硝酸盐和硫化氢含量，抑制有害微生物，减少疾病发生，微生物生长代谢过程中分泌不同类型的抗生素，抑制有害细菌的生长繁殖，营造良好的有益优势菌群，内服可以改善水产动物肠道菌群，增强机体免疫力，促进动物生长，

(2)防治对象及病症　水产养殖中，EM菌施放到水体中可降低水体亚硝酸盐、氨氮、硫化氢等有害物质的含量。改善养殖环境。内服可在肠道形成有益菌优势群，抑制有害微生物在肠道的繁殖，增强动物免疫力，促进动物生长，降低饵料系数。

(3)用法用量　微生态制剂有效含量最少达10^7～10^{10}个/g(mL)，枯草芽孢杆菌20℃以上时，水体泼洒有效活菌含量一般为6×10^8 cfu/g (mL)活菌。净化水质：淡水鱼类池塘首次用15 g/m^3的水体浓度，以后每隔15 d用2 g/m^3的水体终浓度泼洒1次。虾池首次用10 g/m^3的水体终浓度，以后每隔7～10 d用2 g/m^3的水体终浓度泼洒1次。鳗鲡池首次用15 g/m^3的水体终浓度，3 d后用7 g/m^3的水体终浓度泼洒1次，以后每隔7 d用2 g/m^3的水体终浓度泼洒1次。

内服促进生长与防病：育苗池，苗种入池前泼洒，泼洒水体浓度为：鱼苗池30 g/m^3，虾苗60～120 g/m^3，贝苗120～150 g/m^3。拌料内服，按1%左右拌料。纳豆杆菌一般为1×10^8 cfu/g(mL)活菌，饲料中添加量为1×10^8 cfu/kg。

(4)注意事项　注意在泼洒前后1周禁用消毒剂，否则影响EM菌的效果。一般不与抗生素合用。

(二)抗微生物鱼药

1. 青霉素(青霉素钠或青霉素钾)

(1)主要性状及作用 本品为白色结晶性粉末或针剂,易溶于水、生理盐水和葡萄糖溶液。水溶液在室温下放置易失效,遇酸、碱、氧化剂等迅速失效。对大多数革兰氏阳性菌有较强的杀菌作用,对革兰氏阴性菌作用较弱。

(2)防治对象及病症 防治鲤鱼、草鱼、鲢鱼、鳙鱼、团头鲂等鱼类的疖疮病,鳗鱼赤鳍病,对虾的肠道疾病;与链霉素合用,防治亲鱼的产后细菌性感染、打印病等;防治三角帆蚌细菌性病、乌龟白眼病、肺炎病等。

(3)用法用量 全池泼洒青霉素和链霉素使水体终浓度分别达到 1 g/m^3 和 1 g/m^3,可防治对虾肠道细菌病。用生理盐水稀释配成 10 万~20 万 IU/mL 的溶液,每尾注射 8 万~12 万 IU/kg 体重的青霉素和链霉素合剂,防治亲鱼产后感染。

(4)注意事项 禁与四环素、磺胺类、碘酊、高锰酸钾、过氧化钙、高浓度的甘油或酒精混用。

2. 链霉素

(1)主要性状及作用 本品为白色粉剂或针剂,有吸湿性,易溶于水,略溶于乙醇;广谱抗菌,较青霉素抗菌谱广,对革兰氏阴性菌效果好,但对革兰氏阳性菌作用不如青霉素,且易产生抗药性。

(2)防治对象及病症 防治鱼类体表受伤后感染、溃烂,打印病、竖鳞病、疖疮病、弧菌病、罗非鱼运动性气单胞菌以及水霉病等,对虾丝状细菌病和肠道细菌病,以及鳖红脖子病、赤斑病、疖疮病等。

(3)用法用量 内服拌料投喂,每天用量为 50~70 mg/kg 体重,视病情连用 3~5 d。全池泼洒使水体终浓度达 4 g/m^3,防治对虾丝状细菌病。也可与青霉素合用,防治对虾肠道细菌病,链霉素与青霉素的水体终浓度剂量分别为 1.5 g/m^3 和 1 g/m^3。腹腔注射，与 20 万 IU/kg 体重的青霉素合用治疗鳖红脖子病，剂量为 8 万～12 万 IU/kg 体重。

3. 庆大霉素

(1)主要性状及作用　庆大霉素为白色、类白色粉末或注射液，有吸湿性；易溶于水，不溶于乙醇；广谱抗菌药，对革兰氏阴性菌效果比革兰氏阳性菌好，且不易产生耐药性；鱼类内服不易吸收，但在鲤鱼肠道吸收好，且作用时间长。与青霉素有同协作用，与碳酸氢钠合用可增效。

(2)防治对象及病症　防治草鱼肠炎病、烂鳃病、赤皮病等，牛蛙红腿病、烂皮病等细菌性病，鳖细菌性疾病、白板病等。

(3)用法用量　内服拌料投喂，每天用量为 20～60 mg/kg 体重，视病情连用 3～5 d。腹腔注射每天用药量为 20 万 IU/kg 体重，视病情轻重注射 3～5 d。药浴防治牛蛙细菌性疾病，以浓度为 50～1 000 IU/mL 药液浸泡 30～60 min。

(4)注意事项　抗菌作用受 pH 的影响较大，碱性环境中作用增强，与碳酸氢钠合用会显著增强药效。不可与两性霉素 B、肝素钠、邻氯青霉素等配伍使用，均可引起本品沉淀。与羧苄青霉素钠不能同时使用，应分别注射。

4. 新霉素

(1)主要性状及作用　本品为白色或类白色粉末；易吸湿，易溶于水。广谱抗菌，对革兰氏阴性菌、阳性菌、放线菌、钩端螺旋体、阿米巴原虫都有抑制作用，对真菌、立克次氏体、病毒无效。

(2)防治对象及病症　用于治疗水生动物气单胞菌、假单胞菌、爱德华氏菌等细菌性疾病，防治细菌性烂鳃、白皮病、竖鳞病、细菌性败血病、细菌性肠炎、打印病、斑点叉尾鮰肠型败血病、鳗鲡红点病、鳗鲡赤鳍病、虾红腿病、蟹弧菌病、鳖细菌性败血病、鳖疖疮病、蛙红腿病、牛蛙腐皮病等。

(3)用法用量　口服,鱼类每日 20～40 mg/kg 体重,分 2 次投喂,连用 3～5 d。药浴,使水体新霉素浓度达 30～50 mg/L,每次 1～2 h,每日 1 次,连用 2～3 次。肌肉注射,每次 10～20 mg/kg 体重,每日 1 次,连用 2～3 次。

5. 土霉素(氧四环素)

(1)主要性状及作用　本品为黄色结晶状粉末,有微吸湿性,难溶于水,略溶于酒精。遇氢氧化钠溶液易破坏。广谱抗菌,抗菌力强,对立克次氏体、若干革兰氏阴性菌及阳性菌、原虫、螺旋体及支原体均有效,但对病毒、真菌无效。低浓度抑菌,高浓度杀菌。对鱼类致病菌的最低抑菌浓度:点状单胞菌为 0.31～10.0 μg/mL,多数病菌为 0.31～1.25 μg/mL。

(2)防治对象及病症　防治鱼类细菌性疾病,如暴发性败血症、烂鳃病、肠炎病、赤皮病、白皮病、疖疮病、爱德华氏菌病、胡子鲶黑体病等,河蟹水肿病、烂肢病、稚蟹暴发性流行病,鳖的腐皮病、赤斑病,对虾的烂眼病、红腿病、烂鳃病、褐斑病、肠炎病等,鳗爱德华氏菌病、弧菌病、烂尾病、赤鳍病等,蚌细菌病,牛蛙胃肠炎、红腿病等。

(3)用法用量　内服拌料投喂,每天用量 50 mg/kg 体重,视病情连用 3～5 d。全池泼洒,使水体终浓度达 2～5 g/m^3,每天 1 次,连用 2 d。药浴,对虾用 2～2.5 g/m^3 药液浸洗 30 min,放养前用 25 g/m^3 水溶液药浴 20～30 min。

(4)注意事项　铝、镁离子和氧四环素会形成螯合物而影响本品吸收;卤素、碳酸氢钠、凝胶可影响本品吸收。避光保存,避免与碱性物质合用。与青霉素合用会影响青霉素的杀菌作用。

6. 金霉素

(1)主要性状及作用　金霉素为金黄色或黄色粉末,微溶于水,略溶于乙醇,于碱性溶液中迅速失效。对革兰氏阳性菌的作用低于青霉素,对病毒的作用较其他抗生素强,多数鱼类病原菌对其高度敏感。

(2)防治对象及病症　防治常见淡水鱼类白皮病、白头白嘴病、竖鳞和打印病，鳖红脖子病、泥鳅腐皮病、红鳃病、虹鳟弧菌病、疖疮病等。

(3)用法用量　内服拌料投喂，每天用量 20～50 mg/kg 体重，视病情连用 3～5 d。预防减半，每半月 1 次。腹腔注射时，加入 5%葡萄糖，按 5 mg/kg 体重注射，可治疗亲鱼打印病；鳖红脖子病用 15 万～20 万 IU/kg 体重注射，同时内服治疗。

(4)注意事项　忌碱性物质，不能接触金属器具。水中氯含量为 1～4 g/m^3 时，可使之失效，故不宜在用金霉素时撒漂白粉等氯制剂。内服时避免与钙、镁、铝、铁等药物及钙含量高的饲料配伍使用。

7. 强力霉素(脱氧土霉素、多西环素)

(1)主要性状及作用　强力霉素为淡黄色、黄色结晶性粉末或针剂；易溶解于水，微溶解于乙醇。是一种长效、高效、广谱的半合成四环素类抗生素，抗菌谱同四环素和土霉素相似，但作用比两者强 2～10 倍；对革兰氏阴性菌和阳性菌有作用，对立克次氏体、金黄色葡萄球菌也有较好效果。

(2)防治对象及病症　防治罗非鱼、香鱼、虹鳟等鱼类的溃疡病，柱状粒球黏菌和由嗜盐菌引起的化脓症、弧菌病等，鳗鱼弧菌病、烂尾病，牛蛙细菌性病，鳖穿孔病等。

(3)用法用量　内服拌料投喂，每天用量 20～50 mg/kg 体重，视病情连用 3～6 d。采用腹腔注射用药，用药量为 4 万～5 万 IU/kg 体重。

(4)注意事项　含钙、镁、铝、铁、铋等离子的物质及抗酸剂等可影响此药的吸收，故应避免合用。本品有吸湿性，应避光、密封保存于阴凉处。

8. 氟苯尼考(氟甲砜霉素)

(1)主要性状及作用　本品为白色或类白色结晶性粉末，微溶于水，在甲醇中溶解。氟苯尼考是动物专用的广谱抗生素，首先在水产上使用，用于防治淡水鱼类细菌性疾病。

(2)防治对象及病症　防治鱼类细菌性烂鳃病、白皮病、竖鳞病、细菌性败血病、细菌性肠炎、打印病、斑点叉尾鮰肠型败血病、罗非鱼类结节病和链球菌病、虹鳟弧菌病、鳗鲡爱德华菌病、虾烂鳃病、蟹弧菌病、鳖爱德华菌病、牛蛙腐皮病等。

(3)用法用量　内服拌料投喂，鱼类每天用量为7～15 mg/kg体重，虾蟹每日用量为15～20 mg/kg体重，分2次投喂，连用3～5 d。药浴，使水体中的氟苯尼考浓度达4～8 mg/L，每次2～4 h，每日1次，连用2～3次。肌肉注射，每次用量为5～10 mg/kg体重，每日1次，连用2～3次。

9. 甲砜霉素

(1)主要性状及作用　本品为白色结晶性粉末，水中溶解度10%，溶于甲醇。

(2)防治对象及病症　防治鱼类细菌性烂鳃病、白皮病、白头白嘴病、竖鳞病、细菌性败血病、细菌性肠炎、打印病、斑点叉尾鮰肠型败血病、罗非鱼类结节病和链球菌病、虹鳟弧菌病、鳗鲡爱德华菌病、鳗鲡红点病、鳗鲡赤鳍病、虾烂鳃病、虾红腿病、甲壳溃疡病、蟹弧菌病、鳖爱德华菌病、鳖出血性肠道坏死病、牛蛙腐皮病、肠胃炎等。

(3)用法用量　内服拌料投喂，鱼类每天用量为30～50 mg/kg体重，虾、蟹每日用量为40～60 mg/kg体重，分2次投喂，连用3～5 d。药浴，使水体中的甲砜霉素浓度达15～30 mg/L，每次1～2 h，每日1次，连用2～3次。肌肉注射，每次用量为10～20 mg/kg体重，每日1次，连用2～3次。

10. 磺胺二甲嘧啶(SM2)

(1)主要性状及作用　本品为白色或微黄色结晶粉末；极难溶解于水，可溶解于热乙醇中，肠内吸收快，排泄快，属于短效磺胺。毒性低，不易损害肝脏。

(2)防治对象及病症　防治鱼类肠炎病、赤皮病、烂鳃病、观赏鱼竖鳞病等。

(3)用法用量　内服拌料投喂，每天用量为 50～200 mg/kg 体重，第 1 天用量加倍，视病情连用 3～5 d。

11. 磺胺间甲氧嘧啶(SMM)

(1)主要性状及作用　本品为白色结晶性粉末，难溶解于水，微溶于乙醇；抗菌力为磺胺类最强的一种；内服肠道吸收良好，血浆浓度高，维持时间长，属于长效磺胺；毒性小，与氯磺丙脲配伍可增强抗菌效果。

(2)防治对象及病症　防治鱼类肠炎病、白皮病、白头白嘴病、疖疮病、赤皮病、烂鳃病、竖鳞病及弧菌病等。

(3)用法用量　内服拌料投喂，每天用量为 50～200 mg/kg 体重，第 1 天用量加倍，视病情连用 3～5 d。

12. 氟哌酸(诺氟沙星)

(1)主要性状及作用　本品为类白色或淡黄色结晶性粉末，极微溶于水和乙醇，是第三代喹诺酮类抗菌药，抗菌、杀菌效果更强；广谱抗菌且不易产生耐药性。

(2)防治对象及病症　防治鱼类、鳖、虾肠炎、细菌性败血症、打印病、赤皮病、烂鳃病、斑点叉尾鮰肠型败血症、溃疡病、弧菌病等，鳗狂游病、鳖腐皮病、蛙红腿病、歪头病、肠胃炎、腹水病等。

(3)用法用量　拌料内服，鱼类每天用量为 20～50 mg/kg 体重，视病情连用 3～5 d，分 2 次投喂。鳗鲡每日用量为 5～10 mg/kg 体重，连用 3～5 d，同时可添加维生素 C 10～30 mg/kg 体重。药浴，使水体中的氟哌酸浓度达 2～4 mg/L，每次 1～2 h，每日1 次连用 2～3 次。肌肉注射，每次用量为 5～10 mg/kg 体重，每日 1 次，连用 2～3 次。

13. 恩诺沙星

(1)主要性状及作用　本品为微黄色或类白色结晶性粉末，微溶于水和甲醇，易溶于碱性溶液，是第三代喹诺酮类抗菌药，抗菌、杀菌效果更强；广谱抗菌且不易产生耐药性。

(2)防治对象及病症　防治鱼类、鳖、虾肠炎病、细菌性败血症、打印病、赤皮病、烂鳃病、斑点叉尾鮰肠型败血症、溃疡病、弧菌病等，鳗鲡狂游病、鳗鲡爱德华菌病、鳖腐皮病、蛙红腿病、歪头病、肠胃炎、腹水病等。

(3)用法用量　拌料内服，鱼类细菌性疾病，每天用量为 20～40 mg/kg 体重，视病情连用 3～5 d，分 2 次投喂。鳗鲡每日用量为 10～20mg/kg 体重，连用 3～5 d，同时可添加维生素 C 10～30 mg/kg 体重。鲟鱼细菌性败血病、肠炎，每日用量为 20～50 mg/kg 体重，视病情连用 3～5 d，分 2 次投喂。虾、蟹、龟、鳖每日用量为 20～50 mg/kg 体重，同时可添加维生素 C 3 g/kg 体重，视病情连用 3～5 d，分 2 次投喂。药浴，使水体中的恩诺沙星浓度达 4 mg/L，每次 1～2 h，每日 1 次，连用 2～3 次。肌肉注射，龟鳖肌肉注射量为 5 mg/kg 体重，每日 1 次，连用 2～3 次。

14. 盐酸小檗碱(盐酸黄连素)

(1)主要性状及作用　本品为黄色结晶性粉末，微溶于水和乙醇，可人工合成，广谱抗菌，对部分病毒有抑制作用，且不易产生耐

治对象及病症　防治鱼类细菌性肠炎、鳗鲡红点病、鳖

肠胃炎等细菌性疾病。

用量　拌料内服，水生动物每日用量为 15～30 mg/kg

用 3～5 d，分 2 次投喂。

15. 大蒜素(三硫二丙烯)

(1)主要性状及作用　本品为淡黄色油状液体,具大蒜臭,可与乙醇混合,对碱不稳定,对酸稳定,本品溶液遇热很快失效。对多种致病菌有明显的抑制和杀灭作用,试验证明,对青霉素、链霉素、金霉素产生耐药的细菌对大蒜素仍敏感。

(2)防治对象及病症　防治鱼类细菌性疾病,对大肠杆菌、痢疾杆菌抑制明显。也常作为饲料添加剂促进动物生长和诱食。防治鱼类细菌性肠炎、细菌性败血病、细菌性烂鳃病、白皮病、白头白嘴病、竖鳞病、打印病、斑点叉尾鮰肠型败血病、鱼类弧菌病、鳗鲡红点病、鳗鲡赤鳍病、鳖红脖子病、龟腐甲病、蛙肠胃炎等。

(3)用法用量　内服,鱼类每日用量为 20 mg/kg 体重,视病情连用 3～5 d,分 2 次投喂。

(三)杀虫驱虫鱼药

1. 敌百虫

(1)主要性状及作用　本品为白色结晶性粉末,易溶于水和乙醇。在碱性环境中转化为敌敌畏,敌敌畏可进一步分解,直到分解成无活性的物质为止。易吸潮,本品溶于水中,产生一种胆碱酯酶的抑制剂,使胆碱酯酶的活性受抑制,从而使昆虫、甲壳类、蠕虫等精神失常而中毒死亡。广泛用于防治鱼体外寄生虫病,也可杀灭水体浮游动物。与碳酸钠(面碱)(1∶0.6)合用有增效作用。

(2)防治对象及病症　可杀灭鱼类指环虫、三代虫、小瓜虫、黏孢子虫、血居吸虫、棘头虫、绦虫、毛细线虫、嗜子宫线虫、中华蚤、锚头蚤、鱼虱。也可杀灭剑水蚤、桡足类浮游动物和水蜈蚣等敌害。

(3)用法用量　与饲料混合做成药饵内服,对绦虫病、毛细线虫病、棘头虫病有效果,用量为 0.1～0.4 g/kg 鱼体重,连喂 4～6 d。用 0.2～0.5 g/m^3 的水体终浓度全池泼洒,可治疗鱼体外寄生虫；或与碳酸钠（面碱）合用全池泼洒（1∶0.6），使水体达0.1～0.2 g/m³终浓度，治疗鱼体外寄生虫。与硫酸亚铁合用，以敌百虫0.18 g/m³和硫酸亚铁0.7 g/m³水体终浓度全池泼洒，防治中华蚤病。每667 m²水面（水深1 m）用硫酸铜、硫酸亚铁、含量90%的敌百虫各150 g，溶解于水中全池泼洒，连用2 d，可治疗孢子虫病。药浴防治鱼病时，用90%的晶体敌百虫药液20～40 g/m³，浸洗鱼种10～20 min，可杀灭指环虫、中华蚤、锚头蚤、三代虫等寄生虫病。2%～3.5%的敌百虫药液，浸洗鱼体25 min，可杀灭指环虫、三代虫、鱼鲺、斜管虫、车轮虫等；浸洗30～60 min对小瓜虫也有效。

（4）注意事项　敌百虫勿用金属器具盛装；除与面碱合用外，不得与其他碱性药物合用，因与碱性物质混用会增加毒性，容易造成死鱼事故。特别应注意的是，对淡水白鲳、鳜鱼、虹鳟、胡子鲶、大口鲶、斑点叉尾鮰、虾、蟹应禁止使用。

2. 溴氰菊酯（敌杀死）

（1）主要性状及作用　本品纯品为白色斜方形针状晶体；不溶于水，在碱性介质中不稳定。一般是2.5%的乳油或可湿性粉剂制品；杀虫活性高，对水生甲壳类寄生虫以及水体的浮游动物有较好的杀灭作用，是一种高效低毒杀虫药。

（2）防治对象及病症　主要防治中华蚤病、锚头蚤病、鱼虱病等寄生虫病。

（3）用法用量　每667 m²水面（水深1 m）用2.5%的乳油10～20 mL，用水稀释后全池泼洒，病情严重时可间隔24 h后，再用1次。

（4）注意事项　勿与生石灰等碱性药物同时使用。虾、蟹特别敏感，应禁止使用。在水质过肥，pH高时，可减弱其效力。

3. 阿维菌素

（1）主要性状及作用　本品为白色或微黄色结晶粉末；易溶

于乙酸乙酯、丙酮、三氯甲烷，略溶于甲醇、乙醇，在水中几乎不溶。是光谱、高效低毒抗生素类抗寄生虫药，对体内外寄生虫特别是线虫和节肢动物均有良好的驱杀作用。但对绦虫、吸虫及原生动物无效。

(2)防治对象及病症　主要防治淡水鱼、虾、蟹寄生虫病，驱杀鱼类棘头虫、指环虫、三代虫等蠕虫。

(3)用法用量　全池泼洒1.8%的阿维菌素溶液，使淡水鱼池塘浓度达0.08 mL/m^3，养虾塘，使水体终浓度达0.04 mL/m^3。

(4)注意事项　本品性质不稳，对光敏感；对线虫、尤其是节肢动物产生的驱除作用缓慢。1.8%的阿维菌素溶液在水温(20±0.5)℃条件下，体长3～5 cm的建鲤24、48 h的半致死浓度分别为0.717和0.552 mL/L，安全浓度为0.098 mL/L。对平均10 g的青虾半致死浓度为0.37 mL/L；对体重平均50 g的中华绒螯蟹半致死浓度大于1.6 mL/L。

4.氯氰菊酯

(1)主要性状及作用　本品为黄棕色至深红褐色黏稠液体，不溶于水，易溶于酮类，酸性条件下稳定，碱性条件下分解，杀虫谱广，对有机磷杀虫药产生耐药性的害虫效果良好。

(2)防治对象及病症　本品是一种拟除虫菊酯类杀虫剂，主要防治中华蚤病、锚头蚤病、鱼虱病等寄生虫病。

(3)用法用量　本品稀释后全池均匀泼洒，4.5%的氯氰菊酯乳油，使水体终浓度达0.015～0.02 mL/m^3。

(4)注意事项　勿与生石灰等碱性药物同时使用。虾、蟹特别敏感，应禁止使用。在水质过肥，pH高时，可减弱其效力。对鲢鱼、草鱼、鲤鱼安全浓度分别为0.017、0.03和0.034 mL/m^3。

5.甲苯咪唑

(1)主要性状及作用　本品为白色或微黄色结晶性粉末，无臭、无味；不溶于水，性质稳定；对指环虫、三代虫等蠕虫类寄生虫有较好的杀灭作用。

(2)防治对象及病症　主要防治鱼类指环虫病、三代虫病和鳗鱼丝吸虫病。

(3)用法用量　一般以0.4～2.0 g/m^3 水体终浓度全池泼洒，幼鳗用量不超过0.6 g/m^3。内服治疗时，每天用药50 mg/kg鱼体重，连用2 d，治疗鳗鱼丝吸虫病。但注意鳗鱼对甲苯咪唑比较敏感。

6.盐酸左旋咪唑

(1)主要性状及作用　本品为白色或类白色结晶性粉末，无臭，味苦；易溶于水和乙醇，在碱性水溶液中易分解失效，是广谱、高效、低毒杀虫药物，通过麻痹虫体而驱虫，可治疗鱼类黏孢子虫病。

(2)用法用量　拌料内服，每天用药量为4～8 g/kg鱼体重，连用1～2 d。注意要密封保存，并不与碱性药物配伍使用。

7.盐酸氯苯胍

(1)主要性状及作用　本品为白色结晶状粉末，无臭，有苦味；不溶于水，微溶于乙醇；是广谱、高效、低毒抗球虫药，主要防治鱼类孢子虫病。

(2)用法用量　首先用敌百虫全池泼洒消毒，然后用本品拌饵投喂，第1天用药量为100 mg/kg鱼体重，第2～4天用药量为30～40 mg/kg鱼体重。

(3)注意事项　食用鱼停药期为7 d，与磺胺嘧啶合用可提高疗效。

8.地克珠利(氯嗪苯乙氰)

(1)主要性状及作用　本品原药为淡黄色至灰褐色粉末，几乎不溶于水，但溶于碱水，略溶于二甲酰胺，微溶于四氢呋喃。无毒级产品，且无致癌、致畸、致突变作用，产品含量为98.5%，预混剂含量为0.5%。地克珠利是一种全新的人工合成的非离子携带型广谱高效抗球虫药物，近几年常用于杀灭鱼类体内粘孢子虫、微孢子虫、肤孢子虫、绦虫等肠道寄生虫。

(2)用法用量 内服拌料，1 000 kg 饲料拌 100 g 原粉，每天 2 次，连用 3～5 d。外用泼洒，每 667 m^2 水面(深 1 m)泼洒 10 g 原粉。

(四)鱼病防治常用中草药

1. 铁苋菜

主要性质和作用：本品干燥全草入药，性苦、涩、凉，无毒；具有收敛止血，清热利湿、清热解毒等功效。有抑菌和杀菌作用，常与地锦草、辣蓼合用，可防治鱼类细菌性肠炎病、烂鳃病、赤皮病等。

用法用量：A. 铁苋菜干草用量为 5 g/kg 鱼体重，或鲜草 20 g/kg 鱼体重，加辣蓼干品 2.5 g/kg 鱼体重，混合加水，煎煮 2 h，拌料内服，每天 1 次，连用 3 d。B. 铁苋菜、苦楝、金锦香各 25 g/kg 鱼体重，捣碎煎汁拌料内服，每天 1 次，连用 3 d。

2. 马齿苋

主要性质和作用：马齿苋全草入药。性味酸，寒，无毒；具有清热解毒、消肿止痛、停血止血、杀虫等功效，对细菌和部分真菌均有抑制作用。此外，可加强肠蠕动，可防治鱼类细菌性肠炎和金鱼竖鳞病等。

用法用量：A. 每 50 kg 鱼每天用新鲜马齿苋 0.75～1.5 kg 拌料内服，连用 6 d。B. 药浴时用鲜马齿苋 0.25 kg，加水 1.5 kg 煮沸 15 min，浸洗金鱼 12 h，治疗金鱼竖鳞病。

3. 黄连

主要性质和作用：以干燥的根茎入药，含有效成分为小檗碱，根茎中含小檗碱 5%。目前小檗碱可化学合成，合成的小檗碱称为黄连素，性苦、寒。具有清热解毒、凉血的功能。黄连抗菌谱广，对多种细菌有抑制作用，低浓度抑菌，高浓度杀菌，对真菌、病毒、原虫都有作用；与喹诺酮类药物合用效果更好。可防治淡水鱼类及鳖的细菌和病毒性疾病。

用法用量：A. 全池泼洒，每 667 m^2 水面(水深 1 m)用黄连、野菊花、甘草、大黄、金银花各 0.1 kg，煎煮成汁，全池泼洒防治鱼病。B. 每 667 m^2 水面(水深 1 m)用黄连 1 kg、生姜 10 kg、桐油 0.5 kg、石灰 2 kg、人尿 25 kg 全池泼洒。C. 以黄连 2 g/m^3、大黄 1 g/m^3 的水体终浓度全池泼洒，治疗鳖的暴发性出血病。D. 内服时每 50 kg 鱼体重，用黄连 2～10 g 与饲料混合内服。

4. 板蓝根

主要性质和作用：本品以十字花科植物菘蓝的根入药，性苦、寒，具有清热解毒、凉血止血等功能。其煎剂对革兰氏阳性菌和阴性菌有抑制作用，对病毒也有较好的作用。可防治鱼类暴发性出血病、烂鳃病、肠炎病、以及多种病毒性疾病和鳖的鳃腺炎。

用法用量：①全池泼洒时与大青叶合用，使水体板蓝根达 40 g/m^3 的终浓度，大青叶达 20 g/m^3 的水体终浓度。②内服时每 100 kg 鱼，用板蓝根 2.5 kg、穿心莲 1.5 kg，第 1 天用开水浸泡，第 2 天药渣煎汁，拌料内服。

5. 大黄

主要性质和作用：以大黄的根茎入药；性苦、寒，无毒。对革兰氏阳性菌和某些阴性菌均有抑制作用，对鱼害粘球菌、气单胞菌等有较强的抑制作用；同时有抗病毒和止血、促凝血的作用。其作用是抑菌，但不能杀菌。体内分布以肝、肾最多，常与黄柏、黄芩合用，称为“三黄”，其中，大黄 50%、黄柏 30%、黄芩 20%。

防治疾病：A. 鱼类细菌性疾病，如烂鳃病、暴发性出血病、白皮病、白头白嘴病、肠炎病、腐皮病等。B. 防治鱼类病毒性疾病，如草鱼出血病、鳖的白板病等。

用法用量：A. 拌料内服，每天用药量为 5～10 g/kg 鱼体重，视病情连用 3～5 d。做药饵时添加黏合剂，可有利于鱼类摄食药饵，提高疗效。B. 全池泼洒使用时，使大黄粉达 1～3.7 g/m^3 的水体终浓度，每天 1 次，连用 2 d。1 kg 大黄用 60％的酒精或 0.3％的氨水浸泡 12～24 h 后再泼洒，则有增效作用。用大黄 1～1.5 g/m^3 的水体终浓度消毒时，同时用硫酸铜 0.5 g/m^3 全池泼洒效果更好。

6. 黄柏

主要性质和作用：用黄柏树皮入药，性苦、寒，无毒；具有清热燥湿、泻火解毒等功效。主要成分小檗碱具有广谱抗菌作用，对多种细菌和某些病毒有抑制作用，其作用与黄连类似。常与大黄、黄芩合用，配制成“三黄粉”应用。

主要防治对象及病症：同大黄，用法用量参照大黄的施用方法。

7. 黄芩

主要性质和作用：以黄芩的根入药，性苦寒，无毒。具有广泛的抗菌谱，对多种细菌、真菌、原虫和病毒有抑制作用，同时可降低鱼类应激反应。黄芩具有促进淋巴细胞转化、增强白细胞吞噬、增强机体免疫的功能，常与大黄、黄柏配伍使用。常用于防治草鱼出血病，鱼类细菌性烂鳃病、赤皮病、肠炎病等。

用法用量：A. 内服使用，拌料投喂，每天用药量为 2～4 g/kg 体重，连用 3～5 d。B. 全池泼洒，用抗生素 8 g/m^3 和黄芩 5 g/m^3 合用泼洒。

8. 辣蓼

主要性质和作用：以辣蓼的全草入药，性味辛、温和，无毒；具有解毒、杀虫、止血、消肿止痛等功效。20％～80％本品煎剂对多种细菌有较强的抑制作用，常用于防治鱼类细菌性肠炎、烂鳃病、赤皮病等细菌性疾病。

用法用量：A. 每 50 kg 鱼用辣蓼干粉 0.5 kg 或鲜草 1.5 kg，切碎用水煎汁后，拌料内服，每天 1 次，连用 3～5 d。B. 每 50 kg

鱼用辣蓼干粉 0.5 kg、艾叶粉 0.1 kg 制成药饵内服，每天 1 次，连用 4 d。

9. 大蒜

主要性质及作用：本品以大蒜的鳞茎入药，性辛辣、温和、无毒。主要成分是大蒜素，大蒜素可人工合成，合成物主要成分为三硫异丙烯，纯大蒜素为油状液体，一般鱼用含大蒜素 10%～50%的粉剂。具有杀虫消积、消毒消痛、消食、杀菌止痢等功效。对多种细菌、真菌及某些病毒均有不同程度的抑制作用。大蒜素在 4～20 mg/L 的浓度下有抑菌作用。内服可促进肠蠕动，有增强食欲的功效。可治疗鱼类细菌性肠炎病、竖鳞病、暴发性出血病、胡子鲶黑体病，也可杀灭部分原虫。尤其对致病性真菌有强的抑制作用。

用法用量：A. 拌料内服，每天用大蒜 5～20 g/kg 鱼体重，连喂 6 d；或每天用人工合成 10%的大蒜素 0.2 g/kg 鱼体重拌料内服。B. 每万尾鱼种用大蒜 0.25 kg、喜旱莲子草 4 kg 和食盐 0.25 kg 与豆饼磨碎投喂，每天 2 次，连用 4 d，可防治鱼类暴发性出血病。C. 50 kg 水体，加入捣烂大蒜 0.25 kg，浸洗病鱼数次，可治竖鳞病。

10. 穿心莲

主要性质及作用：穿心莲全草入药；性苦、寒，无毒；具有清热解毒、消肿、抑菌止泻等功效。穿心莲中含的穿心莲内酯对细菌性疾病疗效尤佳，且无副作用和毒性。其水煎剂对某些病毒性疾病也有效，此外有消炎镇静作用。可防治鱼类细菌性肠炎病、烂鳃病、赤皮病以及鱼类病毒性疾病。

用法用量：A. 拌料内服，每 50 kg 鱼每天用本品干草 1 kg 或鲜草 1.5 kg，煎煮取汁，拌料投喂，每天 1 次，连用 3～5 d。B. 每 50 kg 鱼每天用穿心莲干草 0.3 kg、板蓝根 0.05 kg，煎煮取汁，拌料内服，每天 1 次，连用 3～5 d。C. 每 667 m^2 水面（水深 1 m）用穿心莲 10～12 kg，分成 5～6 捆堆沤塘水预防鱼病。

11. 金银花

主要性质和作用：以忍冬科植物忍冬、红腺忍冬、山银花或毛花柱忍冬的花蕾入药；性甘、寒。具有散热解表、清热解毒的功效，其水煎剂的抑菌作用较强。可防治青鱼、草鱼肠炎病，鳖、鳗鱼腐皮病、肠炎病等。

用法用量：A. 全池泼洒用量为 1～2 g/m^3 水体终浓度。B. 内服用量为，每 100 kg 鱼，每天用 2～3 kg 拌料投喂，连用 3 d。

12. 乌桕

主要性质和作用：用乌桕的叶和根皮入药；性苦、微温，有毒；具有泻下通便、解毒消肿、杀虫解毒的功效。根的煎剂有较强的泻下作用。因含有花椒油素，具有杀死肠虫的作用；叶在体外有抑制血吸虫的作用。可防治鱼类细菌性烂鳃病、白头白嘴病，具有杀灭鱼体内寄生虫，抑制吸虫作用，还有导泻、消除腹水的作用。

用法用量：A. 内服拌料，每天用乌桕叶干粉 5 g/kg 鱼体重，连用 3～5 d。B. 全池泼洒用量为，每 667 m^2 水面（水深 1 m）用乌桕叶干粉 0.5 kg 或鲜叶 2.5 kg，用 10 kg 石灰乳浸泡 12 h 后，再煮沸 10 min，用池水稀释后全池泼洒。

13. 五倍子

主要性质和作用：以漆树科植物盐肤木、青麸杨、红麸杨叶上的虫瘿入药。虫瘿主要由五倍子的蚜寄生而形成。性酸、涩、寒，具有涩肠止泻、收敛止血的功效。对革兰氏阳性菌和阴性菌都有抑制作用。因有收敛作用，故可减轻肠道炎症。可防治鱼类赤皮病、细菌性烂鳃病、打印病、肠炎病、白皮病、白头白嘴病、疖疮病、链球菌病、水霉病、鳗红头病、鳖白板病等。

用法用量：全池泼洒用量，为每 667 m^2 水面（水深 1 m）用五倍子 1 kg，加水 4 kg，煎煮 15 min，然后全池泼洒，使池水含五倍子浓度达 1.4～10 g/m^3，同时拌喂抗生素效果更好。

14.苦参

主要性质和作用:以苦参的根入药,性苦、寒,低毒;具有清热燥湿、利水、祛风、杀虫等功效。对细菌有抑制作用,在体外对原虫及真菌有抑制作用。可防治淡水鱼类打印病、竖鳞病、肠炎等。

用法用量:A.药浴治疗竖鳞病,1 kg 苦参加水 20 kg,煮沸 20～30 min,用药液浸洗病鱼 20～30 min,每天 1 次,连用 4～5 d。B.全池泼洒,第 1 天用漂白粉 1.5 g/m^3 的水体终浓度泼洒,第 2 天,每 667 m^2 水面(水深 1 m)用苦参 0.6～1 kg 煎汁,连渣泼洒,隔天再用 1 次。

15.苦楝

主要性质和作用:以楝科植物的根皮、枝叶入药;性苦、寒,有毒。具有行气止痛、杀虫消积、清利湿热等功效。所含川楝素为驱除肠道寄生虫的有效成分,与其他杀虫药合用会增强杀虫效果。可防治鱼类细菌性疾病如肠炎、白头白嘴病等。鱼类车轮虫病、斜管虫病、鳃隐鞭虫病、锚头蚤病、毛细线虫病、绦虫病等寄生虫病,也用在虾、蟹链弧菌病防治中。

用法用量:A.内服治疗细菌性肠炎、毛细线虫病、绦虫病等,每天用苦楝树皮煎 2 次,用量为 6 g/kg 体重,取药汁混饲投喂,连用 6 d。B.全池泼洒,每 667 m^2 水面(水深 1 m)用苦楝树枝叶 20～30 kg 煮水泼洒,或苦楝 30 kg、菖蒲 1 kg、艾草 2.5 kg、食盐 1.5 kg 混合后泼洒,连用 3 d。

16.使君子

主要性质和作用:用使君子干燥种子入药,性甘温;具有消积杀虫、健脾消食等功效,也具有驱蛔虫的作用。其水浸液在体外对真菌有抑制作用,且毒性不大。常用于防治鱼类九江头槽绦虫病、水霉病等。

用法用量:A.内服治疗九江头槽绦虫病,使君子 2.5 kg、葫芦金 5 kg,捣烂煮沸成 20 kg 汁液,与 8 kg 饲料混合投喂,连用 4 d,

第 2～4 天药量减半。B. 药浴防治水霉病，以 3～5 g/m^3 煮沸药液，浸洗病鱼 15～30 min。

17. 贯众

主要性质和作用：以鳞毛蕨科植物粗径鳞毛蕨的根茎及叶柄基部入药。性苦、寒，有小毒；具有消积杀虫、清热解毒、凉血止血的功效。对绦虫有强烈的毒性，可将绦虫驱出体外；对真菌、病毒有抑制作用，对细菌也有作用，但作用不强。常用于防治鱼类毛细线虫、绦虫等，且对多种致病性病毒有较强的抑制作用。

用法用量：拌料内服时，将贯众、土荆芥、苏梗、苦楝根皮按 16∶5∶3∶5 的比例配制，每 50 kg 鱼用 0.29 kg 合剂煎汁做成药饵内服，连用 6 d。

18. 土荆芥

主要性质和作用：以土荆芥带果穗的全草入药。性辛、苦、温，有毒；具有祛风除湿、止痒杀虫等功效。对蛔虫、绦虫、钩虫有抑制和杀灭作用。常用于防治鱼类毛细线虫。

用法用量：同贯众的使用。

四、常见鱼病的防治

（一）微生物引起的鱼病

1. 草鱼出血病

主要病原是草鱼出血病病毒。主要危害草鱼，也危害 1 龄青鱼。防治适宜期在 6～9 月份，水温在 25℃以上。

主要识别特征：病鱼体外各组织器官和组织出现斑点或块状出血，甚至全身出血。肌肉点状出血或片状出血，严重时肌肉全部发红，鳃丝出血或苍白；有时有腹水，肠道充血但不腐烂，肠内无食物。

防治方法：A. 注射或浸泡草鱼出血病疫苗进行预防。B. 发病季节全池泼洒二氧化氯消毒预防。C. 全池施用大黄等抗病毒药物预防，大黄用量为1～2.5 g/m³。D.治疗时每天100 kg鱼用大黄、黄芩、黄柏、板蓝根各0.5 kg，加食盐0.5 kg拌料内服，连喂7 d。出血病只能以预防为主，池鱼一旦发病，没有特效治疗方法。

2.鱼痘疮病

主要病原为疱疹病毒。主要危害品种有鲤鱼、鲫鱼及圆腹雅罗鱼等。可影响鱼的生长及降低鱼的商品价值，常在越冬后期引起病鱼死亡。防治适宜期在冬季及早春，水温在10～16℃时。

主要识别特征：早期病鱼的体表（躯干、头部及鳍）出现小的斑点，以后变厚、增大，其形状及大小各异，严重时可融合成一片。初期增生物表面光滑，后逐渐粗糙，呈玻璃样或蜡样，有时不透明，颜色为乳白色、奶油色，以至褐色，在有血管分布处则呈桃红色，增生物为乳头状小突起，病灶组织分层混乱。

常见防治方法：A.加强综合预防措施，严格执行检疫制度。B.该病流行地区应养殖对痘疮病不敏感的鱼类。C.升高水温和适当稀养也有预防效果。

3.细菌性败血病

主要病原有嗜水气单胞菌、河弧菌、鲁克氏耶尔森氏菌等。危害品种有鲫、鳊、鲢、鳙、鲤、鲮鱼及团头鲂等。防治适宜期在4～11月份，水温9～36℃。

主要识别特征：早期病鱼的口腔、颌部、鳃盖、眼眶、鳍及鱼体两侧轻度充血。此时肠内尚有少量食物。随着病情的发展，充血现象加剧，肌肉呈出血症状，眼眶周围也充血（尤以鲢、鳙鱼为甚）。眼球突出，肛门红肿，腹部膨大，腹腔内积有淡黄色透明腹水或红色浑浊腹水；鳃、肝、肾的颜色均较淡，呈花斑状，病鱼严重贫血；肝、脾、肾肿大，脾呈紫黑色，胆囊肿大；肠系膜、腹膜及肠壁充血，肠内没有食物，而有很多黏液。有的肠腔内积水或有气，肠道胀得很粗。有的病鱼鳞片竖起，并且肌肉充血；有的鳃灰白色，有少量紫色，肿胀，严重时鳃丝末端腐烂。

常见防治方法:A. 使用生石灰彻底清塘(清塘方法见第七章),或用三氯异氰尿酸(强氯精)5～10 g/m^3 清塘。B. 用以下药物全池泼洒消毒。每 1 m^3 水体用生石灰 20～30 g;或每 1 m^3 水体用漂白粉(有效氯 30%)1 g;或每 1 m^3 水体用强氯精(有效氯 84%)0.3 g;或每 1 m^3 水体用漂白粉精(有效氯 65%)0.4～0.8 g。C. 内服氟哌酸,每 1 kg 鱼体重,每天用本品 10～20 mg 拌料内服;或用土霉素每天用 50 mg/kg 鱼体重药饵内服,连用 3～5 d。

4. 细菌性肠炎

主要病原是肠型点状气单胞菌。主要危害品种有草、青、鲤、鳙、鳗、鲈鱼等多种水产品种。防治适宜期在 4～9 月份,水温在 18～35℃。此病常和细菌性烂鳃病、赤皮病并发。

主要识别特征:病鱼离群独游,游动缓慢,鱼体发黑,食欲减退,以至完全不吃食。疾病早期肠壁局部充血发炎,只在肠后段有少量食物,肠内黏液较多;疾病后期可见全肠呈红色,肠壁弹性差,肠内没有食物,只有淡黄色黏液。肛门外突红肿,用手轻按腹部,有脓状液体流出。严重时腹腔内充满黄色腹水,肠壁上有红斑,整个肠壁因淤血而呈紫红色;肝、肾、血中检验出的病原菌,若为点状气单胞菌(肠型嗜水气单胞菌)则可确诊。

细菌性肠炎与病毒性草鱼出血病(肠壁出血型)主要区别是前者肠壁弹性较差,肠腔内有大量黄色黏液,肠内没食物,后者肠壁弹性较强。

防治方法:A. 投喂新鲜饲料,不喂霉变饲料。B. 全池泼洒防治用的漂白粉(含有效氯 30%)使水体达 1 g/m^3 终浓度,或三氯异氰尿酸(含有效氯 85%)0.5 g/m^3,或二氧化氯 0.3 g/m^3,或生石灰 20～30 g/m^3。C. 内服磺胺类药治疗,每 100 kg 鱼体重拌药 5～10 g 做成药饵内服,连喂 3 d。D. 内服大蒜或地锦草,每 100 kg 鱼体重用药 0.5～2 kg 拌料内服,连喂 6 d。E. 铁苋菜治疗,按每 10 kg 鱼体重用干草 50 g(或鲜草 200 g)拌料投喂,每天 1 次,连用 3 d。F. 防治草鱼肠炎病时，每 50 g 饲料加大蒜 0.25 kg、韭菜 1 kg、食盐 0.25 kg 拌料投喂，连喂 3～5 d。

5. 白头白嘴病

主要病原为粘球菌类。危害品种有草、青、鲢、鳙、鲤、鲫、鳊、加州鲈鱼等鱼苗和鱼种，尤其对草鱼危害大。防治适宜期为 5～7 月份，6 月份为高峰期，7 月下旬以后发病率减少。该病是暴发性病，发病快，来势猛，死亡率高。

主要识别特征：病鱼自吻端至眼球皮肤变白，口周围的皮肤溃烂，有絮状物附着，在水中可明显见“白头白嘴”症状。

注意与车轮虫病加以区别，在显微镜下观察病灶黏液，前者有滑行杆菌，后者有大量车轮虫。

防治方法：A. 合理放养，保持水质清洁，不施未发酵的人畜粪肥。B. 大黄全池泼洒治疗，用量为 2.5～3.7 g/m^3；使用前可按每 1 kg 大黄加 20 kg 浓度为 0.3% 的氨水浸泡 12～24 h 后泼洒。C. 每 1 m^3 水体用大黄 1～1.5 g，与硫酸铜（每 1 m^3 水体用 0.5 g）同时泼洒治疗。D. 每 1 m^3 水体用五倍子 2～4 g 全池泼洒。

6. 赤皮病（赤皮瘟）

主要病原是荧光假单胞菌。危害品种主要有草、青、鲤、鲫、鳊鱼等多种淡水鱼。这种病在我国各养鱼区终年可见，尤其在捕捞、运输后，以及北方在越冬后最容易流行。

主要识别特征：病鱼体表局部或大部分出血发炎，鳞片脱落，尤以鱼体两侧及腹部较为明显。背鳍或所有鳍基部充血，鳍条末端腐烂，鳍条之间组织破坏，使鳍条呈“扫帚”状，称为“蛀鳍”。在病灶处常继发感染水霉病。该病与疖疮病不同，疖疮病体表充血发炎，局限在小范围内。

防治方法：A. 减少鱼体受伤，放养时可用 5～8 g/m^3 浓度的漂白粉浸洗预防。B. 发病时全池泼洒二氯异氰尿酸钠治疗，使水体终浓度达 0.3～0.5 g/m^3；或全池泼洒双链季铵盐，使水体达

0.3 g/m^3 的终浓度治疗。C. 全池泼洒五倍子治疗，五倍子用量为 2 g/m^3 或泼洒漂白粉达 1 g/m^3 水体终浓度。同时内服磺胺类药物，每 100 kg 鱼体重拌药 5～10 g，连用 3～5 d。D. 烟叶防治“草鱼三病（即细菌性肠炎病、细菌性烂腮病、赤皮病）”时，每 667 m^2 水面（水深 1 m）用烟叶 175 g，加 4 倍于烟叶的水浸泡 4 h，连汁带渣全池泼洒，连用 3 d。E. “二枫”防治草鱼赤皮病效果好。“二枫”即枫杨树和枫香树；每 667 m^2 的水面（水深 1 m）用“二枫”树叶各 20 kg，按 1∶1 比例扎捆放入池中沤水预防。

7. 疖疮病

主要病原为疖疮型点状气单胞杆菌，该菌为革兰氏阴性短杆菌，为水体常在菌；该病为条件致病菌，在水质污浊，鱼体受伤时经皮感染。危害品种主要有草、青、鲤、团头鲂，鲢、鳙有时也发生，鱼苗和鱼种多发生。无明显流行季节，一年四季都可发病，一般是散发性的出现。

主要识别特征：发病部位不定，通常在鱼体背鳍基部两侧，皮下肌肉组织出现一至几个红肿隆起，似脓疮，但鳞片覆盖完好，用手轻压隆起处，肌肉失去弹性。严重时肌肉组织出血，渗出体液，继而坏死，溃疡；病鱼鳍基部充血，鳍条散开。

防治方法：A. 操作时减少鱼体受伤，可用抗生素药浴消毒预防。B. 发病时治疗，全池泼洒双链季铵盐，使水体达 0.3 g/m^3 的终浓度。C. 磺胺类药物内服治疗，每 100 kg 鱼体重拌药 5～10 g，连用 4～5 d。D. 每 100 kg 草鱼用大蒜头 2 kg 加食盐 1 kg 做成药饵，每天投喂 1 次，连用 5 d。

8. 竖鳞病（松鳞病）

主要病原为水型点状假单胞菌，革兰氏阴性，为水体常在的条件致病菌，在水质污浊，鱼体受伤时经皮感染。危害品种主要有鲤鱼、鲫鱼、金鱼、草鱼、罗非鱼，鲢鱼有时也发生此病，鱼种和成鱼都可染病。死亡率较高，一般在 50%，严重时高达 100%。

发病季节主要在春季，水温为17～22℃，越冬后也有发生，防治适宜期在春、秋季。

主要识别特征：病鱼离群独游，游动缓慢，严重时呼吸困难。疾病早期鱼体发黑，体表粗糙，尾部或全身鳞片竖起，似松球状，鳞片基部水肿，压鳞片有半透明的渗出液喷射，鳞片也随之脱落，有时伴有鳍基部出血；严重时病鱼眼球突出，鳃盖内表皮充血。腹部膨胀，肝、肾、脾出血，颜色变淡，2～3 d后死亡。

防治方法：A.保持池水清洁，减少鱼体受伤，发病初期冲注新水。B.放养前可用2%～3%的食盐水，或25 g/m^3 的土霉素药浴20～30 min加以预防。C.内服磺胺类药物治疗，每1 kg鱼体重用100～200 mg药物，拌料内服3～5 d。D.全池泼洒优氯净(有效氯56%)0.5 g/m^3 或漂白粉1 g/m^3，严重时连用2～3 d；同时内服抗生素类药物。E.亲鱼可腹腔注射硫酸链霉素，用量为20万U/kg鱼体重。F.全池撒施艾蒿根，每667 m^2 水面用艾蒿根5 kg，捣烂加生石灰1.5 kg撒施。G.亲鱼治疗该病，可用苦参浸泡后给病鱼洗浴20～30 min，连用4～5 d为1个疗程。H.用苦参0.5 kg，加水7.5～10 kg，煮沸后用慢火再煮20～30 min，药汁和渣一起全池泼洒。每667 m^2 水面(水深1 m)用药0.75～1 kg，隔天重复1次，3 d为1个疗程。I.50 kg水中加入捣烂的大蒜头0.25 kg，给病鱼浸泡数次有较好的治疗效果。

9.白皮病

主要病原为白皮假单胞菌(革兰氏阴性菌)或鱼球菌。危害品种主要有鲢、鳙鱼的鱼苗、鱼种；草鱼、团头鲂、加州鲈等有时也发生此病。死亡率可达50%以上。6～8月份为流行季节，防治适宜期在夏、秋季。

主要识别特征：发病初期，尾柄处出现一个白点或白斑，并蔓延扩大，以至背鳍与臀鳍间的体表至尾鳍基部全部呈现白色。皮肤无充血发红症状。严重的病鱼尾鳍烂掉或残缺不全。头朝下，尾朝上，与水面垂直，做挣扎状游动，时而悬挂水中不动，头部乌黑而死亡。

防治方法：A. 保持池水清洁，在捕捞、运输、鱼种放养时避免鱼体受伤，发现寄生虫及时杀灭。B. 放养前可用 2%～3%的食盐，或 12.5 g/m^3 的金霉素，或 25 g/m^3 的土霉素药浴 20～30 min。C. 全池撒漂白粉 1 g/m^3 治疗，或其他氯制剂泼洒，严重时连泼洒 2～3 d。D. 全池泼洒五倍子达 2～4 g/m^3 水体终浓度。E. 每 667 m^2 水面（水深 1 m）用韭菜 2～2.5 kg，与豆饼、食盐混合捣碎内服治疗。F. 每 667 m^2 水面（水深 1 m）用菖蒲 1 kg 加枫树叶 5 kg 煎汁，再加人尿 30 kg，全池泼洒治疗。G. 每 667 m^2 水面（水深 1m）用白头翁 1.2 kg、菖蒲 2.4 kg、野菊花 2 kg、马尾松 5 kg 混合煎汁，全池泼洒治疗。

10. 鲤鱼白云病

主要病原为恶臭假单胞菌，该菌为革兰氏阴性菌。危害品种是鲤鱼，草、鲢、鳙、鲫鱼则不感染。防治适宜期在 4～6 月份，水温为 6～18℃；水温升高到 20℃以上时，此病不治自愈。

主要识别特征：发病初期可见鱼体表有点状白色黏液物附着，主要分布在头部，随着病情的发展而蔓延到其他部位。严重时病鱼体表分泌出大量黏液，形成一层白色薄膜，头部、背部和尾鳍病灶尤为明显，故称为鲤白云病。部分病鱼鳞片脱落或竖起，体表和鳍出血，溜边不吃食，游动缓慢，不久即死。少数病鱼还出现眼球混浊，继而发白甚至脱落。注意与鲤鱼斜管虫等原生动物寄生时引起的鱼苗和鱼种的体表大量黏液覆盖相区别。

防治方法：A. 目前尚无有效的治疗方法，可在放养前用高锰酸钾溶液或盐水药浴预防。B. 可试用伏碘、二氧化氯、季铵盐类、三氯异氰尿酸、大黄、黄芩、五倍子等中西药物浸泡或泼洒。C. 采用福尔马林（用量为 150～250 mL/m^3）与敌百虫 20 g/m^3，浸洗鱼体 30 min，每天浸洗 1 次，连续浸洗 3 次，同时内服抗生素。

11. 打印病

主要病原为嗜水气单胞杆菌嗜水亚种，革兰氏阴性菌。该病是条件致病菌，只有在鱼体受伤时，才会接触感染。主要危害品种是鲢、鳙鱼，但草鱼、青鱼、鲤鱼、金鱼、泥鳅人工感染也会发病。一年四季都可发生，尤其以夏、秋两季最为常见，防治适宜期以夏、秋为主。

主要识别特征：病灶主要发生在背鳍、腹鳍以后的躯干部分，通常在肛门的两侧，极少数在身体的前部，这与背鳍以后的躯干部分容易受伤有关。亲鱼患病没有固定部位。初期皮肤出现圆形、椭圆形红斑，似打上红色印章，故称为“打印病”。随后病灶中央的鳞片脱落，肌肉腐烂穿孔，皮肤充血发炎，形成鲜明的轮廓。随病情的发展，病灶直径扩大和加深，形成溃疡，严重时露出骨骼和内脏，病鱼游动缓慢，食欲减退，终因衰竭死亡。

防治方法：A. 经常加注新水，勿使鱼体受伤。B. 全池泼洒五倍子达 2～4 g/m^3 的水体终浓度。C. 每 667 m^2 水面（水深 1 m）用苦参 2～2.5 kg 煎汁全池泼洒。D. 漂白粉（或其他氯制剂）泼洒治疗，第 1 天用漂白粉 1 g/m^3 泼洒，第 2 天，每 667 m^2 水面（水深 1 m）用苦参 0.6～1 kg 煎汁全池泼洒，隔天再用 1 次。E. 全池泼洒烟叶治疗，每 667 m^2 水面（水深 1 m）用烟秆 3 kg 或干烟叶 1.5 kg，加水 10～15 kg 浸泡，煎熬 2～4 h 泼洒。F. 抗菌药拌料内服，内、外兼治效果更好。

12. 细菌性烂鳃病

主要病原是柱状曲桡杆菌，革兰氏阴性菌。危害品种是草、青鱼，鲢、鳙、鲤、鳗、鳜、加州鲈、金鱼都可感染，危害鱼种和成鱼。养殖密度越大，水质越差，鱼的抵抗力越小，越容易发病。发病水温在 15℃以上，在 15～30℃之间，水温越高，越易暴发流行。防治适宜期在 4～10 月份。

主要识别特征：鱼体发黑，尤其以头部明显。游动缓慢，常离群独游，呼吸困难，食欲减退。鳃上有灰色、白色、蜡黄色斑点，鳃丝肿胀且末端黏液增多，常粘淤泥。严重时鳃盖中央内表皮腐蚀成透明小窗，故有"开天窗"之称。鳃丝组织镜检，见柱状曲桡杆菌可确诊。

防治方法：A. 全池撒漂白粉 1 g/m³ 或三氯异氰尿酸钠使水体终浓度达 0.3～0.5 g/m³。B. 全池泼洒五倍子使水体终浓度达 2～4 g/m³。C. 全池泼洒大黄溶液或乌桕叶，使水体终浓度达 2.5～3.7 g/m³。D. 鱼种放养时可用 2%食盐水、1%大黄溶液、1%乌桕叶溶液浸泡 10 min。E. 防治青、草鱼烂鳃病：第 1 天，每 50 kg 鱼用干地锦草 250 g(鲜草 1.25 kg)煎汁，制成药饵内服，3 d 为1 个疗程。也可同辣蓼、铁苋菜混合使用，按每 50 kg 鱼，每天用鲜草 1.25 kg(或干草 250 g)煎汁拌料投喂。F. 内服中药草法治疗，第 1 天按 50 kg 鱼用磺胺类药 8 g、盐酸黄连素 4 g、大黄苏打片 8 g、穿心莲 8 g 制成药饵投喂，4 d 为 1 个疗程；第 2～4 天药量减半。G. 治疗烂鳃病、肠炎病并发症：每 667 m² 水面(水深 1 m)用菜油 750 g 加热，加入生姜 250 g 煮 20 min，加水混合泼洒，每天 1 次，连用 2 d。

13. 草鱼尾柄病

病原体是温和气单胞菌，为革兰氏阴性菌等多种病菌，是草鱼鱼种阶段的常见病；在草鱼尾部擦伤或寄生虫损伤后，鱼体抵抗能力下降，水质污浊，水中病菌较多时，容易暴发流行。

主要识别特征：病鱼游动缓慢、食欲减退，严重时停食，鱼体失去平衡，头部朝下，鱼体与水面垂直，病鱼逐渐消瘦而死。尾部鳞片脱落、发炎，有时继发水霉，有的鳍基充血，鳍条末端腐烂；严重时尾柄肌肉溃烂，甚至整个尾部烂掉，故叫"烂尾病"。

防治方法：同赤皮病。

14. 鳃霉病

主要病原为鳃霉　危害品种有草、青、鳙、鲮、鲤、黄颡鱼等。

在水质恶化，特别是有机质含量高时，容易暴发此病，主要流行于5～10月份，尤其以5～7月份最盛。

主要识别特征：病鱼失去食欲，呼吸困难，游动缓慢，鳃上黏液增多，严重时鳃部充血或出血，或呈粉红色或苍白色，呈花鳃状，严重时整个鳃部青灰色，鳃丝部分腐烂脱落。镜检鳃丝见霉菌可确诊。

防治方法：A. 全池撒漂白粉1 g/m³ 预防。B. 全池泼洒硫酸铜、硫酸亚铁合剂（5：2）0.7 g/m³ 治疗。C. 芭蕉心50 kg，加食盐1.5～2 kg，再加乐果50 g，拌料内服，每50 kg鱼投喂2.5 kg治疗。

15. 肤霉病（水霉病）

主要病原有水霉、棉霉。危害品种遍及各种鱼类，只要受伤的鱼都可寄生，也容易感染受伤的鱼卵。防治适宜期在早春、冬季，水温为13～18℃时。

主要识别特征：早期看不出症状，当肉眼能够看见时，菌丝已长出体外，病鱼伤处灰白色，有棉絮状菌丝，病鱼体发黑，焦躁不安。受害鱼卵，菌丝像根状物侵入卵膜，外菌丝呈辐射状浸在水中，像白色绒球。

防治方法：A. 操作时减少鱼体受伤。B. 食盐和小苏打每1 m³ 水体各400 g，配制水溶液浸洗，或3%～4%的食盐水浸洗。C. 全池泼洒龙胆紫0.3 g/m³ 浓度治疗。D. 每667 m² 水面（水深1m）用菖蒲叶2.5～5 kg和食盐0.5～1 kg，加入人尿2～5 kg全池泼洒治疗。E. 治疗水霉病、赤皮病、烂鳃病时，用菊花0.75 kg、金银花0.75 kg、黄柏1.5 kg、青木香1.5 kg、苦参2.5 kg合剂研成细末，每667 m² 水面（水深1 m）用细末0.5 kg化水全池泼洒。F. 每667 m² 水面（水深1 m）用乌敛莓0.6 kg、辣蓼3 kg、枫杨树叶2.4 kg、乌柏叶3.5 kg，混合煎汁后加水25 kg全池泼洒。G. 每667 m² 水面（水深1 m）用乌柏叶、辣蓼、樟树叶各3.5 kg、隔山香 0.6 kg、桃树叶 4.5 kg，混合煎汁全池泼洒。

(二)寄生虫疾病

1. 隐鞭虫病

危害较大的主要病原有鳃隐鞭虫、颤动隐鞭虫。鳃隐鞭虫可寄生在草鱼、青鱼、鲢鱼、鳙鱼、鲤鱼、鲫鱼、鳊鱼、赤眼鳟、鲈鱼、鳜鱼、乌鳢、泥鳅、鲶鱼等的鳃、皮肤、鼻腔，主要危害夏花草鱼，可引起夏花草鱼在几天内全部死亡，但鲢、鳙鱼大量寄生却没有危害。颤动隐鞭虫可寄生在鲮、草、青、鲢、鳙、鲤、鲫、鳊、鲻、真鲷、石斑鱼等的皮肤和鳃上。主要危害品种是鲮鱼和鲤鱼的鱼苗，可引起鱼苗的大量死亡。防治适宜期在冬末、夏初，6～9 月份，水温 12～20℃。

主要识别特征：早期病鱼没有明显的症状，当病情严重时，则病鱼游动缓慢、呼吸困难，吃食减少，直至完全不吃；鱼体发黑，消瘦、迟钝。寄生于鳃部时，鳃丝红肿，黏液增多，鳃上皮细胞被破坏，往往并发细菌性鱼病而大量死亡。寄生于体表时，体表黏液增多，鱼体不安，生长缓慢，逐渐消瘦而死。

防治方法：A. 鱼种放养前预防，用浓度为 8 g/m^3 的硫酸铜溶液，浸洗鱼体 15～30 min。B. 发病季节预防，每半月用硫酸铜和硫酸亚铁(5∶2)合剂挂袋 1 次。C. 全池泼洒硫铁合剂(5∶2)使水体终浓度达 0.7 g/m^3。D. 用 2%的食盐水或 0.05%福尔马林浸泡 15 min 治疗。F. 泼洒龙胆紫治疗，使水体终浓度达 0.3 g/m^3。E. 发病季节预防，每 667 m^2 水面(水深 1 m)用苦楝树叶 15 kg 扎捆浸泡，7～10 d 换 1 次，连用 3～4 次。

2. 黏孢子虫病(疯狂病)

主要病原为黏孢子虫，不同种类的粘孢子虫危害不同的鱼类。危害品种有鲢鱼、鳙鱼、鳜鱼、草鱼、鲤鱼、鲫鱼、鲮鱼等多种鱼类。防治适宜期在 5～9 月份(夏末、秋初)。

主要识别特征：黏孢子虫种类很多，寄生部位也极广泛，表现的症状和造成的危害也各不相同。饼形碘泡虫寄生在草鱼肠壁和鲤鱼肌肉内，形成白色孢囊；鲢碘泡虫寄生在神经、感觉器官，引起鱼急游打转，俗称“疯狂病”；中华粘体虫寄生在淡水鱼的肾脏、脾脏、肝脏、鳔、消化道等处，引起腹部膨胀，失去平衡；脑粘体虫引起眩晕病、旋转病、昏眩病，是口岸第一类检疫对象，寄生在鱼的头骨及脊椎骨的软骨组织，破坏听觉和感觉神经，使鱼追逐自身尾部而旋转运动，主要危害虹鳟等鲑科鱼类；野鲤碘泡虫寄生在夏花鲮鱼的皮肤及鳃弓上，形成白色瘤状大孢囊；吉陶单极虫寄生在鲤鱼的前、中肠壁，形成大孢囊，堵塞肠管，肠壁变薄透明，腹腔积水，肝脏苍白，病鱼逐渐饿死。鲮单极虫寄生于鳞下。

防治方法：A. 用磷酸氯喹 5 g/m³ 浸洗，可杀灭黏孢子虫的营养体，预防鲢泡虫效果好。B. 全池泼洒晶体敌百虫达 0.5 g/m³ 的水体终浓度有预防作用。C. 亚甲基蓝 1.5 g/m³ 治疗单极虫病。D. 泼洒 1.8 g/m³ 浓度的强力樟桂杀虫剂治疗，连用 2 d，8 d 后换新水。G. 内服左旋咪唑治疗，用量为 4～8 mg/kg 鱼体重，连用 20 d。F. 口服槟榔，每 1 kg 鱼体重用 20～40 g，每天 1 次，连用 15 d 治疗。G. 用盐酸环氯胍口服，每万尾鱼苗用 0.2 g 的药量，先将其溶于少量水中，再拌入饲料制成药饵，在鱼苗下塘第 3 天开始投喂，连用 7 d 为 1 个疗程；鱼苗长至 3.2 cm 时，再用 1 个疗程，每天每万尾鱼苗用药量为 0.3～0.4 g。发病时，3～4 cm 体长的鱼苗，每万尾鱼苗用药量加至 1.5～2 g，连用 7～8 d，可减轻病情。

3. 车轮虫病

主要病原为车轮虫或小车轮虫。危害多种淡水鱼类。车轮虫病终年可发生，尤其以 5～8 月份多见。车轮虫寄生在鱼苗、鱼种体表和鳃上可引起苗种大量死亡；1 龄以上的鱼虽也有寄生，但危害不大。

主要识别特征：车轮虫少量寄生时无明显症状，严重感染时，鱼体组织分泌大量黏液，鳃组织腐烂，体色发黑，呈“跑马”状。后期鱼苗、鱼种游动缓慢，因呼吸困难而死。

防治方法：A. 硫酸铜和硫酸亚铁（5∶2）合剂全池泼洒治疗，使池水终浓度达 0.7 g/m^3。B. 2%的食盐溶液浸洗鱼体 15 min 以上，或 8 mg/L 浓度的硫酸铜溶液药浴 20 min，治疗效果较好。C. 每 667 m^2 水面（水深 1 m）用苦楝树枝 15～25 kg，煮汁泼洒，或将苦楝树叶浸泡在池塘中预防，7～10 d 换药 1 次。D. 每 667 m^2 水面（水深 1 m）用枫树叶 25 kg，煮汁全池泼洒预防。E. 每 667 m^2 水面（水深 1 m）用生韭菜 2.5～3.5 kg，捣烂后加盐 65 g 拌匀全池泼洒。

4. 小瓜虫病（白点病）

主要病原为多子小瓜虫。危害品种遍及草、鲤、罗非鱼等多种淡水鱼类，尤其对不流动水体、高密度养殖的幼鱼和观赏性鱼类危害最大。防治适宜期在 3～5 月份和 8～10 月份，水温在 15～25℃时繁殖最盛，水温升高到 26～30℃时，小瓜虫不易感染成功。

主要识别特征：虫体大量寄生时，肉眼可见病鱼的体表、鳍条和鳃上布满白色点状孢囊；严重感染时，病灶部位组织增生，分泌大量黏液，形成一层白色基膜覆盖于病灶表面。该病镜检可确诊。

防治方法：A. 生石灰彻底清塘预防。B. 每 1 m^3 水体用石灰和硫黄合剂 3～5 g，加敌百虫 0.3 g 全池泼洒，连用 3 d。C. 用亚甲基蓝全池泼洒治疗，使水体达 1～2 mg/L 的终浓度。D. 福尔马林治疗，每 1 m^3 水体用药 15～30 mg，全池泼洒。E. 每 667 m^2 水面（水深 1 m）用干辣椒 150 g、干姜 50 g 煎煮成 25 kg 药水全池泼洒；或 0.5～0.75 kg 辣椒粉和 1～1.5 kg 捣碎生姜煮沸 30 min 全池泼洒，连用 2 d。F. 切勿施用硫酸铜，会刺激虫体形成孢囊而加重病情。

5. 指环虫病

主要病原是指环虫。危害品种有草、鲢、鳙、鲤、鳗、鳜、加州鲈、罗非鱼等幼体或成鱼；防治适宜期在春末、夏初或秋初，水温在 20～25℃。

主要识别特征：少量寄生时无明显症状，大量寄生时可寄生于鱼体表和鳃丝上，破坏鳃丝和体表上皮细胞，刺激鱼体分泌大量黏液，鳃瓣浮肿，灰白，呈花鳃状，呼吸困难，游动缓慢死亡。鱼苗或小鱼种阶段，由于鳃丝肿胀，可引起鳃盖张开，鱼体发黑。镜检可确诊。

防治方法：A. 全池泼洒晶体敌百虫（含量 90%）治疗，每 1 m^3 水体用药 0.7～0.8 g。B. 用粉剂敌百虫（2.5%）1～2 g/m^3 全池泼洒。C. 每 1 m^3 水体，用晶体敌百虫（90%）与面碱合剂（1∶0.6）0.3～0.5 g 全池泼洒。D. 用甲基蓝 1%的原溶液，每 1 L 水加原液 0.2～0.4 mL 药浴。此方法可治疗三代虫。E. 甲苯咪唑治疗指环虫效果较好，或用溴氰菊酯类防治。

6. 三代虫病

病原体是三代虫，常见的病原体有鲢三代虫，寄生在鲢、鳙鱼的皮肤、鳍、鳃及口腔；鲩三代虫寄生在草鱼的皮肤和鳃上；秀丽三代虫寄生在鲤、鲫、金鱼的体表和鳃上。在鱼种和成体都可寄生。防治适宜期在水温 20℃左右的春季和初夏，在秋季水温适合繁殖时也可发生。

主要识别特征：虫体寄生较少时，病鱼可出现吃食不安易惊等现象，大量寄生时，病鱼体表可见灰白色的黏液，鱼体失去光泽，游动极不正常。食欲减退，鱼体消瘦，呼吸困难，低倍镜观察可见大量作蛭状运动的虫体。

治疗方法：同指环虫。

7. 舌状绦虫病（俗称“面条虫”病）

主要病原：舌状绦虫和双线绦虫的裂头蚴；其终末寄主是鸥

鸟。危害品种有草、鲤、鲫、鲢、鳙鱼等鱼种或成鱼。防治适宜期在夏季。

主要识别特征：病鱼腹部膨大，身体消瘦，病鱼失去平衡，常侧卧或腹部朝上，游动缓慢无力，常在吃食后出现水面漫游。剖开肠道可见肠腔内充满大量白色面条状虫体。严重时堵塞肠道，挤压内脏，损伤肝脏，引起生长受阻，鱼体极度消瘦，失去生殖能力，甚至死亡。

防治方法：A. 采用清塘方法杀灭虫卵和第一中间寄主，同时驱赶终末寄主鸥鸟，可减轻病情。B. 全池泼洒晶体敌百虫治疗，每 1 m^3 水体用药 0.8 g。C. 内服二丁基氧化锡治疗，每 1 kg 鱼体重，每天用 0.25 g 拌料投喂，连用 5 d。D. 内服硫双二硫酚，每 1 kg 鱼体重，每天用 0.2 g 拌料内服，连用 3 d。E. 内服吡喹酮药饵，吡喹酮含量 0.1%，拌料内服，连用 3～5 d。

8. 九江头槽绦虫病（干口病）

主要病原九江头槽绦虫病。危害品种主要有草鱼、青鱼、鲢鱼、鳙鱼、鲮鱼、团头鲂，寄生在鱼体肠道内，其中尤以草鱼鱼种受害最为严重。一年四季都可发生，特别是发生在 10 cm 以下的草鱼鱼种阶段。

主要识别特征：严重感染的草鱼鱼种体重减轻，鱼体黑瘦，不摄食，体表发黑，离群至水面，口常张开；严重寄生时，病鱼的前腹部膨胀，前肠扩张，打开可见白色带状虫体，造成机械堵塞。

防治方法：A. 充分施用生石灰或漂白粉彻底清塘预防。B. 内服硫双二氯酚（别丁）治疗，每 1 kg 鱼体重用药 0.2 g 拌料内服，每天 1 次，连用 5 d。C. 内服槟榔治疗，每 1 kg 鱼体重用药 2～4 g，连用 3～5 d。D. 内服晶体敌百虫（含量 90%）治疗，每 1 kg 鱼体重用药 0.2～1 g，连用 3～5 d。E. 内服丙硫咪唑治疗，每 1 kg 鱼体重用 20 mg 拌料内服。F. 使君子 2.5 kg、葫芦金 5 kg 捣烂煮水 5～10 kg 汁液，拌入 7.5～9 kg 的饵料中投喂，连用 4 d。其中第 2～4 天药量减半。G. 每 100 kg 鱼体重用中草药 580 g[贯众∶土荆芥∶苏梗∶苦楝树皮合剂(16∶5∶3∶5)]加入药量 3 倍水煎，拌料投喂，连喂 6 d。

9. 毛细线虫病

病原体是毛细线虫，主要危害草、鲮鱼的当年鱼种，寄生在青、草、鲢、鳙、鲮鱼和黄鳝的肠道中。虫体在 6～11 月份都可产卵。

主要识别特征：引起肠壁发炎，病鱼离群散于池边，极度消瘦而死，少量寄生时无明显症状。

防治方法：A. 彻底清塘杀灭虫卵预防。B. 每 100 kg 鱼体重每天用 20～30 g 的晶体敌百虫拌料内服，连喂 6 d。C. 每 100 kg 鱼体重用中草药 580 g[贯众∶土荆芥∶苏梗∶苦楝树皮合剂(16∶5∶3∶5)]加入药量 3 倍水煎，拌料投喂，连喂 6 d。

10. 嗜子宫线虫病(红线虫病)

主要病原为嗜子宫线虫；危害品种有鲤、鲫鱼。防治适宜期在春季。

主要识别特征：寄生在鲤鱼鳞片下，虫体钻破皮肤引起充血、发炎和鳞片竖起。严重时，肌肉表皮腐烂、出血，生长停滞。该病常与肤霉病并发。

防治方法：A. 亲鱼可用碘酒涂抹患处治疗。B. 用 2% 的食盐水浸泡 10～20 min 治疗。C. 全池泼洒晶体敌百虫预防，每 1 m^3 水体用药 0.2～2.5 g。D. 泼洒晶体敌百虫(90%)与面碱合剂(1∶0.6)，第 1 天每 1 m^3 水体用药 0.2 g，第 2 天用 0.3 g。

11. 中华蚤病

主要病原有大中华蚤、鲢中华蚤。大中华蚤危害品种草、青、鲢、鲤、鲶鱼以及赤眼鳟和淡水鲑等，寄生在鳃丝末端；主要危害 2 龄以上的草鱼，鲢中华蚤寄生在鲢、鳙鱼的鳃丝末端内侧和鲢的鳃耙，主要危害 2 龄以上的鲢、鳙鱼，严重时可引起死亡。防治适宜期在4～11月份，其中5月下旬至9月上旬，水温在20～25℃时流行最盛。

主要识别特征：轻度感染时无明显症状，严重感染时，病鱼呼吸困难，烦躁不安；大量寄生时，鳃丝末端肿大发白。肉眼可见鳃瓣边挂满白色虫体，故又称“鳃蛆病”，常并发烂鳃病。寄生于鲢、鳙鱼时，鱼体消瘦，在水中表层打转或狂游，病鱼的尾鳍常露出水面，故又名“翘尾巴病”。剪开鳃盖，明显可见白色虫体，取出鳃片，在解剖镜下观察可确诊。

防治方法：A. 根据病原体对寄主的选择性，可采用隔年轮养方法预防。B. 全池泼洒敌百虫(90%)和硫酸亚铁合剂(5∶2)，每1 m^3 水体用合剂0.25 g。C. 全池泼洒敌百虫(2.5%粉剂)，每1 m^3 水体用药2 g。D. 全池泼洒敌百虫(90%)，每1 m^3 水体用药0.5 g。E. 用万分之一浓度的高锰酸钾溶液药浴5～10 min治疗。F. 用四千分之一浓度的福尔马林溶液药浴1 h治疗。G. 辣蓼5 kg，水煎去渣，加肥皂300 g溶化冷却，掺入菜饼全池投喂，也可将药液泼在草中投喂加以治疗。

12. 锚头蚤病(针虫病、铁锚虫病)

主要病原为锚头蚤，种类有多态锚头蚤、草鱼锚头蚤、鲤鱼锚头蚤，寄生在病鱼的体表、鳍及眼上。危害品种有草、青、鲢、鳙、鲤、鲫鱼以及团头鲂、泥鳅、乌鳢、鳗鲡。全年可见，适宜繁殖水温在15～33℃。

主要识别特征：鱼体少量寄生时，除在鱼体可见少量锚头蚤外，没有其他明显症状。鱼体大量感染时，像披着蓑衣，故又称“蓑衣病”。病鱼不安，食欲不旺，继而鱼体消瘦。寄生部位周围组织发炎红肿，伤口溢血，肉眼可见红斑。镜检可确诊。

防治方法：A. 全池泼洒晶体敌百虫治疗，每1 m^3 水体用药0.3～0.5 g，2周1次，连续2次。B. 高锰酸钾药浴治疗，水温15～20℃时，用10～20 g/m^3 浓度浸洗1.5～2 h；水温21～30℃

时，用 10 g/m^3 浓度浸洗。C. 每 667 m^2 水面（水深 1 m）用溴氰菊酯 2.5%乳油 10～20 mL 泼洒治疗。D. 每 1 m^3 水体用拜果 1 mg 泼洒治疗，每周 1 次，连用 4 次。E. 每 667 m^2 水面（水深 1 m）用苦楝树根 6 kg、桑叶 10 kg、芝麻饼或豆饼 11 kg、菖蒲 2.5 kg 研碎混合全池撒施。F. 每 667 m^2 水面（水深 1 m）用刺五加皮 75～100 kg 浸在水中防治。G. 用牛血（或猪血）治疗，每 667 m^2 水面（水深 1 m）用牛血 5 kg，与豆渣拌和全池投放治疗，连用 3 d。H. 每 667 m^2 水面（水深 1 m）用酒糟 100～150 kg 泼洒，连用 3 d 治疗。I. 每 667 m^2 水面（水深 1 m）用松树叶 10～15 kg，捣碎后全池投放。

（三）藻类和水生植物引起的鱼病

1. 打粉病

主要病原是淀粉卵甲藻；主要危害青、草、鲢、鳙、鲤鱼等；防治适宜期在春末、秋初。

主要识别特征：病鱼体表黏液增多，背鳍、尾鳍及背部先后出现小白点，逐渐蔓延至尾柄，身体两侧、头部和鳃部，粗看与小瓜虫病相似，但白点之间有充血的红色斑点，尤以尾柄处明显，小瓜虫在显微镜下能够能看到虫体活动。严重时，鱼体上的小白点个个相连，重叠成片，体表全部成白色，似裹上一层白面粉，俗称“打粉病”。

防治方法：A. 预防：每 667 m^2 水面（水深 1 m）定期泼洒生石灰 10～15 kg 调节 pH，保持水体呈微碱性。B. 发病池塘用生石灰 25 kg 化水泼洒治疗，2 d 后再施 1 次，使 pH 保持在 8 左右。C. 五倍子 200 g 加水 2～4 kg，煮沸 15 min 连渣泼洒治疗，连用 5 次。（切勿施用硫酸铜、硫酸亚铁等酸性药物，会加重病情。）

2.“水华”危害

主要病因及表现症状：水华又叫“水花”，是单细胞藻类突然大量繁殖的结果，池水常形成蓝绿、蓝黄色，使水质变质发臭，能引起鱼种大量死亡。常见的有害藻类有小三毛金藻、微囊蓝藻、多甲藻。

小三毛金藻大量繁殖后分泌出毒素，使鲢、鳙鱼向池边集中，毒性加重时，大部分鱼都集中池边水面，直至中毒死亡。

微囊蓝藻 又称湖靛，微囊蓝藻过多形成“铜锈”水。当铜绿微囊藻和水花微囊藻大量繁殖时，鱼类不能消化，而且藻类死亡后会产生毒羟胺和硫化氢毒害鱼类，消耗大量溶氧，容易造成泛池；也会造成水体 pH 急剧上升，致使鱼体内胺活性增加，维生素 B_1 减少，导致中枢神经和末梢神经系统失灵，兴奋增加，活性加剧、痉挛，鱼体失去平衡。

甲藻是水体中常见的单细胞浮游植物。对鱼类能够构成危害的有多甲藻和裸甲藻。多甲藻为黄褐色，大量繁殖时水体呈红棕色，也称“铁锈水”，鱼摄食后消化道产生气泡。多甲藻死亡后，产生可使鱼体死亡的有毒甲藻素。多甲藻和裸甲藻喜欢生长在有机质丰富，硬度大，水体呈微碱性的池塘中，当水体环境剧烈改变时，引起鱼类死亡。此外，还有卵甲藻、蓝绿裸甲藻、丝状绿藻等也会对养殖水体有负面影响。

“水华”引起的鱼病防治方法：①经常注入清水，不使水中有机质含量过高；定期泼洒生石灰调节水体 pH，保持水体微碱性，可控制这些藻类的繁殖。②全池泼洒 0.7～1 g/m^3 的硫酸铜，能有效地杀死这些藻类。但在施药后必须开动增氧机增氧，或在第 2 天清晨加入新鲜清水，以防藻类腐烂后引起池鱼浮头死亡。③清晨藻体上浮时，可撒施生石灰粉，连续 2～3 d，可杀死大部分藻体。

（四）非生物因素引起的鱼病

1. 泛池

主要病因是池水缺氧，造成窒息死亡；通常淡水鱼类在水中溶氧低于 1 mg/L 时开始浮头，低于 0.4～0.6 mg/L 时就窒息死亡。如鲤、鲫鱼的窒息范围为 0.1～0.4 mg/L。防治适宜期：5～10 月份高温季节，水体载鱼量较高的池塘。

主要识别特征：病鱼呼吸困难，将口伸出水面吞取空气，严重时全塘鱼狂游，横卧水面，游向岸边，直至死亡。

解救方法：A. 发现浮头后，尽快加注新水，但不宜直接冲入，以喷洒落入水面为好，以增加水与空气的接触面增氧。同时，开启增氧机进行机械增氧，解救浮头鱼类。B. 明矾：每 667 m^2 水面（水深 1 m）用 1.5～2.5 kg 化水全池泼洒解救。C. 石膏粉每 667 m^2 水面（水深 1 m）用 2.5～3.5 kg，化水全池泼洒解救。D. 过氧化钙：每 1 m^3 水体用 3.5 g，溶水后全池泼洒解救。E. 双氧水：每 667 m^2 水面（水深 1 m）用 3 mL 双氧水，当鱼浮头时，把装双氧水瓶子的瓶口打开放到池水里解救。F. 泼洒浮头灵：根据浮头的严重程度适当增减。速效浮头灵每 1 kg 可快速释放 140 L 氧气，一般施用量为每 667 m^2 水面（水深 1 m）用 1 kg。对鱼的安全浓度为 50 g/m^3。如果施用后不久又发生浮头现象，须再放 1 次药。

2. 气泡病

主要病因是水中气体过饱和引起气泡病，危害品种是大多数鱼苗，四季均有发生。引起水体气体过饱和的原因有：水中浮游植物过多，光合作用过强，引起水中溶氧过饱和；池塘中施放过多未发酵的肥料，肥料在缺氧情况下分解，产生过多的甲烷、硫化氢气泡，被鱼苗误食引起气泡病等。

主要识别特征：鳍、鳃、皮肤及内脏的血管内含有大量气泡，引起栓塞而死。鱼体失去平衡，时游时停，最终病鱼失去自由游动的能力而浮在水面，不久即死。

防治方法：A. 不灌注含气泡多的水，不使浮游植物繁殖过多，不使用未经发酵的肥料。B. 当发现有气泡时，应立即加注新水。C. 每 667 m^2 水面用乌桕叶 3.5 kg、野山楂 1.2 kg、黄荆 1.2 kg、艾叶 0.6 kg 煎汁，加入打烂的大蒜 1.2 kg，拌细糠喂鱼。D. 每 667 m^2 水面用艾叶、牡荆各 1 kg 煎汁，加食盐 1 kg，全池泼洒，连用2次。E.鱼苗下塘前可用清凉油2盒、韭菜1 kg、食盐0.15 kg煎汁煮鸡蛋，用蛋黄喂鱼可预防气泡病发生；鱼苗下塘后，每667 m^2 水面用食盐1.5～2 kg、清凉油4～5盒、韭菜2～2.5 kg与黄豆打浆全池泼洒。F.发病池塘可用生石膏4 kg、车前草4 kg与黄豆打浆全池泼洒。

3.饥饿或跑马病

主要病因是鱼类完全得不到食物，或食物提供不足，鱼种放养过密得不到相应的食物，或同一品种鱼类放养规格大小相差悬殊，竞争饵料造成的结果。危害品种遍及青、草、鲢、鳙、鲤、鳊鱼及乌鳢等常见淡水鱼。

主要识别特征：不同鱼类对饥饿的反应不同。草鱼缺食情况下常游于池边，结队成群冲击池岸觅食，甚至冲食岸草，使池边极度混浊；鲤鱼饥饿时可冲破池岸，搅乱底质；乌鳢缺食可捕食青蛙、水蛇等。青、草、鲢、鳙、鲤、鳊鱼等夏花鱼种培育时缺饵料，使这些鱼成群结队，围绕鱼池狂游不止如跑马状，俗称“跑马病”，长时间的狂游，造成鱼种体质消瘦，易感染疾病死亡。

防治方法：A.要定时、定位投饵，而且要饵料充足，营养成分齐全。B.鱼种不能过密，放养同一品种时规格要整齐，避免抢食中弱者挨饿。C.如果发生“跑马病”，可用芦席等隔断鱼种群游路线，并投放饲料以诱鱼摄食。

本章重点提示：

鱼病治疗的总体原则应遵循先调节水质，再杀虫，避免养殖环境恶化，再泼洒杀虫药造成死鱼事故；先杀虫再杀菌两项措施相结合，提高治疗效果。细菌性疾病和病毒性疾病一般采用外用和内服联合用药的原则。

附　　录

附录一　中华人民共和国渔业法实施细则

《中华人民共和国渔业法实施细则》于 1987 年 10 月 14 日由国务院批准，1987 年 10 月 20 日由农牧渔业部发布。为保障渔业生产者、经营者的合法权益，促进我国渔业生产的发展，特制定本实施细则。

第一章　总则

第一条　根据《中华人民共和国渔业法》（以下简称《渔业法》）第三十四条的规定，制定本实施细则。

第二条　《渔业法》及本实施细则中下列用语的含义是：

（一）"中华人民共和国的内水"，是指中华人民共和国领海基线向陆一侧的海域和江河、湖泊等内陆水域。

（二）"中华人民共和国管辖的一切其他海域"，是根据中华人民共和国法律，中华人民共和国缔结、参加的国际条约、协定或者其他有关国际法，而由中华人民共和国管辖的海域。

（三）"渔业水域"，是指中华人民共和国管辖水域中鱼、虾、蟹、贝类的产卵场、索饵场、越冬场、洄游通道和鱼、虾、蟹、贝、藻类及其他水生动植物的养殖场所。

第二章　渔业的监督管理

第三条　国家对渔业的监督管理，实行统一领导、分级管理。

国务院划定的"机动渔船底拖网禁渔区线"外侧，属于中华人民共和国管辖海域的渔业，由国务院渔业行政主管部门及其所属的海区渔政管理机构监督管理；“机动渔船底拖网禁渔区线”内侧海域的渔业，除国家另有规定者外，由毗邻海域的省、自治区、直辖市人民政府渔业行政主管部门监督管理。

内陆水域渔业，按照行政区划由当地县级以上地方人民政府渔业行政主管部门监督管理；跨行政区域的内陆水域渔业，由有关县级以上地方人民政府协商制定管理办法，或者由上一级人民政府渔业行政主管部门及其所属的渔政监督管理机构监督管理；跨省、自治区、直辖市的大型江河的渔业，可以由国务院渔业行政主管部门监督管理。

重要的、洄游性的共用渔业资源，由国家统一管理；定居性的、小宗的渔业资源，由地方人民政府渔业行政主管部门管理。

第四条　“机动渔船底拖网禁渔区线”内侧海域的渔业，由有关省、自治区、直辖市人民政府渔业行政主管部门协商划定监督管理范围；划定监督管理范围有困难的，可划叠区或者共管区管理，必要时由国务院渔业行政主管部门决定。

第五条　渔场和鱼汛生产，应当以渔业资源可捕量为依据，按照有利于保护、增殖和合理利用渔业资源，优先安排邻近地区、兼顾其他地区的原则，统筹安排。

舟山渔场冬季带鱼汛，浙江渔场大黄鱼汛，闽东、闽中渔场大黄鱼汛，吕泗渔场大黄鱼、小黄鱼、鲳鱼汛，渤海渔场秋季对虾汛等主要渔场、鱼汛和跨海区管理线的捕捞作业，由国务院渔业行政主管部门或其授权单位安排。

第六条　国务院渔业行政主管部门的渔政渔港监督管理机构，代表国家行使渔政渔港监督管理权。

国务院渔业行政主管部门在黄渤海、东海、南海三个海区设渔政监督管理机构；在重要渔港、边境水域和跨省、自治区、直辖市的大型江河，根据需要设渔政渔港监督管理机构。

第七条 渔政检查人员有权对各种渔业及渔业船舶的证件、渔船、渔具、渔获物和捕捞方法，进行检查。

渔政检查人员经国务院渔业行政主管部门或者省级人民政府渔业行政主管部门考核，合格者方可执行公务。

第八条 渔业行政主管部门及其所属的渔政监督管理机构，应当与公安、海监、交通、环保、工商行政管理等有关部门相互协作，监督检查渔业法规的施行。

第九条 群众性护渔管理组织，应当在当地县级以上人民政府渔业行政主管部门的业务指导下，依法开展护渔管理工作。

第三章 养殖业

第十条 使用全民所有的水面、滩涂，从事养殖生产的全民所有制单位和集体所有制单位，应当向县级以上地方人民政府申请养殖使用证。

全民所有的水面、滩涂在一县行政区域内的，由该县人民政府核发养殖使用证；跨县的，由有关县协商核发养殖使用证，必要时由上级人民政府决定核发养殖使用证。

第十一条 领取养殖使用证的单位，无正当理由未从事养殖生产，或者放养最低于当地同类养殖水域平均放养量60%的，应当视为荒芜。

第十二条 全民所有的水面、滩涂中的鱼、虾、蟹、贝、藻类的自然产卵场、繁殖场、索饵场及重要的洄游通道必须予以保护，不得划作养殖场所。

第十三条 国家建设征用集体所有的水面、滩涂，按照国家土地管理法规办理。

第四章 捕捞业

第十四条 近海渔场与外海渔场的划分：

(一)渤海、黄海为近海渔场。

(二)下列四个基点之间连线内侧海域为东海近海渔场;四个基点之间连线外侧海域为东海外海渔场。四个基点是:

1.北纬 33 度,东经 125 度;

2.北纬 29 度,东经 125 度;

3.北纬 28 度,东经 124 度 30 分;

4.北纬 27 度,东经 123 度。

(三)下列两条等深线之内侧海域为南海近海渔场;两条等深线之外侧海域为南海外海渔场。两条等深线是:

1.东经 112 度以东之 80 米等深线;

2.东经 112 度以西之 100 米等深线;

第十五条　国家对捕捞业,实行捕捞许可制度。

从事外海、远洋捕捞业的,由经营者提出申请,经省、自治区、直辖市人民政府渔业行政主管部门审核后,报国务院渔业行政主管部门批准。从事外海生产的渔船,必须按照批准的海域和渔期作业,不得擅自进入近海捕捞。

近海大型拖网、围网作业的捕捞许可证,由国务院渔业行政主管部门批准发放;近海其他作业的捕捞许可证,由省、自治区、直辖市人民政府渔业行政主管部门按照国家下达的船网工具控制指标批准发放。

内陆水域的捕捞许可证,由县级以上地方人民政府渔业行政主管部门批准发放。

捕捞许可证的格式,由国务院渔业行政主管部门制定。

第十六条　在中华人民共和国管辖水域,中外合资、中外合作经营的渔业企业,未经国务院有关主管部门批准,不得从事近海捕捞业。

第十七条　有下列情形之一的,不得发放捕捞许可证:

(一)使用破坏渔业资源、被明令禁止使用的渔具或者捕捞方法的；

（二）未按国家规定办理批准手续，制造、更新改造、购置或者进口捕捞渔船的；

（三）未按国家规定领取渔业船舶证书、航行签证簿、职务船员证书、船舶户口簿、渔民证等证件的。

第十八条 娱乐性游钓和在尚未养殖、管理的滩涂手工采集零星水产品的，不必申请捕捞许可证，但应当加强管理，防止破坏渔业资源。具体管理办法由县级以上人民政府制定。

第十九条 因科学研究等特殊需要，在禁渔区、禁渔期捕捞，或者使用禁用的渔具、捕捞方法，或者捕捞重点保护的渔业资源品种，必须经省级以上人民政府渔业行政主管部门批准。

第五章 渔业资源的增殖和保护

第二十条 禁止使用电力、鱼鹰捕鱼和敲（舟古）作业。在特定水域确有必要使用电力或者鱼鹰捕鱼时，必须经省、自治区、直辖市人民政府渔业行政主管部门批准。

第二十一条 县级以上人民政府渔业行政主管部门，应当依照本实施细则第三条规定的管理权限，确定重点保护的渔业资源品种及采捕标准。在重要鱼、虾、蟹、贝、藻类，以及其他重要水生生物的产卵场、索饵场、越冬场和洄游通道，规定禁渔区和禁渔期，禁止使用或者限制使用的渔具和捕捞方法，最小网目尺寸，以及制定其他保护渔业资源的措施。

第二十二条 在“机动渔船底拖网禁渔区线”外侧建造人工鱼礁的，必须经国务院渔业行政主管部门批准；在“机动渔船底拖网禁渔区线”内侧建造人工鱼礁的，必须由有关省、自治区、直辖市人民政府渔业行政主管部门或其授权单位批准。

建造人工鱼礁，应当避开主要航道和重要锚地，并通知有关交通和海洋管理部门。

第二十三条　定置渔业一般不得跨县作业。县级以上人民政府渔业行政主管部门应当限制其网桩数量、作业场所，并规定禁渔期。海洋定置渔业，不得越出“机动渔船底拖网禁渔区线”。

第二十四条　因养殖或者其他特殊需要，捕捞鳗鲡、鲥鱼、中华绒螯蟹、真鲷、石斑鱼等有重要经济价值的水生动物苗种或者禁捕的怀卵亲体的，必须经国务院渔业行政主管部门或者省、自治区、直辖市人民政府渔业行政主管部门批准，并领取专项许可证件，方可在指定区域和时间内，按照批准限额捕捞。捕捞其他有重要经济价值的水生动物苗种的批准权，由省、自治区、直辖市人民政府渔业行政主管部门规定。

第二十五条　禁止捕捞中国对虾苗种和春季亲虾。因养殖需要中国对虾怀卵亲体的，应当限期由养殖单位自行培育，期限及管理办法由国务院渔业行政主管部门制定。

第二十六条　任何单位和个人，在鱼、虾、蟹、贝幼苗的重点产区直接引水、用水的，应当采取避开幼苗的密集期、密集区，或者设置网栅等保护措施。

第二十七条　各级渔业行政主管部门，应当对渔业水域污染情况进行监测；渔业环境保护监测网，应当纳入全国环境监测网络。因污染造成渔业损失的，应当由渔政渔港监督管理部门协同环保部门调查处理。

第二十八条　在重点渔业水域不得从事拆船业。在其他渔业水域从事拆船业，造成渔业资源损害的，由拆船单位依照有关规定负责赔偿。

第六章　罚则

第二十九条　依照《渔业法》第二十八条规定处以罚款的，按下列规下执行：

（一）炸鱼、毒鱼的，违反关于禁渔区、禁渔期的规定进行捕捞的，擅自捕捞国家规定禁止捕捞的珍贵水生动物的，在内陆水域处五十元至五千元罚款，在海洋处五百元至五万元罚款；

(二)敲(舟古)作业的，处一千元至五万元罚款；

(三)未经批准使用鱼鹰捕鱼的，处五十元至二百元罚款；

(四)未经批准使用电力捕鱼的，在内陆水域处二百元至一千元罚款，在海洋处五百元至三千元罚款；

(五)使用小于规定的最小网目尺寸的网具进行捕捞的，处五十元至一千元罚款。

第三十条 依照《渔业法》第二十九条规定处以罚款的，按罚款一千元以下执行。

第三十一条 依照《渔业法》第三十条规定需处以罚款的，按下列规定执行：

(一)内陆渔业非机动渔船，处五十元至一百五十元罚款；

(二)内陆渔业机动渔船和海洋渔业非机动渔船，处一百元至五百元罚款；

(三)海洋渔业机动渔船，处二百元至二万元罚款。

第三十二条 依照《渔业法》第三十一条规定需处以罚款的，按下列规定执行：

(一)内陆渔业非机动渔船，处二十五元至五十元罚款；

(二)内陆渔业机动渔船和海洋渔业非机动渔船，处五十元至一百元罚款；

(三)海洋渔业机动渔船，处五十元至三千元罚款；

(四)外海渔船擅自进入近海捕捞的，处三千元至二万元罚款。

第三十三条 买卖、出租或者以其他形式非法转让以及涂改捕捞许可证的，没收违法所得，吊销捕捞许可证，可以并处一百元至一千元罚款。

第三十四条 依照《渔业法》第二十八条、第三十条、第三十一条、第三十二条规定需处以罚款的，对船长或者单位负责人可以视情节另处一百元至五百元罚款。

第三十五条 未按《渔业法》和本实施细则有关规定，采取保护措施，造成渔业资源损失的，围湖造田或者未经批准围垦沿海滩涂的，应当依法承担责任。

第三十六条 中外合资、中外合作经营的渔业企业，违反本实施细则第十六条规定，没收渔获物和违法所得，可以并处三千元至五万元罚款。

第三十七条 外国人、外国渔船违反《渔业法》第八条规定，擅自进入中华人民共和国管辖水域从事渔业生产或者渔业资源调查活动的，渔业行政主管部门或其所属的渔政监督管理机构应当令其离开或者将其驱逐，并可处以罚款和没收渔获物、渔具。

第三十八条 渔业行政主管部门或其所属的渔政监督管理机构进行处罚时，应当填发处罚决定书；处以罚款及没收渔具、渔获物和违法所得的，应当开具凭证，并在捕捞许可证上载明。

第三十九条 有下列行为之一的，由公安机关依照《中华人民共和国治安管理处罚条例》的规定处罚；构成犯罪的，由司法机关依法追究刑事责任：

（一）拒绝、阻碍渔政检查人员依法执行职务的；

（二）偷窃、哄抢或者破坏渔具、渔船、渔获物的。

第四十条 渔政检查人员玩忽职守或者徇私枉法的，由其所在单位或者上级主管部门给予行政处分；构成犯罪的，依法追究刑事责任。

第七章 附则

第四十一条 本实施细则由农牧渔业部负责解释。

第四十二条 本实施细则自发布之日起施行。

附录二　渔业水质标准
(GB 11607—89)

为贯彻执行《中华人民共和国环境保护法》、《中华人民共和国水污染防治法》和《中华人民共和国海洋环境保护法》、《中华人民共和国渔业法》，防止和控制渔业水域水质污染，保证鱼、虾、贝、藻类正常生长、繁殖和水产品的质量，特制定本标准。

1　主题内容与适用范围

本标准适用于鱼、虾类的产卵场、索饵场、越冬场、洄游通道和水产增养殖区等海、淡水的渔业水域。

2　引用标准

GB 5750　生活饮用水标准检验法

GB 6920　水质 pH 值的测定　玻璃电极法

GB 7467　水质　六价铬的测定　二苯碳酰二肼分光光度法

GB 7468　水质　总汞测定　冷原子吸收分光光度法

GB 7469　水质　总汞测定　高锰酸钾-过硫酸钾消解法　双硫腙分光光度法

GB 7470　水质　铅的测定　双硫腙分光光度法

GB 7471　水质　镉的测定　双硫腙分光光度法

GB 7472　水质　锌的测定　双硫腙分光光度法

GB 7474　水质　铜的测定　二乙基二硫代氨基甲酸钠分光光度法

GB 7475　水质　铜、锌、铅、镉的测定　原子吸收分光光度法

GB 7479　水质　铵的测定　纳氏试剂比色法

GB 7481 水质 氨的测定 水杨酸分光光度法

GB 7482 水质 氟化物的测定 茜素磺酸锆目视比色法

GB 7484 水质 氟化物的测定 离子选择电极法

GB 7485 水质 总砷的测定 二乙基二硫代氨基甲酸银分光光度法

GB 7486 水质 氰化物的测定 第一部分:总氰化物的测定

GB 7488 水质 五日生化需氧量(BOD_5) 稀释与接种法

GB 7489 水质 溶解氧的测定 碘量法

GB 7490 水质 挥发酚的测定 蒸馏后 4-氨基安替比林分光光度法

GB 7492 水质 六六六、滴滴涕的测定 气相色谱法

GB 8972 水质 五氯酚钠的测定 气相色谱法

GB 9803 水质 五氯酚的测定 藏红 T 分光光度法

GB 11891 水质 凯氏氮的测定

GB 11901 水质 悬浮物的测定 重量法

GB 11910 水质 镍的测定 丁二酮肟分光光度法

GB 11911 水质 铁、锰的测定 火焰原子吸收分光光度法

GB 11912 水质 镍的测定 火焰原子吸收分光光度法

3 渔业水质要求

3.1 渔业水域的水质,应符合渔业水质标准(见表 1)。

3.2 各项标准数值系指单项测定最高允许值。

3.3 标准值单项超标,即表明不能保证鱼、虾、贝正常生长繁殖,并产生危害,危害程度应参考背景值、渔业环境的调查数据及有关渔业水质基准资料进行综合评价。

表 1 渔业水质标准 mg/L

项目序号	项目	标准值
1	色、臭、味	不得使鱼、虾、贝、藻类带有异色、异臭、异味
2	漂浮物质	水面不得出现明显油膜或浮沫
3	悬浮物质	人为增加的量不得超过 10，而且悬浮物质沉积于底部后，不得对鱼、虾、贝类产生有害的影响
4	pH 值	淡水 6.5～8.5，海水 7.0～8.5
5	溶解氧	连续 24 h 中，16 h 以上必须大于 5，其余任何时候不得低于 3，对于鲑科鱼类栖息水域冰封期其余任何时候不得低于 4
6	生化需氧量（五天、20℃）	不超过 5，冰封期不超过 3
7	总大肠菌群	不超过 5 000 个/L（贝类养殖水质不超过 500 个/L）
8	汞	≤0.000 5
9	镉	≤0.005
10	铅	≤0.05
11	铬	≤0.1
12	铜	≤0.01
13	锌	≤0.1
14	镍	≤0.05
15	砷	≤0.05
16	氰化物	≤0.005
17	硫化物	≤0.2
18	氟化物（以 F^- 计）	≤1
19	非离子氨	≤0.02
20	凯氏氮	≤0.05
21	挥发性酚	≤0.005
22	黄磷	≤0.001

续表1

项目序号	项目	标准值
23	石油类	≤0.05
24	丙烯腈	≤0.5
25	丙烯醛	≤0.02
26	六六六（丙体）	≤0.002
27	滴滴涕	≤0.001
28	马拉硫磷	≤0.005
29	五氯酚钠	≤0.01
30	乐果	≤0.1
31	甲胺磷	≤1
32	甲基对硫磷	≤0.000 5
33	呋喃丹	≤0.01

4　渔业水质保护

4.1　任何企、事业单位和个体经营者排放的工业废水、生活污水和有害废弃物，必须采取有效措施，保证最近渔业水域的水质符合本标准。

4.2　未经处理的工业废水、生活污水和有害废弃物严禁直接排入鱼、虾类的产卵场、索饵场、越冬场和鱼、虾、贝、藻类的养殖场及珍贵水生动物保护区。

4.3　严禁向渔业水域排放含病源体的污水；如需排放此类污水，必须经过处理和严格消毒。

5　标准实施

5.1　本标准由各级渔政监督管理部门负责监督与实施，监督实施情况，定期报告同级人民政府环境保护部门。

5.2 在执行国家有关污染物排放标准中，如不能满足地方渔业水质要求时，省、自治区、直辖市人民政府可制定严于国家有关污染排放标准的地方污染物排放标准，以保证渔业水质的要求，并报国务院环境保护部门和渔业行政主管部门备案。

5.3 本标准以外的项目，若对渔业构成明显危害时，省级渔政监督管理部门应组织有关单位制定地方补充渔业水质标准，报省级人民政府批准，并报国务院环境保护部门和渔业行政主管部门备案。

5.4 排污口所在水域形成的混合区不得影响鱼类洄游通道。

6 水质监测

6.1 本标准各项目的监测要求，按规定分析方法（见表2）进行监测。

6.2 渔业水域的水质监测工作，由各级渔政监督管理部门组织渔业环境监测站负责执行。

表2 渔业水质分析方法

	项目	测定方法	试验方法标准编号
3	悬浮物质	重量法	GB 11901
4	pH值	玻璃电极法	GB 6920
5	溶解氧	碘量法	GB 7489
6	生化需氧量	稀释与接种法	GB 7488
7	总大肠菌群	多管发酵法　滤膜法	GB 5750
8	汞	冷原子吸收分光光度法	GB 7468
		高锰酸钾-过硫酸钾消解法　双硫腙分光光度法	GB 7469
9	镉	原子吸收分光光度法	GB 7475
		双硫腙分光光度法	GB 7471

续表 2

	项目	测定方法	试验方法标准编号
10	铅	原子吸收分光光度法 双硫腙分光光度法	GB 7475 GB 7470
11	铬	二苯碳酰二肼分光光度法(高锰酸盐氧化)	GB 7467
12	铜	原子吸收分光光度法 二乙基二硫代氨基甲酸钠分光光度法	GB 7475 GB 7474
13	锌	原子吸收分光光度法 双硫腙分光光度法	GB 7475 GB 7472
14	镍	火焰原子吸收分光光度法 丁二酮肟分光光度法	GB 11912 GB 11910
15	砷	二乙基二硫代氨基甲酸银分光光度法	GB 7485
16	氰化物	异烟酸-吡啶啉酮比色法 吡啶-巴比妥酸比色法	GB 7486
17	硫化物	对二甲氨基苯胺分光光度法[1]	
18	氟化物	茜素磺酸锆目视比色法 离子选择电极法	GB 7482 GB 7484
19	非离子氨[2]	纳氏试剂比色法 水杨酸分光光度法	GB 7479 GB 7481
20	凯氏氮		GB 11891
21	挥发性酚	蒸馏后 4-氨基安替比林分光光度法	GB 7490
22	黄磷		
23	石油类	紫外分光光度法[1]	
24	丙烯腈	高锰酸钾转化法[1]	
25	丙烯醛	4-己基间苯二酚分光光度法[1]	

续表 2

	项目	测定方法	试验方法标准编号
26	六六六(丙体)	气相色谱法	GB 7492
27	滴滴涕	气相色谱法	GB 7492
28	马拉硫磷	气相色谱法[1]	
29	五氯酚钠	气相色谱法 藏红 T 分光光度法	GB 8972 GB 9803
30	乐果	气相色谱法[3]	
31	甲胺磷		
32	甲基对硫磷	气相色谱法[3]	
33	呋喃丹		

注:暂时采用下列方法,待国家标准发布后,执行国家标准。

1)渔业水质检验方法为农牧渔业部 1983 年颁布。

2)测得结果为总氨浓度,然后换算为非离子浓度。

3)地面水质　监测检验方法为中国医学科学院卫生研究所 1978 年颁布。

附录三　水产原、良种审定办法

第一条　为加强对水产原、良种种质及其种苗生产的管理,科学、公正、及时地审定和推广水产原、良种,促进渔业生产的发展,根据《中华人民共和国渔业法》,特制定本审定办法。

第二条　凡具备下列条件之一者,均可向全国水产原、良种审定委员会(以下简称审委会)申请审定。

(一)现有主要养殖(栽培)对象;

(二)育成养殖新对象,经连续二年生产性养殖对比试验,累计试验面积混养不低于 5 000 亩,单养不低于 500 亩,并表现优异者;

(三)养(增)殖开发利用新对象,经连续二年生产性养(增)殖试验，累计养殖面积不低于 1 万亩，增殖试验面积不低于 20 万亩，并表现优异者；

(四)国外引进养(增)殖新对象，经连续二年生产性养(增)殖对比试验(试验面积与第 3 项同)，表现优异者；

(五)经证实具有育种应用价值的原种；

(六)特殊养(增)殖对象。

第三条　凡申请审定者，必须报送下列材料一式 20 份：

(一)主件：水产原、良种审定申请书。

(二)附件：

(1)研究报告(技术总结)；

(2)养(增)殖繁殖制种技术报告；

(3)品种标准；

(4)审委会指定专业单位的种质检测报告(复印件)；

(5)审委会指定专业单位的抗病性鉴定报告(复印件)；

(6)连续二年生产性对比养(增)殖试验年度总结及承试单位评价意见(复印件)。

第四条　申请审定的，按下列程序办理：

(一)申请单位(个人)签章，呈报省级渔业行政主管部门审查；

(二)省级渔业行政主管部门审核签章后，报审委会；

(三)审委会认为必要时，可以要求申请单位(个人)提供苗种和生产技术，由审委会指定试验单位进行对比验证。

不按程序办理的，审委会不予受理。

第五条　每年的 12 月 31 日为申请水产原、良种审定的截止日期(以寄出邮戳为准)。

第六条　审委会根据《水产原、良种审定标准》和有关国家标准进行审定。

第七条　审委会办公室对收到的材料进行形式审查，合格者提交审委会全体委员会议审定。

第八条 审委会全体委员会议对申请审定的水产原、良种，以无记名投票方式决定其通过审定或缓予审定。通过审定或缓予审定的决定，应有三分之二以上委员到会，到会委员二分之一以上通过，方为有效。

第九条 审委会审定通过的水产原、良种，审定意见由审委会主任签字，报农业部审核同意后，即通过国家审定。通过国家审定的水产原、良种，由农业部发布公告，审委会予以编号，颁发证书。

审定通过的水产原、良种，其中文名称前冠以“GS”两个拼音字母(“GS”为“国”和“审”两字的第一个拼音字母)。

第十条 审委会认为需缓审的，应派员实地考察后，提交下次全体委员会议复审。复审未通过的，不得再次提出复审。

第十一条 经过水产原、良种审委会审定通过的品种、杂交种等的育成者在申请各级奖励时，其审定证书可以视同专家鉴定证书。

第十二条 国家审定通过的水产原、良种，可在农业部公告的适宜养殖区域内推广养殖。审定通过的水产原、良种在生产利用过程中，如发现有不可克服的弱点，审委会应提出停止推广建议，报农业部公布。

第十三条 未经审定或审定不合格的水产新品种、良种、国(境)外引进种，不提进行广告宣传，不准推广，不提报奖。

第十四条 申请审定的每个原、良种均须交纳审定费。

第十五条 本办法由农业部负责解释。

第十六条 本办法自发布之日起施行。

附件:水产原、良种审定标准

1 原种审定标准

1.1 原种，指取自模式种采集水域或取自其他天然水域并用于养(增)殖(栽培)生产的野生水生动、植物种,以及用于选育种的原始亲本。

1.2 原种必须具备下列性状:

1.2.1 具有供种水域中该物种的典型表型,无明显的统计学差异;

1.2.2 具有供种水域中该物种的核型及生化遗传性状;

1.2.3 具有供种水域中该物种的经济性状(增长率、品质等);

1.2.4 符合有关水生动植物种的国家标准。

2 良种审定标准

2.1 良种,指生长快、品质好、抗逆性强、性状稳定和适应一定地区自然条件并用于养(增)殖(栽培)生产的水生动、植物种。

2.2 良种必须具备下列性状:

2.2.1 优良经济性状遗传稳定在95%以上;

2.2.2 其他表型性状遗传稳定在95%以上。

3 品种审定标准

3.1 品种,指经多代人工选择育成的具有遗传稳定,并有别于原种或同种内其他群体之优良经济性状及其他表型性状的水生动、植物。

3.2 高产品种

3.2.1 连续二年对比试验产量比原种或同物种其他养殖(栽培)品种平均高10%以上(混养对比试验水面5 000亩以上,单养对比试验水面500亩以上)。

3.2.2 品质指标不低于原种或同物种的其他主要养殖(栽培)品种(或种)。

3.2.3 优良经济性状及其他表型性状遗传稳定在90%以上。

3.3 抗逆品种

3.3.1 抗病品种

3.3.1.1 能抗某种疾病，抗病力遗传稳定在90%以上。

3.3.1.2 连续二年对比试验中主要经济性状(增长率、品质等)不低于对照品种(或种)。

3.3.1.3 其他表型性状遗传稳定在90%以上。

3.3.2 抗寒品种

3.3.2.1 能在原来不能自然越冬的地方自然越冬、连续二年对比试验越冬成活率60%以上。

3.3.2.2 抗寒性状遗传稳定在80%以上。

3.3.2.3 主要经济性状(增长率、品质等)与原种或对照品种(或种)无明显的经济差异。

3.3.2.4 其他表型性状遗传稳定在90%以上。

4 杂交种审定标准

4.1 杂交种，指将不同种、亚种、品种水生动、植物进行杂交获得的水生动、植物后代，未经多代选择稳定其遗传性状者。

4.2 杂交用亲本

4.2.1 二元杂交用亲本，两亲本必须是纯种，符合原种标准。

4.2.2 多元杂交用亲本，选用的 F_1 代个体作多元杂交亲本，其杂种优势必须很显著，表型一致，纯种亲本应符合原种标准。

4.3 杂交一代 F_1

4.3.1 高产杂交一代 F_1，高产杂种优势显著，连续二年生产性养殖(栽培)对比试验比原种或对照种(或品种)个体增长率平均高20%以上，产量平均高20%以上(混养面积5 000亩，单养面积500亩)。

4.3.2 抗病杂交一代 F_1，抗病杂种优势显著，F_1 能抗某种疾病，连续二年生产性对比试验成活率达80%以上。主要经济性状(增长率、品质等)与原种或对照种(或品种)无显著的统计学差异(试验面积同 4.3.1)。

4.3.3　抗寒杂交一代 F_1,抗寒杂种优势显著,能在本地区自然越冬,连续二年越冬对比试验成活率在 80%以上,主要经济性状(增长率、品质等)与原种或对照种(或品种)无显著的统计学差异。

附录四　水产苗种管理办法

《水产苗种管理办法》已于 2001 年 12 月 8 日经农业部常务会议审议通过,现予发布,自发布之日起施行。

部长　杜青林

二〇〇一年十二月十日

第一章　总则

第一条　为保护和合理利用水产种质资源,加强水产品种选育和苗种生产、经营管理,提高水产苗种质量,维护水产苗种生产者、经营者和使用者的合法权益,促进水产养殖业持续健康发展,根据《中华人民共和国渔业法》及有关法律法规,制定本办法。

第二条　本办法所称的水产苗种包括用于水产繁育、增养殖(栽培)生产和科研试验的水产动植物的亲本、稚体、幼体、受精卵、孢子及其遗传育种材料。

第三条　在中华人民共和国境内从事水产种质资源开发利用,品种选育、培育,水产苗种生产、经营、管理、进口、出口活动的单位和个人,应当遵守本办法。

珍稀、濒危水生野生动植物及其苗种的管理按有关法律法规的规定执行。

第四条　农业部负责全国水产种质资源和水产苗种管理工作。县级以上地方人民政府渔业行政主管部门负责本行政区域内的水产种质资源和水产苗种管理工作。

第二章　种质资源保护和品种选育

第五条　国家有计划地搜集、整理、鉴定、保护、保存和合理利用水产种质资源。禁止任何单位和个人侵占和破坏水产种质资源。

第六条　国家保护水产种质资源及其生存环境，并在具有较高经济价值和遗传育种价值的水产种质资源的主要生长繁殖区域建立水产种质资源保护区。未经农业部批准，任何单位或者个人不得在水产种质资源保护区从事捕捞活动。

建设项目对水产种质资源产生不利影响的，依照《中华人民共和国渔业法》第三十五条的规定处理。

第七条　农业部和省级人民政府渔业行政主管部门有计划地组织水产种质资源的国际交流。任何单位或个人向境外提供和从境外引进水产种质资源的，应当经农业部批准。单位或个人在引进时应将适量的种质资源送交指定机构供保存和利用。

第八条　省级以上人民政府渔业行政主管部门根据水产增养殖生产发展的需要和自然条件及种质资源特点，合理布局和建设水产原、良种场。经农业部或省级人民政府渔业行政主管部门批准的原、良种场负责保存或选育种用遗传材料和亲本，向水产苗种繁育单位提供亲本。

第九条　用于杂交生产商品苗种的亲本必须是纯系群体。对可育的杂交种不得用作亲本繁育。

养殖可育的杂交个体和通过生物工程等技术改变遗传性状的个体及后代的，其场所必须建立严格的隔离和防逃措施，禁止将其投放于河流、湖泊、水库、海域等自然水域。

第十条　国家鼓励和支持水产优良品种的选育、培育和推广。县级以上人民政府渔业行政主管部门应当有计划地组织科研、教学和生产单位选育、培育水产优良新品种。

第十一条　农业部设立全国水产原种和良种审定委员会，对水产新品种进行审定。

对审定合格的水产新品种，经农业部批准并正式命名后方可推广。

第三章　生产和进出口管理

第十二条　依照《渔业法》第十六条第三款规定申请审批的水产苗种生产单位和个人应当具备下列条件：

（一）有固定的生产场地，水源充足，水质符合渔业用水标准；

（二）用于繁殖的亲本来源于原、良种场，质量符合种质标准；

（三）生产条件和设施符合水产苗种生产技术操作规程的要求；

（四）有与水产苗种生产和质量检验相适应的专业技术人员。

第十三条　省级人民政府渔业行政主管部门负责原、良种场水产苗种生产审批，其他单位和个人水产苗种生产的审批权限由省级人民政府渔业行政主管部门规定。

审批机关应当自收到全部申请资料之日起三十个工作日内作出审批决定。对不予批准的，应当说明理由，并书面告知申请者。

第十四条　水产苗种生产单位和个人应当按照审批的范围、种类等进行生产。需要变更生产范围、种类的，应当向原审批机关办理变更手续。前款规定的审批有效期限为三年。期满需延期的，应当于期满三十日前向原审批机关提出申请，办理续展手续。

第十五条　水产苗种的生产应当遵守农业部制定的生产技术操作规程，保证苗种质量。

第十六条　禁止在水产苗种繁殖、栖息地从事采矿、挖沙、爆破、排放污水等破坏水域生态环境的活动。对水域环境造成污染的，依照《中华人民共和国水污染防治法》和《中华人民共和国海洋环境保护法》的有关规定处理。

在水生动物苗种主产区引水时，应当采取措施，保护苗种。

第十七条 重要水产苗种的进口、出口由农业部审批，其他水产苗种的进口、出口由省级人民政府渔业行政主管部门审批。审批名录由农业部另行制定。

第十八条 进口水产苗种的质量，应当达到国家标准或者行业标准。没有国家标准或者行业标准的，可以按照合同约定的标准执行。

第四章 检验和检疫

第十九条 县级以上人民政府渔业行政主管部门应当制定水产苗种病害防治计划，加强对水产苗种病害的防治工作。

第二十条 县级以上人民政府渔业行政主管部门可以委托有关质量检验机构对水产苗种的质量进行检验。

承担水产苗种质量检验的机构应当具备相应的检测条件和能力，并经省级以上人民政府渔业行政主管部门考核合格。

第二十一条 水产苗种质量检验机构应当配备水产苗种质量检验员。水产苗种质量检验员应当具备以下条件：

(一)具有相关专业中等专业技术学校毕业以上文化水平；

(二)从事水产苗种检验技术工作三年以上；

(三)经省级以上人民政府渔业行政主管部门考核合格。

第二十二条 县级以上人民政府渔业行政主管部门应当加强对水产苗种的产地检疫。

国内异地引进水产苗种的，应当先到当地渔业行政主管部门办理检疫手续，经检疫合格后方可运输和销售。

检疫人员应当按照检疫规程实施检疫，对检疫合格的水产苗种出具检疫合格证明。

第二十三条 水产苗种的进、出口必须实施检疫，防止病害传入境内和传出境外，具体检疫工作按国家有关规定执行。

第五章　附则

第二十四条　本办法所用术语的含义：

（一）原种：指取自模式种采集水域或取自其他天然水域的野生水生动植物种，以及用于选育的原始亲体。

（二）良种：指生长快、品质好、抗逆性强、性状稳定和适应一定地区自然条件，并适用于增养殖（栽培）生产的水产动植物种。

（三）杂交种：指将不同种、亚种、品种的水产动植物进行杂交获得的后代。

（四）品种：指经人工选育成的，遗传性状稳定，并具有不同于原种或同种内其他群体的优良经济性状的水生动植物。

（五）稚、幼体：指从孵出后至性成熟之前这一阶段的个体。

（六）亲本：指已达性成熟年龄的个体。

第二十五条　违反本办法的规定应当给予处罚的，依照《中华人民共和国渔业法》等法律法规的有关规定给予处罚。

第二十六条　转基因水产苗种的选育、培育、生产、经营和进出口管理，应当同时遵守《农业转基因生物安全管理条例》及国家其他有关规定。

第二十七条　本办法由农业部负责解释。

第二十八条　本办法自发布之日起施行。1992 年 6 月 9 日农业部发布的《水产种苗管理办法》同时废止。

附录五　无公害食品　淡水养殖用水水质标准
（NY 5051—2001）

1　范围

本标准规定了淡水养殖用水水质要求、测定方法、检验规则和结果判定。

本标准适用于淡水养殖用水。

2 规范性引用文件

下列文件中的条款通过本标准的引用而成为本标准的条款。凡是注日期的引用文件，其随后所有的修改单(不包括勘误的内容)或修订版均不适用于本标准，然而，鼓励根据本标准达成协议的各方研究是否可使用这些文件的最新版本。凡是不注日期的引用文件，其最新版本适用于本标准。

GB/T 5750　生活饮用水标准检验法

GB/T 7466　水质　总铬的测定

GB/T 7468　水质　总汞的测定　冷原子吸收分光光度法

GB/T 7469　水质　总汞的测定　高锰酸钾-过硫酸钾消解法 双硫腙分光光度法

GB/T 7470　水质　铅的测定　双硫腙分光光度法

GB/T 7471　水质　镉的测定　双硫腙分光光度法

GB/T 7472　水质　锌的测定　双硫腙分光光度法

GB/T 7473　水质　铜的测定　2,9-二甲基-1,10-菲罗啉分光光度法

GB/T 7474　水质　铜的测定　二乙基二硫代氨基甲酸钠分光光度法

GB/T 7475　水质　铜、锌、铅、镉的测定　原子吸收分光光度法

GB/T 7482　水质　氟化物的测定　茜素磺酸锆目视比色法

GB/T 7483　水质　氟化物的测定　氟试剂分光光度法

GB/T 7484　水质　氟化物的测定　离子选择电极法

GB/T 7485　水质　总砷的测定　二乙基二硫代氨基甲酸银

分光光度法

GB/T 7490　水质　挥发酚的测定　蒸馏后 4-氨基安替比林分光光度法

GB/T 7491　水质　挥发酚的测定　蒸馏后溴化容量法

GB/T 7492　水质　六六六、滴滴涕的测定 气相色谱法

GB/T 8538　饮用天然矿泉水检验方法

GB 11607　渔业水质标准

GB/T 12997　水质　采样方案设计技术规定

GB/T 12998　水质　采样技术指导

GB/T 12999　水质采样　样品的保存和管理技术规定

GB/T 13192　水质　有机磷农药的测定　气相色谱法

GB/T 16488　水质　石油类和动植物油的测定　红外光度法

水和废水监测分析方法

3　要求

3.1　淡水养殖水源应符合 GB 11607 规定。

3.2　淡水养殖用水水质应符合表 1 要求。

表 1　淡水养殖用水水质要求

序号	项目	标准值
1	色、臭、味	不得使养殖水体带有异色、异臭、异味
2	总大肠菌群，个/L	≤5 000
3	汞，mg/L	≤0.000 5
4	镉，mg/L	≤0.005
5	铅，mg/L	≤0.05
6	铬，mg/L	≤0.1
7	铜，mg/L	≤0.01

续表 1

序号	项目	标准值
8	锌,mg/L	≤0.1
9	砷,mg/L	≤0.05
10	氟化物,mg/L	≤1
11	石油类,mg/L	≤0.05
12	挥发性酚,mg/L	≤0.005
13	甲基对硫磷,mg/L	≤0.000 5
14	马拉硫磷,mg/L	≤0.005
15	乐果,mg/L	≤0.1
16	六六六(丙体),mg/L	≤0.002
17	DDT,mg/L	0.001

4 测定方法

淡水养殖用水水质测定方法见表 2。

表 2 淡水养殖用水水质测定方法

序号	项目	测定方法	测试方法标准编号	检测下限/(mg/L)
1	色、臭、味	感官法	GB/T 5750	—
2	总大肠菌群	(1)多管发酵法	GB/T 5750	—
		(2)滤膜法		
3	汞	(1)原子荧光光度法	GB/T 8538	0.000 05
		(2)冷原子吸收分光光度法	GB/T 7468	0.000 05
		(3)高锰酸钾-过硫酸钾消解法-双硫腙分光光度法	GB/T 7469	0.002
4	镉	(1)原子吸收分光光度法	GB/T 7475	0.001
		(2)双硫腙分光光度法	GB/T 7471	0.001

续表 2

序号	项目	测定方法		测试方法标准编号	检测下限/(mg/L)
5	铅	(1)原子吸收分光光度法	螯合萃取法	GB/T 7475	0.01
			直接法		0.2
		(2)双硫腙分光光度法		GB/T 7470	0.01
6	铬	二苯碳酰二肼分光光度法(高锰酸盐氧化法)		GB/T 7467	0.004
7	砷	(1)原子荧光光度法		GB/T 8538	0.000 04
		(2)二乙基二硫代氨基甲酸银分光光度法		GB/T 7485	0.007
8	铜	(1)原子吸收分光光度法	螯合萃取法	GB/T 7475	0.001
			直接法		0.05
		(2)二乙基二硫代氨基甲酸钠分光光度法		GB/T 7474	0.01
		(3)2,9-二甲基-1,10-菲罗啉分光光度法		GB/T 7473	0.06
9	锌	(1)原子吸收分光光度法		GB/T 7475	0.05
		(2)双硫腙分光光度法		GB/T 7472	0.005
10	氟化物	(1)茜素磺酸锆目视比色法		GB/T 7482	0.05
		(2)氟试剂分光光度法		GB/T 7483	0.05
		(3)离子选择电极法		GB/T 7484	0.05
11	石油类	(1)红外分光光度法		GB/T 16488	0.01
		(2)非分散红外光度法			0.02
		(3)紫外分光光度法		《水和废水监测分析方法》(国家环保局)	0.05

续表 2

序号	项目	测定方法	测试方法标准编号	检测下限/(mg/L)
12	挥发酚	(1)蒸馏后 4-氨基安替比林分光光度法	GB/T 7490	0.002
		(2)蒸馏后溴化容量法	GB/T 7491	—
13	甲基对硫磷	气相色谱法	GB/T 13192	0.000 42
14	马拉硫磷	气相色谱法	GB/T 13192	0.000 64
15	乐果	气相色谱法	GB/T 13192	0.000 57
16	六六六	气相色谱法	GB/T 7492	0.000 004
17	DDT	气相色谱法	GB/T 7492	0.000 2

注:对同一项目有两个或两个以上测定方法的,当对测定结果有异议时,方法(1)为仲裁测定方法。

5 检验规则

检测样品的采集、贮存、运输和处理按 GB/T 12997、GB/T 12998 和 GB/T 12999 的规定执行。

6 结果判定

本标准采用单项判定法,所列指标单项指标,判定为不合格。

附录六 饲料和饲料添加剂管理条例

1999 年 5 月 29 日中华人民共和国国务院令第 266 号发布,根据 2001 年 11 月 29 日《国务院关于修改〈饲料和饲料添加剂管理条例〉的决定》修订。

第一章 总则

第一条 为了加强对饲料、饲料添加剂的管理,提高饲料、饲料添加剂的质量，促进饲料工业和养殖业的发展，维护人民身体健康，制定本条例。

第二条 本条例所称饲料，是指经工业化加工、制作的供动物食用的饲料，包括单一饲料、添加剂预混合饲料、浓缩饲料、配合饲料和精料补充料。

本条例所称饲料添加剂，是指在饲料加工、制作、使用过程中添加的少量或者微量物质，包括营养性饲料添加剂和一般饲料添加剂。饲料添加剂的品种目录由国务院农业行政主管部门制定并公布。

第三条 国务院农业行政主管部门负责全国饲料、饲料添加剂的管理工作。

县级以上地方人民政府负责饲料、饲料添加剂管理的部门（以下简称饲料管理部门），负责本行政区域内的饲料、饲料添加剂的管理工作。

第二章 审定与进口管理

第四条 国家鼓励研究、创制新饲料、新饲料添加剂。

新研制的饲料、饲料添加剂，在投入生产前，研制者、生产者（以下简称申请人）必须向国务院农业行政主管部门提出新产品审定申请，经国务院农业行政主管部门指定的机构检测和饲喂试验后，由全国饲料评审委员会根据检测和饲喂试验结果，对该新产品的安全性、有效性及其对环境的影响进行评审；评审合格的，由国务院农业行政主管部门发给新饲料、新饲料添加剂证书，并予以公布。

全国饲料评审委员会由养殖、饲料加工、动物营养、毒理、药理、代谢、卫生、化工合成、生物技术、质量标准和环境保护等方面的专家组成。

第五条 申请人提出饲料、饲料添加剂新产品审定申请时，除应当提供新产品的样品外，还应当提供下列资料：

（一）该新产品的名称、主要成分和理化性质；

（二）该新产品的研制方法、生产工艺、质量标准和检测方法；

（三）该新产品的饲喂效果、残留消解动态和毒理；

（四）环境影响报告和污染防治措施。

第六条　国务院农业行政主管部门公布的新饲料、新饲料添加剂的产品质量标准，为行业标准；需要制定国家标准的，依照标准化法的有关规定办理。

第七条　首次进口饲料、饲料添加剂的，应当向国务院农业行政主管部门申请登记，并提供该饲料、饲料添加剂的样品和下列资料：

（一）商标、标签和推广应用情况；

（二）生产国批准生产、销售的证明和生产国以外的其他国家的登记资料；

（三）本条例第五条规定的资料。

前款饲料、饲料添加剂经审查确认安全、有效、不污染环境的，由国务院农业行政主管部门颁发产品登记证。

第八条　国家对获得审定或者登记的、含有新化合物的饲料、饲料添加剂的申请人提交的其自己所取得且未披露的试验数据和其他数据实施保护。

自审定或者登记之日起6年内，对其他申请人未经已获得审定或者登记的申请人同意，使用前款数据申请饲料、饲料添加剂审定或者登记的，审定或者登记机关不予审定或者登记；但是，其他申请人提交其自己所取得的数据的除外。

除下列情况外，审定或者登记机关不得披露第一款规定的数据：

（一）公共利益需要；

（二）已采取措施确保该类信息不会被不正当地进行商业

使用。

第三章　生产、经营和使用管理

第九条　设立饲料、饲料添加剂生产企业，除应当符合有关法律、行政法规规定的企业设立条件外，还应当具备下列条件：

(一)有与生产饲料、饲料添加剂相适应的厂房、设备、工艺及仓储设施；

(二)有与生产饲料、饲料添加剂相适应的专职技术人员；

(三)有必要的产品质量检验机构、检验人员和检验设施；

(四)生产环境符合国家规定的安全、卫生要求；

(五)污染防治措施符合国家环境保护要求。

经国务院农业行政主管部门或者省、自治区、直辖市人民政府饲料管理部门按照权限审查，符合前款规定条件的，方可办理企业登记手续。

第十条　生产饲料添加剂、添加剂预混合饲料的企业，经省、自治区、直辖市人民政府饲料管理部门审核后，由国务院农业行政主管部门颁发生产许可证。

前款企业取得生产许可证后，由省、自治区、直辖市人民政府饲料管理部门核发饲料添加剂、添加剂预混合饲料产品批准文号。

第十一条　生产饲料、饲料添加剂的企业，应当按照产品质量标准组织生产，并实行生产记录和产品留样观察制度。

第十二条　企业生产饲料、饲料添加剂，不得直接添加兽药和其他禁用药品；允许添加的兽药，必须制成药物饲料添加剂后，方可添加；生产药物饲料添加剂，不得添加激素类药品。

第十三条　企业生产饲料、饲料添加剂，应当进行产品质量检验。检验合格的，应当附具产品质量检验合格证；无产品质量合格证的，不得销售。

第十四条 饲料、饲料添加剂的包装，应当符合国家有关安全、卫生的规定。

易燃或者其他有特殊要求的饲料、饲料添加剂的包装应当有警示标志或者说明，并注明储运注意事项。

饲料、饲料添加剂的包装物不得重复使用；但是，生产方和使用方另有约定的除外。

第十五条 饲料、饲料添加剂的包装物上应当附具标签。标签应当以中文或者适用符号标明产品名称、原料组成、产品成分分析保证值、净重、生产日期、保质期、厂名、厂址和产品标准代号。

饲料添加剂的标签，还应当标明使用方法和注意事项。

加入药物饲料添加剂的饲料的标签，还应当标明“加入药物饲料添加剂”字样，并标明其化学名称、含量、使用方法及注意事项。

饲料添加剂、添加剂预混合饲料的标签，还应当注明产品批准文号和生产许可证号。

第十六条 经营饲料、饲料添加剂的企业，应当具备下列条件：

（一）有与经营饲料、饲料添加剂相适应的仓储设施；

（二）有具备饲料、饲料添加剂使用、贮存、分装等知识的技术人员；

（三）有必要的产品质量管理制度。

第十七条 经营饲料、饲料添加剂的企业，进货时必须核对产品标签、产品质量合格证。

禁止经营无产品质量标准、无产品质量合格证、无生产许可证和产品批准文号的饲料、饲料添加剂。

第十八条 禁止生产、经营停用、禁用或者淘汰的饲料、饲料添加剂以及未经审定公布的饲料、饲料添加剂。

禁止经营未经国务院农业行政主管部门登记的进口饲料、进口饲料添加剂。

第十九条 使用饲料添加剂应当遵守国务院农业行政主管部门制定的安全使用规范。

禁止使用本条例第十八条规定的饲料、饲料添加剂。禁止在饲料和动物饮用水中添加激素类药品和国务院农业行政主管部门规定的其他禁用药品。

第二十条 饲料、饲料添加剂在使用过程中，证实对饲养动物、人体健康和环境有害的，由国务院农业行政主管部门决定限用、停用或者禁用，并予以公布。

第二十一条 禁止对饲料、饲料添加剂作预防或者治疗动物疾病的说明或者宣传；但是，饲料中加入药物饲料添加剂的，可以对所加入的药物饲料添加剂的作用加以说明。

第二十二条 从事饲料、饲料添加剂质量检验的机构，经国务院产品质量监督管理部门或者农业行政主管部门考核合格，或者经省、自治区、直辖市人民政府产品质量监督管理部门或者饲料管理部门考核合格，方可承担饲料、饲料添加剂的产品质量检验工作。

第二十三条 国务院农业行政主管部门根据国务院产品质量监督管理部门制定的全国产品质量监督抽查工作规划，可以进行饲料、饲料添加剂质量监督抽查；但是，不得重复抽查。

县级以上地方人民政府饲料管理部门根据饲料、饲料添加剂质量监督抽查工作规划，可以组织对饲料、饲料添加剂进行监督抽查，并会同同级产品质量监督管理部门公布抽查结果。

第四章　罚则

第二十四条 违反本条例规定，未取得生产许可证，生产饲料添加剂、添加剂预混合饲料的，由县级以上地方人民政府饲料管理部门责令停止生产，没收违法生产的产品和违法所得，并处违法所得1倍以上5倍以下的罚款；对已取得生产许可证，但未取得产品批准文号的，责令停止生产，并限期补办产品批准文号。

第二十五条 违反本条例规定，经营未附具产品质量检验合格证和产品标签以及无生产许可证、批准文号、产品质量标准的饲料、饲料添加剂的，由县级以上地方人民政府饲料管理部门责令停止经营，没收违法经营的产品和违法所得，可以并处违法所得1倍以下的罚款。

第二十六条 饲料、饲料添加剂的包装不符合本条例第十四条的规定，或者附具的标签不符合本条例第十五条的规定的，由县级以上地方人民政府饲料管理部门责令限期改正；逾期不改正的，责令停止销售，可以处违法所得1倍以下的罚款。

第二十七条 不具备本条例第十六条规定的条件，经营饲料、饲料添加剂的，由县级以上地方人民政府饲料管理部门责令限期改正；逾期不改正的，责令停止经营，没收违法所得，可以并处违法所得1倍以上3倍以下的罚款。

第二十八条 违反本条例规定，生产、经营已经停用、禁用或者淘汰以及未经审定公布的饲料、饲料添加剂的，依照刑法关于非法经营罪的规定，依法追究刑事责任；尚不够刑事处罚的，由县级以上地方人民政府饲料管理部门责令停止生产、经营，没收违法生产、经营的产品和违法所得，并处违法所得1倍以上5倍以下的罚款。

第二十九条 违反本条例规定，不按照国务院农业行政主管部门的规定使用饲料添加剂的，由县级以上地方人民政府饲料管理部门责令立即改正，可以处3万元以下的罚款。

使用本条例第十八条规定的饲料、饲料添加剂，或者在饲料和动物饮用水中添加激素类药品和国务院农业行政主管部门规定的其他禁用药品的，由县级以上地方人民政府饲料管理部门没收违禁药品，可以并处 1 万元以上 5 万元以下的罚款。

第三十条 违反本条例规定，有下列行为之一的，依照刑法关于生产、销售伪劣产品罪的规定，依法追究刑事责任；尚不够刑事处罚的，由县级以上地方人民政府饲料管理部门责令停止生产、经营，没收违法生产、经营的产品和违法所得，并处违法所得 1 倍以上 5 倍以下的罚款；情节严重的，并由国务院农业行政主管部门吊销生产许可证：

（一）在生产、经营过程中，以非饲料、非饲料添加剂冒充饲料、饲料添加剂或者以此种饲料、饲料添加剂冒充他种饲料、饲料添加剂的；

（二）生产、经营的饲料、饲料添加剂所含成分的种类、名称与产品标签上注明的成分的种类、名称不符的；

（三）生产、经营的饲料、饲料添加剂不符合饲料、饲料添加剂产品质量标准的；

（四）经营的饲料、饲料添加剂失效、霉变或者超过保质期的。

第三十一条 经营未经国务院农业行政主管部门登记的进口饲料、进口饲料添加剂的，依照刑法关于非法经营罪的规定，依法追究刑事责任；尚不够刑事处罚的，由县级以上地方人民政府饲料管理部门责令立即停止经营，没收未售出的产品和违法所得，并处违法所得 1 倍以上 5 倍以下的罚款。

第三十二条 假冒、伪造或者买卖饲料添加剂、添加剂预混合饲料生产许可证、产品批准文号或者产品登记证的，依照刑法关于非法经营罪或者伪造、变造、买卖国家机关公文、证件、印章罪的规定，依法追究刑事责任；尚不够刑事处罚的，由国务院农业行政主管部门或者省、自治区、直辖市人民政府饲料管理部门按照职责权限收缴或者吊销生产许可证、产品批准文号或者产品登记证，没收违法所得，并处违法所得 1 倍以上 5 倍以下的罚款。

第五章　附则

第三十三条　本条例下列用语的含义：

（一）营养性饲料添加剂，是指用于补充饲料营养成分的少量或者微量物质，包括饲料级氨基酸、维生素、矿物质微量元素、酶制剂、非蛋白氮等。

（二）一般饲料添加剂，是指为保证或者改善饲料品质、提高饲料利用率而掺入饲料中的少量或者微量物质。

（三）药物饲料添加剂，是指为预防、治疗动物疾病而掺入载体或者稀释剂的兽药的预混物，包括抗球虫药类、驱虫剂类、抑菌促生长类等。

第三十四条　药物饲料添加剂的管理，依照《兽药管理条例》的规定执行。

第三十五条　本条例自发布之日志施行。

参 考 文 献

[1] 谭玉钧.淡水养殖.北京:中央广播电视大学出版社,2004.
[2] 李登来.水产动物疾病学.北京:中国农业出版社,2007.
[3] 唐绍孟.鱼饲料配制和使用技术.北京:中国农业出版社,2002.
[4] 杨先乐.新编鱼药手册.北京:中国农业出版社,2005.
[5] 陈祖红.水化学.北京:中国农业出版社,2004.
[6] 曹克驹.名特水产动物养殖学.北京:中国农业出版社,2003.
[7] 赵子明.池塘养鱼.北京:中国农业出版社,2007.
[8] 王殿坤.特种水产养殖.北京:高等教育出版社,1991.
[9] 黄琪炎.水产动物疾病学.上海:上海科学技术出版社,1993.
[10] 王武.鱼类增养殖学.北京:中国农业出版社,2000.